基因操作技术

王贵霞　张在国　主编

中国农业大学出版社
·北京·

内 容 简 介

本书以构建重组基因工程菌为主线,包括核酸的提取与检测,靶基因的扩增,质粒的提取与检测,核酸的酶切、分离纯化与重组,重组质粒的转化和阳性克隆的筛选,工程菌的诱导表达与蛋白质产物的检测等内容。每个工作任务由任务原理、准备材料、操作步骤、注意事项和相关知识组成。

本书配有二维码,方便学生自主学习。微课、视频和电子课件等资源可在智慧树在线平台和中国农业大学出版社网站 http://xy.caupress.cn/下载参考。

本书适用于高等职业院校药品生物技术、生物制药技术等相关专业教学使用,也可以供从事基因工程教学和生产的工作人员参考。

图书在版编目(CIP)数据

基因操作技术/王贵霞,张在国主编. —北京:中国农业大学出版社,2020.9
ISBN 978-7-5655-2427-1

Ⅰ.①基… Ⅱ.①王… ②张… Ⅲ.①基因工程-高等职业教育-教材 Ⅳ.①Q78

中国版本图书馆 CIP 数据核字(2020)第 178378 号

书　　名	基因操作技术	
作　　者	王贵霞　张在国　主编	
策划编辑	张　玉　康昊婷　张　蕊	责任编辑　张　玉
封面设计	郑　川	
出版发行	中国农业大学出版社	
社　　址	北京市海淀区圆明园西路 2 号	邮政编码　100193
电　　话	发行部 010-62818525,8625	读者服务部 010-62732336
	编辑部 010-62732617,2618	出　版　部 010-62733440
网　　址	http://www.caupress.cn	E-mail cbsszs @ cau.edu.cn
经　　销	新华书店	
印　　刷	涿州市星河印刷有限公司	
版　　次	2020 年 11 月第 1 版　2020 年 11 月第 1 次印刷	
规　　格	787×1 092　16 开本　12.75 印张　310 千字	
定　　价	37.00 元	

图书如有质量问题本社发行部负责调换

编写人员

Editorial Committee

主　编　王贵霞（黑龙江生物科技职业学院）

　　　　张在国（黑龙江生物科技职业学院）

编　者　（按姓氏拼音排序）

　　　　刘　恒（黑龙江生物科技职业学院）

　　　　李红梅（黑龙江职业学院）

　　　　宋　笛（长春职业技术学院）

　　　　王春花（牡丹江师范学院）

　　　　王贵霞（黑龙江生物科技职业学院）

　　　　张在国（黑龙江生物科技职业学院）

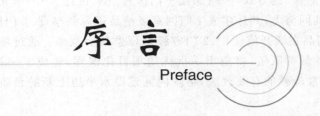

序言
Preface

目前,我国高等职业教育的院校数量和办学规模都有了长足的发展,高等职业教育应该也必须进入内涵建设阶段。从高职院校实施重点建设项目的进程来看,自21世纪初教改项目,到2006年开始的国家示范性高职院校和骨干院校建设项目,到2015年启动的优质高职院校项目,再到2019年中国特色高水平高职院校建设,应该说,进入改革发展新阶段的高职院校已经具备了比较充足的内涵建设实力和一定的内涵建设水准。如果内涵建设水准是高水平高职院校的基础,那么一定数量的高水平专业应该是其基础之基础,而课程建设既是高水平专业建设的基础,也是高水平专业建设的重点和难点。对一所学校而言,先进的教学理念和创新的教改观念,只有落实到每一位老师,落实到每一门课程,落实到每一堂课的教学中,才能有效发挥对教学的积极促进作用。

《国务院关于加快发展现代职业教育的决定》(国发〔2014〕19号)明确提出,要推进人才培养模式创新,推行项目教学、案例教学、工作过程导向教学等新型教学模式。为尽快适应新的形势要求,提高广大教师教学水平,2015年1月,黑龙江生物科技职业学院聘请以教育部职业教育师资培训基地、国家示范性高职院校——宁波职业技术学院戴士弘教授为首的专家团队,开展了为期一年的教师职业教育教学能力培训。通过培训,全院专任教师高质量完成了主讲课程的项目化整体设计和单元设计,有81.39%的专任教师通过了专家组的测评,有效提升了教师的课程开发能力、教学设计能力、项目式教学实施能力和项目化教改研究能力,为提升课堂教学质量打下了坚实基础。2016年,学院明确将优质项目化课程建设作为教学工作重点,制定了《优质项目化课程建设实施方案》《骨干专业项目化课程体系改造实施方案》等推进制度,明确了项目化教材既是教材又是学材,既是指导书又是任务书,既承载知识又体现能力培养的总体编写思路。项目化教材要打破学科体系,以生产实际设计任务为驱动,按项目化要求安排教学内容;在内容的编排上,要遵循基于工作过程、行动导向教学的六步法原则;在实现教学目标上,要依据课程改革要求和工作实际需求对相关知识点予以整合,使教学过程与工作过程相关联;在考核评价上,要通过工作任务的完成体现学生对知识的掌握和技能的提升,由此对于项目教学过程和结果进行评价。

2019年1月,国务院颁发《国家职业教育改革实施方案》(国发〔2019〕4号)进一步提出,推动实施"三教"改革作为促进产教融合校企"双元"育人的重要抓手。经过多年的摸索,学院项目化课程建设思路进一步明确,提出立足职业岗位要求,把现实职业领域的生产、管理、经营、服务等实际工作内容和过程作为课程的核心,把典型的职业工作任务或工作项目作为课程的主体内容,并与1+X证书制度要求相衔接,若干个项目课程组成课程模块,进而有机构成与职业岗位实际业务密切对接的课程体系。2016年起,学院先后4批遴选并确定了51门课程为优质项目化课程建设项目。由蔡长霞、翟秀梅、杨松岭等11名院级评审专家与课程负责人共同以"磨课"的方式,一门课程一门课程"说"设计、一个单元一个单元"抠"细节,经过广大教师的共同努力,共计建成1门国家级精品资源共享课、1门国家级精品在线开放课程、18门省级精品在线开放课程、2门省级课程思政示范课。通过项目化课程建设,锻炼出一支德技精湛的教师队伍,打造出一批优质项目化课程,建成了一批内容形式精良的教材,形成了一套精准施教的有效教法,学院内涵建设水平迈上新的台阶,有力推动了学院高质量发展。

"白日不到处,青春恰自来。苔花如米小,也学牡丹开。"这首《苔》是清代诗人袁枚的一首小诗,从中人们可以领悟到生命有大有小,生活有苦有甜。作为默默耕耘在高职一线的教师,如无名的花,悄然地开着,不引人注目,也少人喝彩。即使这样,他们仍然执着地盛开,毫无保留地把自己最美的瞬间绽放给这个世界。今天,看到学院项目化课程系列教材陆续问世,虽然他们只是一朵朵微小的苔花,却也定将会像牡丹那样,开得阳光灿烂,开得生机勃勃!花朵芬芳,因为凝聚了众人的汗水,我不敢专美,更不敢心中窃喜,我知道我们前面的路还很长,但我坚信,有种子,花总要开的,我更坚信,繁花似锦就在前面。

2020年是极不平凡的一年,突如其来的新冠疫情对我们的教学虽然造成了极大冲击,但也极大激发了我们为教育事业发展奋进的力量。我希望全院教师不忘初心,牢记使命,把全部的精力用于课程改革和课程建设中去,专注课堂、专注学生,继往开来,努力开发出更多、更好的项目化教材和教学资源并应用到教学中去,争创中国特色高水平高职院校和全国百所乡村振兴人才培养优质院校!

黑龙江生物科技职业学院党委书记　李东阳

2020年11月于哈尔滨

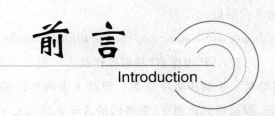

前　言

Introduction

从 20 世纪 70 年代发展起来的基因工程技术,经过短短的 40 余年发展已成为生物技术的核心。目前基因工程技术及其应用已进入了人类生活的各个领域,包括工业、农业、环境、能源和医药卫生等诸多领域,而以基因工程制药为代表的医药生物技术则是生物技术领域最为活跃、发展最为迅速的部分。

21 世纪是生物技术的世纪,生物产业革命正在兴起,生物医药公司纷纷成立,并蓬勃发展,这需要大量的技术人员和后备力量。高等职业院校药品生物技术专业和生物制药技术专业是适应市场需求设立,依据《中华人民共和国职业分类大典》,负有培养生物药品制造人员的使命。其中基因工程药品生产工是能够使用基因拼接技术、脱氧核糖核酸重组技术及设备生产药品的人员。基因操作技术课程是生物制药技术专业的必修课,它以生物化学和微生物学课程为基础,也为学生进一步学习发酵制药技术、生物制品技术、生物分离纯化技术等课程奠定了基础。通过本课程的学习,学生能够掌握基因操作技术和相关理论,具备构建重组基因工程菌的能力。

本教材依据项目课程的内涵,选择真实具体的职业活动"构建人干扰素 α-2b 工程菌"的工作项目为课程载体,学生通过模拟完成该工作项目可以获得重组人干扰素 α-2b 工程菌株。本教材以掌握实践操作技术为主体,同时让学生在完成工作项目的过程中形成相关知识的有机结构。

教材内容的选取以工作需要、学生的认知规律为依据,包括获得靶基因、制备载体、基因重组与转化筛选、靶基因的诱导表达与产物检测 4 个部分,主要工作任务包括提取脱氧核糖核酸、核糖核酸,并使用仪器设备扩增靶基因;进行酶切、胶回收、连接构建重组质粒;进行重组载体的转化和阳性克隆的筛选;进行工程菌的传代、保存。学生以项目活动为主要学习方式,在项目实施过程中把相关的实践知识和理论知识有机地结合起来,充分发展学生的职业能力,构建符合工作逻辑的知识体系。

本教材是以在线开放课程建设为基础编写完成的,在线数字内容提供教学微课、课件、图片、知识导图和关键技术考核标准等,便于教师教学和学生学习使用。

1. 扫描封底二维码,注册并登录中国农业大学出版社网站可以查看和下载全部视频资源和课程资料。

2. 课程智慧树平台网址:

https://coursehome.zhihuishu.com/courseHome/2064518#onlineCourse

或者在手机端"知到"APP 内搜索"基因操作技术",也可学习全部视频资源和课程资料。

本书由王贵霞老师负责制作数字资源。教材文字内容的编写分工如下:王贵霞编写绪论、制备感受态细胞、筛选目的重组子、靶基因的诱导表达以及 4 个项目的前言和思维导图;张在国编写提取质粒载体、DNA 片段的连接和提取基因组 DNA 相关知识部分;宋笛编写提取基因组 DNA 的实验部分和扩增靶基因部分;李红梅编写检测靶基因、重组质粒的转化和附录部分;刘恒编写纯化靶基因和酶切与纯化质粒载体部分;王春花负责编写检测靶基因表达产物部分。

由于编者水平有限,书中错误在所难免,恳请读者和同行指正。

编　者

2020 年 3 月

目 录
Contents

绪　论

一、基因操作技术概述

基因操作(gene manipulation)是指在体外通过人工剪切等方法对生物核酸分子进行改造,然后和病毒或质粒等载体分子重新组合,再将重组 DNA 分子转入宿主细胞内,在大量的细胞繁殖群体中筛选出获得目的重组 DNA 分子的细胞克隆,利用工程技术大规模培养基因工程细胞,获得大量的外源基因表达产物的过程。

基因操作引入了工程学的一些理念,通过周密的实验设计,进行精确的实验操作,因此也称为基因工程(gene engineering)。基因操作的核心是靶基因和载体的重组,所以也是 DNA 重组技术(DNA recombinant techniques)。在体外重新组合 DNA 分子的过程,是通过能够独立自主复制的载体分子质粒或噬菌体为媒介,将外源的 DNA 分子引入宿主细胞,使其在遗传上具有同一生物品系的细胞成批地繁殖生长,因此,习惯上也

基因操作技术
课程导论

把基因工程称为基因克隆或分子克隆(molecular cloning)。这些术语表示的内容都是彼此相关,紧密联系的,仅是角度和侧重点不同。在本教材对应的课程体系中,我们从基因操作的实践角度,强调在生物体外对基因进行剪切→连接→转入→筛选→扩增的具体操作方法,最终结果是为了获得人类需要的基因表达产物。

(一)基因操作的发展简史

俗话说:"种瓜得瓜,种豆得豆"。这些俗语所反映出的生物代际之间的相似性,就是遗传。在古希腊哲学家德谟克利特和希波克拉底的想象里,遗传的本质是微小的颗粒"泛生子"。达尔文进化论就是"泛生子"发生了"突变",而这些突变就是自然选择和最适者生存的物质基础。

1. 基因概念的提出与发展

孟德尔神父则抛开假定的学说,单纯从豌豆杂交的现象出发,试图发现隐藏的遗传规律。在长达 8 年的时间里,孟德尔神父对上万株豌豆精心培育杂交,对收获的数万颗种子进行分析,把表现为不同性状的遗传物质称为遗传因子。

1909 年,丹麦遗传学家约翰逊首先提出基因的概念,用来描述传递和表达特定的生物性状的遗传因子。1911 年,摩尔根建立了基因学说,指出基因定位于染色体上,以直线形式排列,决定着某一特定的性状,而且能发生突变。基因不仅是决定性状的功能单位,而且是一个突变单位。

猎取基因的第一个重大突破发生于 20 世纪 20 年代的英国,科学家格里菲斯在研究致病性的光滑型(S)和无致病性的粗糙型(R)肺炎链球菌时,发现了 R 型菌得到了"转化因子"后转化为 S 型菌,导致实验小鼠的死亡。1944 年,艾弗里通过肺炎双球菌转化实验确定"转

化因子"就是 DNA,首次证明 DNA 是生物的遗传物质。1952 年赫尔希通过 T2 噬菌体对大肠杆菌的侵染实验进一步证明了 DNA 是噬菌体遗传信息的载体。

1953 年,沃森和克里克根据 X 射线衍射分析,提出了 DNA 双螺旋结构模型和半保留复制机理,进一步说明基因的成分就是 DNA,它控制着蛋白质的合成。1958 年克里克提出了遗传信息传递途径的中心法则:DNA→RNA→蛋白质,也可以从 DNA 传递给 DNA,即完成 DNA 的复制过程。随后,尼伦伯格等科学家破译了全部遗传密码,1970 年克里克修正了中心法则。

许许多多科学家前赴后继投入到遗传信息的相关研究中,遗传信息的记录与传递方式逐渐大白于天下。DNA 由 4 种较为简单的脱氧核糖核苷酸分子组成。这 4 种分子分别带有一种碱基标签,因此,人们很多时候干脆就用这四种标签的名字来指代它们,即腺嘌呤(A)和胸腺嘧啶(T)、鸟嘌呤(G)和胞嘧啶(C),按 A 和 T 配对,G 和 C 配对的原则形成双链,空间结构呈螺旋状。DNA 采用半保留的方式复制,每三个相邻的碱基形成一个氨基酸密码,通过 RNA 做为信使,指导蛋白质的合成,从而决定了生物体的各种性状。

1957 年,本泽尔以 T_4 噬菌体为研究材料,分析了基因内部的结构,提出了顺反子、突变子和重组子的概念。顺反子是一个遗传功能单位,一个顺反子决定一条多肽链。顺反子概念把基因具体化为 DNA 分子的一段序列。顺反子学说打破了基因是突变、重组、决定遗传性状的"三位一体"的观点。1961 年,法国分子遗传学家雅各布和莫诺在研究大肠杆菌乳糖代谢调节机制中,发现有些基因不起蛋白质合成模板的作用,只起调节或操纵作用,提出了操纵子学说。

2. 基因工程的发展

1970 年,史密斯等从流感嗜血杆菌中分离出特异性切割 DNA 的一种限制性内切核酸酶 *Hind* Ⅱ,从而为人们随意切割 DNA 提供了一把利剪。1967 年,世界上 5 个实验室几乎同时发现 DNA 连接酶,这种酶能够参与 DNA 裂口的修复,成为了基因重新组合的黏合剂。1970 年,科兰纳实验室发现了 T4 DNA 连接酶。20 世纪 70 年代生命科学发展史上的另一项重要突破是美国生物学家莱德伯格定义的质粒。质粒分子量小,能进出细胞,且能够自我复制,成为基因运载的重要工具。1970 年,曼德尔和希加建立了 Ca^{2+} 诱导大肠杆菌成为感受态的方法,为大肠杆菌感受态制备开启了一个新的纪元。

DNA 是遗传物质、DNA 具有双螺旋结构和半保留复制机理、遗传信息传递的中心法则,这三大发现为基因工程奠定了理论基础。工具酶的发现、载体的构建和大肠杆菌转化技术的建立则为基因工程奠定了技术基础。定向改造生物的崭新领域——基因工程即将诞生了。

1972 年,美国的科学家伯格,首先在体外将猴空泡病毒 40(SV40)的 DNA 和噬菌体 DNA 连接成功,构建了世界上第一个重组 DNA 分子,实现了不同物种遗传物质 DNA 在体外的重组。1973 年,斯坦福大学的科恩等首次将带有四环素抗性基因和卡那霉素抗性基因的两种大肠杆菌质粒成功地进行了体外重组,获得了可以复制并有双亲质粒抗性遗传信息的重组质粒,证明了同一物种的不同 DNA 分子可以重组在一起,形成杂种 DNA 分子,相应的基因依然可以发挥功能,拉开了基因工程研究的序幕。1974 年,科恩又对具有氨苄青霉素抗性基因的金黄色葡萄球菌质粒和大肠杆菌质粒进行了重组,重组质粒转化至大肠杆菌后,能够复制并表达出金黄色葡萄球菌的抗性基因。1973 年科学家博耶又实现了非洲爪蟾核糖体蛋白基因在大肠杆菌中表达,证明了原核生物和真核生物不同物种的 DNA 在体外可以重组,并可以在宿主细胞中表达。至此,人类突破了生物种与种之间遗传物质的屏障,可以把任意来源的 DNA 重组在一起,基因工程的大门被科学家完全打开了。

1976 年,Gene Tech 公司成立了,1977 年该公司就获得了第一个基因工程药物生长抑素。陆续地重组胰岛素、重组凝血因子、重组生长激素、重组干扰素等生物药物上市了,基因工程从此步入产业化的发展进程。1995 年,第一个原核流感嗜血杆菌的全基因组测序完成。1996 年,第一个单细胞真核生物酵母菌的全基因组测序完成。2003 年,多国科学家经过 13 年努力绘制了人类基因组 30 亿个碱基对的序列图谱,使人类

基因操作简史

能够在分子水平上全面认识自我,标志着人类基因组计划的胜利完成。在 2013 年年初,美国三个实验室相继证明,人工设计的简洁高效的 CRISPR 序列与 cas9 蛋白结合,可以高效编辑人类基因组。

(二)基因操作的四大要素

随着基因工程的快速发展和产业化应用,基因工程的内涵更为宽泛,即广义的基因工程包括上游的基因操作和下游的基因工程的应用,前者侧重于基因重组、分子克隆和克隆基因的表达,后者侧重于基因工程菌或细胞的大规模培养及靶基因表达产物的分离纯化。上游设计应以简化下游工艺和设备要求为指导思想。狭义的基因操作指构建基因工程菌或细胞,其基本流程可分为获得靶基因、重组 DNA 分子、重组 DNA 分子导入宿主细胞,筛选和鉴定阳性克隆。基因操作过程的四大要素为工具酶、载体、宿主细胞和外源靶基因。

1. 工具酶

工具酶包括限制性内切核酸酶、外切核酸酶、甲基化酶、DNA 聚合酶和 RNA 聚合酶、核酸末端转移酶、DNA 连接酶、碱性磷酸酶以及其他反转录酶等。工具酶的种类不同,功能各异,有的是"手术刀",负责切割核酸,如限制性内切核酸酶和外切核酸酶;有的是"缝合线",具有连接的功能,如 DNA 连接酶;有的像"复印机",行使复制的任务,如 DNA 聚合酶和 RNA 聚合酶;有的像"搬运工",带有末端转移的功效,如核酸末端转移酶等。

2. 载体

外源基因往往不能独立复制,需借助某种运载工具将其导入宿主细胞中进行克隆、保存或表达。根据宿主细胞的不同,有以下几大类载体:质粒、λ 噬菌体、黏粒、酵母穿梭载体、植物克隆载体、动物克隆载体和人工染色体载体等。

3. 宿主细胞

宿主细胞是能摄取外源 DNA 并使其稳定维持的细胞。原核生物培养的成本低、生长快、表达量高、基因操作方便,是目前多肽药物基因工程的主要表达系统,包括大肠杆菌 DH5α、Top10、BL21(DE3)、Rosett 等菌株。真核细胞表达系统包括酵母、昆虫表达系统等。酵母遗传背景清楚,生长迅速,培养简单,外源基因表达系统完善,内源性蛋白质产物种类繁多且含量高,能够进行糖基化,适用于真核生物基因的高效表达以及真核生物基因表达调控的研究。昆虫细胞具有真核生物的特征,外源基因表达量高,繁殖相对较快,培养比较容易,遗传稳定,糖基化的类型和程度则与哺乳动物更为相似,适用于真核生物基因的高效表达。

4. 目的基因

目的基因或靶基因（target gene），是指希望分离或克隆的基因。根据不同的要求与特性，人们所需的靶基因是不同的。目前世界所面临的能源、粮食、人口、资源以及环境污染等问题，人们试图利用生物技术的方法加以解决，如干扰素基因、胰岛素基因、生长激素基因、动物抗体基因、固氮基因、光合作用相关基因、抗病虫害基因、控制果实成熟的基因、改变花型或花色的基因、氨基酸编码基因等（均是基因工程的靶基因）。基因工程需将某种生物的全部基因组的遗传信息储存在可以长期稳定保存的重组体中以备需要时使用。基因文库是指通过克隆方法保存在适当宿主（如细菌或噬菌体）中的一群已混合的 DNA 分子。所有这些分子中插入片段的总和，可代表某种生物的全部基因组序列或 mRNA 序列。

(三)基因工程制药的技术路线

基因工程制药的基本技术路线可以概括为：寻找确定能够预防和治疗某种疾病的生物蛋白质成分；获得对该蛋白质合成过程起到控制作用的靶基因；将靶基因与载体连接，导入到能够大量生产活性蛋白质的宿主细胞中，使对某种疾病具有预防和治疗作用的药用蛋白质得以大规模生产。

1. 获得目的基因

有多种方法可获得目的基因，如鸟枪法、化学合成法和 PCR 扩增法等。鸟枪法一般需要将基因从供体生物的细胞内提取出来，经酶切、克隆到载体，再转化到宿主细胞，构建基因文库，然后以同源基因为探针进行杂交获得目的基因。化学合成法适于已知核苷酸序列且较小的 DNA 片段合成，常用方法有磷酸二酯法、磷酸三酯法、亚磷酸三酯法、固相合成法等。先用化学方法合成基因 DNA 不同部位的两条链的寡核苷酸短片段，再退火成为两端具有黏性末端的 DNA 双链片段。然后将这些 DNA 片段按正确的次序进行退火连接起来形成较长的 DNA 片段，再用连接酶连接成完整的基因。聚合酶链式反应（polymerase chain reaction，PCR）法，是在体外模拟 DNA 的天然复制过程，以待扩增的 DNA 分子为模板，以一对分别与模板 $5'$-末端和 $3'$-末端互补的寡核苷酸片段为引物，在 DNA 聚合酶的作用下，按照半保留复制机制沿着模板链延伸，直至合成新的 DNA 链。

2. 与载体重组并转化

用限制性内切酶切开质粒使之出现一个切口，露出黏性末端。用同一种限制性内切酶切下靶基因，使其产生相同的黏性末端，将靶基因插入切口处，让靶基因的黏性末端与切口上的黏性末端互补配对后，在适量 DNA 连接酶的作用下连接形成重组 DNA 分子。然后借鉴细菌或病毒侵染细胞的途径，将重组 DNA 导入宿主细胞中。如果运载体为质粒，宿主细胞为细菌，一般是将细菌用 $CaCl_2$ 处理，以增大细菌细胞壁的通透性，使含有靶基因的重组质粒进入宿主细胞；也可以用电转化仪实现重组子的转化。如果以噬菌体为载体则可采用转导的方法将重组 DNA 分子导入宿主细胞。将靶基因导入植物细胞常采用农杆菌转化法。将靶基因导入动物细胞则可以采用显微注射法。

3. 筛选阳性克隆

要知道重组 DNA 分子是否成功导入宿主细胞，需要从大量的细胞繁殖群体中筛选获得重组 DNA 分子的宿主细胞。含有外源靶基因的宿主细胞繁殖的后代称为阳性克隆。宿主细胞中真正摄入了靶基因的阳性克隆很少，可以利用遗传表型直接筛选阳性克隆，如抗药性筛选和显色筛选；也可以依赖重组子的结构特征筛选，如电泳法、酶切法等；还可以利用核酸分子杂交、免疫化学分析和 PCR 法等筛选目的重组子。

4. 诱导表达与产物检测

筛选得到的阳性克隆可以利用化学试剂或温度诱导表达靶基因的蛋白质产物,并且可以从转录水平上检测外源基因的转录产物,也可以利用报告基因检测,或者采用聚丙烯酰胺凝胶电泳法检测蛋白质表达产物。

二、基因操作的工具酶

DNA 重组技术的建立和发展是以各种核酸酶的发现和应用为基础的,特别是限制性内切核酸酶和 DNA 连接酶的发现和应用,使 DNA 分子的体外切割与连接真正成为可能。基因工程工具酶(instrumental enzyme of gene engineering)是应用于基因工程各种酶的总称,包括提取靶基因、制备重组 DNA、构建载体、制备标记探针、分析核酸序列等所需要的酶类。人类已经研究并掌握了利用这些酶类对基因进行切割、拼接等操作,所以这些酶类是最好的基因操作工具。

(一)限制性内切核酸酶

自然界的许多微生物体内存在着一些参与微生物的核酸代谢的酶类,在核酸复制和修复等反应中具有重要作用。原核生物的限制修饰作用主要由限制性核酸内切酶的 R(限制酶)、M(甲基化酶)、S(识别酶)三个亚基来完成。在限制修饰系统中,限制作用是指一定类型的细菌可以通过限制性核酸内切酶的作用,破坏入侵的外源 DNA(如噬菌体 DNA 等),使得外源 DNA 对生物细胞的入侵受到限制;而生物细胞自身 DNA 分子通过甲基化酶的作用,在碱基特定位置上发生了甲基化,可免遭自身限制性内切酶的破坏;S 亚基的识别酶能够识别切割位点。限制修饰作用是细菌中的限制性内切酶降解外源 DNA,维护自身遗传稳定的保护机制。

限制性内切核酸酶(restriction endonuclease)是一类能识别双链 DNA 中特殊核苷酸序列,并在识别序列上使每条链的一个磷酸二酯键断开的脱氧核糖核酸酶。在生物界至今已发现了大量的内切核酸酶,根据各种内切核酸酶的性质将它们分为 3 种类型,即 I 型内切核酸酶、II 型内切核酸酶和 III 型内切核酸酶。II 型内切核酸酶是 DNA 重组技术中最常用的工具酶之一。限制性内切核酸酶以环状和线形的双链 DNA 为底物,在合适的反应条件下,识别特定的核苷酸序列,切断特定位置的磷酸二酯键,产生具有 $3'$-羟基(—OH)和 $5'$-磷酸基(—P)的 DNA 片段。

限制性内切核酸酶是以第一次提取到这类酶的微生物的属名和种名来命名的,一般采用细菌属名的第一个字母加上细菌种名的头二个字母来命名,有的在后面还加菌株(型)代号中的一个字母。如果从同一菌株分离到多种酶,则依次用罗马数字 I、II、III 来表示。在书写时,前三个字母用斜体,其他字母用正体。例如从嗜血流感杆菌 d 株(Haemophilus influenzae Rd)提取到的第三种内切核酸酶的名字为 Hind III。若酶的编码基因位于噬菌体或质粒上,则用一个大写字母表示此染色体外的遗传成分。如提取于大肠杆菌(Escherichia coli)Ry13 质粒的内切核酸酶命名为 EcoR I。(图 0-2-1)

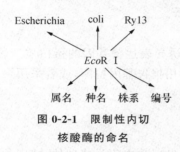

图 0-2-1 限制性内切
核酸酶的命名

限制性内切核酸酶——
基因操作的手术刀

(二)DNA 连接酶

DNA 连接酶(DNA ligase)依赖腺苷三磷酸(ATP)或烟酰胺腺嘌呤二核苷酸(NAD^+)水解提供的能量,催化毗邻的一条 DNA 链的 $5'$-磷酸基($5'$-P)与另一条 DNA 链的 $3'$-羟基($3'$-OH)之间发生缩合反应生成磷酸二酯键,结果使断裂的 DNA 链重新接合,或使双链 DNA 上核苷酸之间因磷酸二酯键断裂而造成的裂口重新闭合。DNA 连接酶不能催化两条游离的 DNA 单链的连接,也不能催化双链中 DNA 因缺失一个或多个核苷酸所造成的缺口(gap)连接。在细胞内,DNA 连接酶参与 DNA 的复制、修复和重组作用;在体外,DNA 连接酶参与人为控制的 DNA 片段连接,使基因在试管内重组成为可能。关于 DNA 连接酶的种类与工作方法请参阅项目三基因重组与转化筛选"任务三 DNA 片段的连接"的【相关知识】部分。

(三)DNA 聚合酶

DNA 聚合酶是指以 DNA 单链为模板,以 4 种脱氧核糖核苷酸为底物,催化合成一条与模板链序列互补的 DNA 新链的酶。在基因重组操作中常用的 DNA 聚合酶有耐热性 DNA 聚合酶、大肠杆菌 DNA 聚合酶Ⅰ、Klenow 酶、T4 噬菌体 DNA 聚合酶及反转录酶等。

1. 大肠杆菌 DNA 聚合酶Ⅰ

从大肠杆菌中分离纯化出 3 种 DNA 聚合酶(DNA polymerase),即 DNA 聚合酶Ⅰ、DNA 聚合酶Ⅱ和 DNA 聚合酶Ⅲ,广泛用于基因工程操作的主要是 DNA 聚合酶Ⅰ。大肠杆菌 DNA 聚合酶Ⅰ具有 $5'\rightarrow3'$DNA 聚合酶活性、$5'\rightarrow3'$ 外切核酸酶活性和 $3'\rightarrow5'$ 外切核酸酶活性。①$5'\rightarrow3'$DNA 聚合酶活性。当反应系统中底物是具引物(带 $3'$-OH)的单链 DNA 或 $5'$ 端突出的双链 DNA 时,DNA 聚合酶Ⅰ能以单链 DNA 为模板,催化 dNTP 逐个加到 $3'$-OH 端,以 $5'\rightarrow3'$ 的方向合成一条新链,并且具专一性,只能催化与模板 DNA 互补配对的脱氧核苷酸加到正在延伸的 DNA 链上。②$5'\rightarrow3'$ 外切核酸酶活性。当反应系统中反应底物是双链 DNA,$5'\rightarrow3'$ 外切核酸酶活性能裂解双链区域内的磷酸二酯键,从 $5'$ 端水解脱氧核苷酸,每次能切除多达 10 个脱氧核苷酸。这种酶活性在 DNA 损伤的修复中起着重要作用。当反应系统中反应底物是 DNA-RNA 杂交体时,$5'\rightarrow3'$ 外切核酸酶活性也能降解杂交体中的 RNA。③$3'\rightarrow5'$ 外切核酸酶活性。当反应系统中反应底物是带 $3'$-OH 的双链 DNA 或单链 DNA 时,$3'\rightarrow5'$ 外切核酸酶活性从 $3'$-OH 端水解脱氧核苷酸;如果反应系统中只有一种 dNTP,$3'\rightarrow5'$ 外切核酸酶活性将从 $3'$-OH 水解脱氧核苷酸,然后在该位置发生一系列连续的合成和外切反应,直到露出与该 dNTP 互补的碱基,即产生 dNTP 的交换(置换)反应。由于大肠杆菌 DNA 聚合酶Ⅰ具有 $3'\rightarrow5'$ 外切核酸酶活性,对 DNA 合成起着校对作用,这对维持 DNA 复制真实性是十分重要的。

DNA 聚合酶Ⅰ在基因工程操作中的重要用途之一是利用其 $5'\rightarrow3'$DNA 聚合酶活性和 $5'\rightarrow3'$ 外切核酸酶活性协同作用,使 DNA 链上的切口向前推进,即没有新的 DNA 链合成,只有核苷酸的交换,这种反应叫缺口平移(nick translation),当双链 DNA 上某个磷酸二酯键断裂产生切口时,DNA 聚合酶Ⅰ能从切口开始合成新的 DNA 链,同时切除原来的旧链。这样,从切口开始合成了一条与被取代的旧链完全相同的新链。如果新掺入的脱氧核苷酸是带标记的 dNTP,则新合成的链成为带标记的 DNA 单链,可以用作探针进行分子杂交。

DNA 聚合酶可被枯草杆菌蛋白酶分解为两个片段,一个片段分子质量为 76 ku,具有 $5'\rightarrow3'$ 聚合酶活性Ⅰ和 $3'\rightarrow5'$ 外切核酸酶活性,称之 Klenow 酶或大肠杆菌 DNA 聚合酶Ⅰ大片段,即 Klenow 片段,可写成 DNA pol Ⅰ K。另一个片段分子质量为 34 ku,只有 $5'\rightarrow3'$ 外切核酸酶活性,很少使用。由于 Klenow 酶没有 $5'\rightarrow3'$ 外切核酸酶活性,扩大了其应用范围。主要用于:①根据 Klenow 酶的 DNA 合成活性,在反应系统中有足够的 dNTP 时,可补平双链 DNA 的 $3'$ 凹端;如果使用带标记的 dNTP,则可对 DNA 进行末端标记;②根据 Klenow 酶的 $3'\rightarrow5'$ 外切核酸酶活性,可切除突出的 $3'$ 凸端,使 DNA3$'$凸端抹平。此外,Klenow 酶还应用于 Sanger 双脱氧链末端终止法进行 DNA 测序、cDNA 克隆中合成第二链、通过置换反应对 DNA 进行末端标记及随机引物法标记 DNA 等。

2. T4 噬菌体 DNA 聚合酶

T4 噬菌体 DNA 聚合酶与大肠杆菌 DNA 聚合酶Ⅰ Klenow 片段相似,具有 $5'\rightarrow3'$ 聚合酶活性和 $3'\rightarrow5'$ 外切核酸酶的活性,没有 $5'\rightarrow3'$ 外切核酸酶的活性,而且 $3'\rightarrow5'$ 外切核酸酶的活性对单链 DNA 比对双链 DNA 更强,同时它的外切核酸酶的活性比 Klenow 片段强 200 倍。它的用途也与 Klenow 片段类似。

3. 耐热性 DNA 聚合酶

耐热性 DNA 聚合酶具有一般 DNA 聚合酶的性质,所不同的是在短时间内用较高的温度处理后仍能保持酶的活性。耐热性 DNA 聚合酶的发现,使 PCR 扩增特异性 DNA 片段成为可能。由于这种酶在靶 DNA 变性的高温下仍保持活性,所以在 PCR 扩增特异性 DNA 片段的全过程中,只需一次性加入反应系统中,不必在每次高温变性处理后再添加酶。

耐热性 DNA 聚合酶一般源自耐热菌,至今发现的有 Taq DNA 聚合酶(Thermus aquaticus)、$Tf1$ DNA 聚合酶、Tth DNA 聚合酶、Tli DNA 聚合酶、Pwo DNA 聚合酶,Pfx DNA 聚合酶和 Pfu DNA 聚合酶等。现在市场供应的耐热性 DNA 聚合酶,一般是由克隆有 DNA 聚合酶基因的大肠杆菌经诱导表达生产的,其中有的还进行了酶基因的修饰、突变。

根据这些酶各自的特性可分为三类:第一类酶既具有 $5'\rightarrow3'$ 聚合酶活性,又具有 $3'\rightarrow5'$ 外切核酸酶活性,能纠正 DNA 扩增过程中发生的碱基错配,对 PCR 产物有修复功能,错误率较低,保真度高;这类酶的不足之处是催化 DNA 延伸的能力较差,并且其催化产生的 PCR 产物是平末端的,不能直接用于 TA 克隆。Pfu DNA 聚合酶、Tli DNA 聚合酶、Pwo DNA 聚合酶属于这类酶。第二类酶具有 $5'\rightarrow3'$ 聚合酶活性,但没有 $3'\rightarrow5'$ 外切核酸酶活性。这类酶催化 DNA 合成延伸的能力比较强,且催化产生的 PCR 产物具有 $3'$-A 末端,可直接用于 TA 克隆。但由于没有 $3'\rightarrow5'$ 外切核酸酶活性,不能纠正合成过程中出现的碱基错配,无修复功能,错配率较高,保真度低。属于这类酶的有 Taq DNA 聚合酶及其突变体。第三类酶与第二类酶类似,不同的是其具有反转录功能,能以 RNA 为模板,合成 cDNA。Tth DNA 聚合酶和 $Tf1$ DNA 聚合酶属于这类酶。

目前,用于 PCR 的耐热性 DNA 聚合酶主要有 Taq DNA 聚合酶、Pwo DNA 聚合酶和 Tth DNA 聚合酶。①Taq DNA 聚合酶。这是常规 PCR 中采用的耐热性 DNA 聚合酶,具有强的 $5' \to 3'$ 聚合酶活性和 $5' \to 3'$ 外切核酸酶活性,缺少 $3' \to 5'$ 外切核酸酶活性。这种酶在 pH=9 左右和温度 75℃ 左右的反应条件下活性最高,95℃ 处理后仍保持活性,即使 100℃ 处理 5 min,还具有一半的活性。②Pwo DNA 聚合酶。Pwo DNA 聚合酶具有强的 $5' \to 3'$ DNA 聚合酶活性,兼有 $3' \to 5'$ 外切核酸酶活性,没有检测到 $5' \to 3'$ 外切核酸酶活性。这种酶具有更高的耐热性,100℃ 处理 2 h 仍能保持一半的活性,用 Pwo DNA 聚合酶可扩增 5 kb 的 DNA 片段。由于 Pwo DNA 聚合酶具有 $3' \to 5'$ 外切核酸酶校对活性,用这种酶扩增 DNA 的准确度比用 Taq DNA 聚合酶高 10 倍。并且用 Pwo DNA 聚合酶 PCR 扩增的 DNA 片段是平末端的,可直接用于平末端连接。③Tth DNA 聚合酶。这种酶具有强的 $5' \to 3'$ DNA 聚合酶活性,缺少 $3' \to 5'$ 外切核酸酶活性,其反应最适 pH 为 9,反应最适温度为 75℃,并且当反应系统中存在锰离子时,Tth DNA 聚合酶还具有很强的反转录酶活性,能有效地将 RNA 反转录成 cDNA。当反应系统中存在镁离子时,反转录产生的 cDNA 在这种酶的作用下还可以进行 PCR 扩增。由于 Tth DNA 聚合酶在高温下既具有反转录功能,又具有 DNA 扩增功能,所以被用于反转录 PCR,对于从 RNA 水平检测和分析基因表达是十分有用的。Tth DNA 聚合酶用于 RT-PCR 系统,可以扩增至少 1 000 bp 长的 cDNA 片段。此外,为了改善扩增产物的长度和保真性,把两种不同类型的耐热性 DNA 聚合酶按一定比例混合使用,称之混合型 DNA 聚合酶。例如,将 Taq 酶同 Pfu 酶混合,由于反应系统中同时存在具有 $3' \to 5'$ 外切核酸酶活性的 Pfu 聚合酶,可及时切掉扩增过程中产生错配的碱基,降低错配率,提高保真度;还可以扩增 10~30 kb 的长模板产物。但是由于反应系统中同时存在 Pfu 聚合酶,往往扩增效率会低一些,有的还容易降解引物,并且产物一般不宜用于 TA 克隆。

4. 反转录酶

反转录酶(reverse transcriptase)是一种以 RNA 为模板催化脱氧核苷酸(dNTPs)合成互补 DNA 的酶。大多数反转录酶具有多种酶活性,主要包括 RNA 指导的 DNA 聚合酶活性、RNase H 活性和 DNA 指导的 DNA 聚合酶活性。在 cDNA 合成中,反转录酶的不同酶活性各显其能,首先以 RNA(mRNA)为模板,在引物 RNA(tRNA)$3'$ 端以 $5' \to 3'$ 方向催化 dNTP 聚合成 cDNA,与模板 RNA 形成杂交分子,显示出以 RNA 指导的 DNA 聚合酶活性;然后由 RNase H 活性从 RNA $5'$ 端水解掉 RNA 分子;最后显示 DNA 指导的 DNA 聚合酶活性,以反转录合成的第一条 DNA 单链为模板,以 dNTP 为底物,再合成第二条 DNA 链,这种酶的作用需要 Mg^{2+} 或 Mn^{2+} 作为辅助因子。由于反转录酶不具有 $3' \to 5'$ 外切核酸酶活性,因此没有校正功能,由反转录酶催化合成的 DNA 出错率比较高。

反转录酶是一种重要的工具酶,主要用于体外 cDNA 的合成。以提取的 mRNA 为模板,在反转录酶的作用下,合成 cDNA,由此可构建 cDNA 文库,从中筛选特异的靶基因,分析基因的结构和表达,并通过 cDNA 和基因的碱基排列顺序的比较推断出内含子结构和 RNA 的拼接过程。反转录酶还用于 RT-PCR,以提取的 mRNA 为模板,采用 oligo(dT) 或随机引物,利用反转录酶反转录成 cDNA,再以 cDNA 为模板进行 PCR 扩增,获取靶基因。此外利用反转录酶还可以分析基因的转录产物,合成 cDNA 探针,构建 RNA 高效转录系统等。

现在采用的反转录酶主要有两种：一种是从禽类成髓细胞瘤病毒纯化到的禽类成髓细胞病毒反转录酶（AMV 反转录酶），另一种是从转化 Moloney 鼠白血病病毒反转录酶基因的大肠杆菌中分离到的鼠白血病病毒反转录酶（MLV 反转录酶）。此外，通过这些酶基因的克隆、改造，获得的某些性状优于野生型反转录酶的突变体也被广泛采用，如失去了 RNase H 活性的 M-MLV 反转录酶 RNase H 突变体。

DNA 聚合酶

此外，Tth DNA 聚合酶和 Tfl DNA 聚合酶，在 Mn^{2+} 存在下可以 RNA 为模板合成 cDNA，所以这两种酶也称 Tth 反转录酶和 Tfl 反转录酶，已被成功地用于 RT-PCR。

（四）RNA 聚合酶

RNA 聚合酶有 DNA 依赖的 RNA 聚合酶和 RNA 依赖的 RNA 聚合酶，分别催化以 DNA 和 RNA 为模板，以 4 种核苷酸（ATP、UTP、CTP、GTP）为底物合成 RNA 的反应。

DNA 依赖的 RNA 聚合酶是在基因工程操作中常用的 RNA 聚合酶，如 SP6 噬菌体 RNA 聚合酶和 T4 或 T7 噬菌体 RNA 聚合酶，能识别 DNA 中各自特异的启动子序列，并沿此 dsDNA 模板起始 RNA 的合成，且不需要引物。也就是说这些 RNA 聚合酶只能转录含有其各自特异启动子序列的 DNA，转录出相应的 RNA（表 0-2-1）。

表 0-2-1　DNA 依赖的 RNA 聚合酶识别的启动子序列

RNA 聚合酶	识别的启动子序列
SP6 RNA 聚合酶	ATTTAGGTGACACTATAGAA
T3 RNA 聚合酶	AATTAACCCTCACTAAAGGG
T7 RNA 聚合酶	TAATACGACTCACTATAGGG

SP6 RNA 聚合酶在合成 RNA 的反应中，需要 DNA 模板，并且需要 Mg^{2+} 作为此酶的辅助因子，牛血清蛋白和亚精胺是此酶的激活剂。噬菌体 T3、T7 的 RNA 聚合酶性质和应用范围与 SP6 RNA 聚合酶相似。这类酶主要用于制备 cRNA 探针，与 DNA 探针相比较，其突出的优点是稳定好，特异性强，杂交效率高，假阳性少，操作简单，使用 cRNA 探针可使实验具有更高的严谨性。

RNA 依赖的 RNA 聚合酶最初发现于被某些 RNA 病毒感染的原核细胞中。对于 RNA 病毒来说，病毒编码的这种酶既可以是转录酶，也可以是复制酶，所以这种酶常被称为转录/复制酶。这种酶催化的转录和复制都从 $3'$ 端 poly(A) 或类 tRNA 结构起始。还发现有一些 RNA 依赖的 RNA 聚合酶可能具有 RNA-$5'$ 端加帽的甲基转移酶和 $3'$ 端修复的末端转移酶功能。

（五）DNA 修饰酶

DNA 修饰酶泛指能改变 DNA 组成、结构等的酶，在基因工程操作中常用的 DNA 修饰酶除了限制性内切核酸酶和 DNA 连接酶之外，还包括降解核酸的核酸酶，如脱氧核糖核酸酶 I、核糖核酸酶、外切核酸酶；修饰核酸的修饰酶，如末端脱氧核苷酸转移酶、T4 多聚核苷酸激酶、碱性磷酸酯酶及甲基化外切酶等。以核酸为底物的水解酶称为核酸酶。核酸酶作用于两个核苷酸残基之间的磷酸二脂键从而导致核酸分子发生水解。按作用底物可分为脱氧核糖核酸酶、核糖核酸酶等；按作用位点可以分为外切酶和内切酶等。

1. 脱氧核糖核酸酶Ⅰ

脱氧核糖核酸酶Ⅰ（deoxyribonucleaseⅠ，DNaseⅠ）是一种非特异性的随机水解双链或单链 DNA 的内切核酸酶，水解产物为 5′端带磷酸基的单核苷酸和寡核苷酸的混合物，可用于制备 DNA 探针。DNaseⅠ还用于降解 RNA 抽提液中残留的 DNA。DNaseⅠ的酶活性需要二价阳离子作为辅助因子，Ca^{2+} 和 Mg^{2+} 或 Ca^{2+} 和 Mn^{2+} 可使该酶达到最大活性。该酶的作用方式和特异性依赖于反应系统中二价阳离子的类型，Mg^{2+} 存在时，切点是随机分布的；Mn^{2+} 存在时，几乎是在同一位点形成切口，产生平末端或只有一两个核苷酸突出的 DNA 片段。此外，由于 DNaseⅠ会水解 DNA，制备 DNA 样品时必须注意防止 DNaseⅠ的污染。因此，用于制备 DNA 的器皿和试剂需高温处理，或者在制备的 DNA 样品中加 EDTA 并在 65℃水浴中加热 10 min，或者放置在冰上，以破坏或抑制酶活性。

2. 核糖核酸酶

核糖核酸酶（ribonuclease，RNase）是一类生物活性非常稳定的耐热性核酸酶，可以高效降解 RNA。不同 RNA 酶的催化作用略有不同。核糖核酸酶 A（RNase A）只水解核糖核酸，对脱氧核糖核酸不起作用。RNA 酶 A 作用于嘧啶核苷酸的 3′磷酸基上，专一地切割 RNA 核糖部分的 3′，5′-磷酸二酯键，主要用于除去 DNA 制备物中的 RNA。核糖核酸酶 H（RNase H）在水解底物时既有内切核酸酶的作用，又有外切核酸酶的作用，主要用于 cDNA 合成过程中除去 cDNA-RNA 中的 RNA 链。核糖核酸酶Ⅲ（RNaseⅢ）是一种能切割双链 RNA 的酶，参与 RNAi 反应。此外，核酸酶 S1（nuclease S1）主要是降解单链 DNA 或单链 RNA，对单链 DNA 的活性更高，它的用途是切除 DNA 片段的单链末端使之成为平头末端，切开合成 ds-cDNA 时形成的"发夹"环及分析 DNA-RNA 杂合双链分子的结构。

RNA 酶在基因工程操作中是一种有用的工具酶，但是 RNA 酶相当稳定，又分布很广，当生物材料组织细胞被裂解后，释放出来的 RNA 酶就会酶解同时释放出来的 RNA，严重干扰 RNA 的制备。由于 RNA 很容易被 RNA 酶降解，所以在制备 RNA 的全过程中消除 RNA 酶污染成为制备 RNA 的关键措施。RNA 酶的污染有两种来源：一是用于制备 RNA 的生物材料的内源 RNA 酶，二是操作过程中从外部可能带入的外源 RNA 酶。不管是内源的还是外源的 RNA 酶都必须尽可能消除。消除生物材料内源 RNA 酶干扰的方法主要是在组织细胞裂解液中加有 RNA 酶抑制剂和（或）变性剂，如异硫氢酸胍、盐酸胍、尿素、SDS、苯酚和氯仿等。此外，由于 RNA 酶活性的最适 pH 接近中性，因此调节组织细胞裂解液的 pH 至碱性（pH 8.5～9.0）或偏酸性（pH 4.0～6.0），这样可部分抑制 RNA 酶的活性。外源性 RNA 酶污染是多途径的，例如所用试剂器皿、空气及操作人员本身的污染等。因此，为了消除这些外源 RNA 酶的干扰，可采取以下相应的措施。①对于制备 RNA 所用的试剂，一般应该用 0.1% DEPC 处理过的水配制，37℃处理 12 h 以上，然后高压灭菌。至于那些不能高压灭菌的试剂，用 DEPC 水处理过的无菌蒸馏水配制后，再用孔径为 0.22 μm 滤膜过滤除菌。②对于玻璃器皿，用 180℃干烤 3 h 以上；或者用 0.1% DEPC 水溶液浸泡玻璃器皿 2 h，然后用灭菌水淋洗数次，并于 100℃干烤 15 min。③对于不能用高温干烤的器皿，如塑料器皿，须用氯仿充分冲洗；或者先用去污剂，用水冲洗，乙醇干燥，再浸泡于 3% H_2O_2 溶液中 10 min，然后再用 0.1% DEPC 处理过的水彻底冲洗。新购买的一次性灭菌塑料器皿基本上无 RNA 酶，可以不需要再处理。④为了消除空气中的飞尘及其携带的细菌、真菌等微生物带来的 RNA 酶污染，制备 RNA 过程应在洁净的环境中进行，如在超净工作台中进行。

⑤操作者的唾液和手表面也是 RNA 酶的污染源,因此在制备 RNA 时操作者应戴口罩和一次性手套。此外,操作过程在冰浴中进行,可降低 RNA 酶的活性。

3. 外切核酸酶

外切核酸酶(exonuclease)是一类能从 DNA 或 RNA 链的一端开始按序列催化水解 3′,5′-磷酸二酯键,产生单核苷酸的核酸酶。只作用于 DNA 的外切核酸酶称为脱氧核糖外切核酸酶,只作用于 RNA 的外切核酸酶称为核糖外切核酸酶。也有一些外切核酸酶专一性较低,既能作用于 RNA 也能作用于 DNA,因此统称为核酸酶(nuclease),如果外切核酸酶是从 3′端开始逐个水解产生 5′核苷酸的称为 3′→5′外切酶,如果是从 5′端开始逐个水解产生 3′核苷酸的称为 5′→3′外切酶。

此外,按其作用的底物不同,可以分为单链的外切核酸酶和双链的外切核酸酶。单链的外切核酸酶包括大肠杆菌外切核酸酶Ⅰ(exo Ⅰ)和外切核酸酶Ⅶ(exo Ⅶ)。外切核酸酶Ⅶ能从单链 DNA 的 3′端和 5′端切除寡核苷酸。由于此酶催化反应不需要 Mg^{2+},因此即使在有螯合剂 EDTA 的情况下也有活性,是一种耐受性很强的核酸酶。现在外切核酸酶Ⅶ主要用来测定基因组 DNA 中一些特殊的间隔序列和编码序列的位置。双链的外切核酸酶包括大肠杆菌外切核酸Ⅲ(exo Ⅲ)和 λ 噬菌体外切核酸酶(λexo)等。Exo Ⅲ 具有多种催化活性,可以降解双链 DNA 分子中的多种类型的磷酸二酯键,其中主要的催化活性是催化双链 DNA 按 3′→5′的方向切除 5′单核苷酸,使双链 DNA 分子产生单链区,反应时需要 Mg^{2+}。经 exo Ⅲ 这种修饰的 DNA 再配合使用 Klenow 酶,同时加进带放射性同位素标记的核苷酸,便可以制备特异性的放射性探针。从感染 λ 噬菌体的大肠杆菌中提取的外切核酸酶,其催化活性是从带有 5′磷酸末端的双链 DNA 上逐个切除 5′单核苷酸,反应时需要 Mg^{2+}。

4. 末端脱氧核苷酸转移酶

末端脱氧核苷酸转移酶(terminal deoxynucleotidyl transferase,TdT)简称末端转移酶,在含二甲胂酸的缓冲液中,能够催化 5′-三磷酸脱氧核苷进行 5′→3′方向的聚合作用,将脱氧核苷酸分子一个一个地加到 DNA 片段的 3′-OH 端上,最多可加数百个。末端转移酶与 DNA 聚合酶不同,催化核苷酸聚合作用不依赖于模板 DNA,其反应起始物可以是具 3′-OH 端的单链 DNA 片段,也可以是具 3′-OH 凸出末端的双链 DNA 片段,最好是单链 DNA。如果在反应液中用 Co^{2+} 代替 Mg^{2+},平末端 DNA 片段也可以作为反应起始物,而且 4 种 dNTP 中任何一种都可以作为反应的前体。当反应混合物中只有某种 dNTP 时,就可以形成仅由一种核苷酸组成的 3′尾巴,即同聚物尾巴。利用此性质,可以给平末端 DNA 片段 3′-OH 加上同聚物 poly(dC)或 poly(dG)或 poly(dT)或 poly(dA)。两种不同的 DNA 分子加上不同的但可以互补的同聚物尾巴后,经过退火或复性,两种同聚物尾巴便可以借助互补作用连接在一起。在构建 cDNA 文库时常采用这种加尾方法使 cDNA 插入载体中。如果在反应系统中加入放射性同位素、荧光素、地高辛或生物素标记的核苷酸,那么便可得到 3′端标记的 DNA 分子。此外,应用适当的 dNTP 加尾,还可产生供外源 DNA 片段插入的限制性内切核酸酶识别位点,如用 poly(dT)加尾法产生 Hind Ⅲ 识别位点。

5. 碱性磷酸酯酶

碱性磷酸酯酶(alkaline phosphatase,AKP 或 ALP)能够催化核酸分子脱掉 5′-磷酸基,使 DNA(或 RNA)片段的 5′-P 端转换成 5′-OH 端,这就是核酸分子的脱酸作用。该酶有两个主要用途:一是脱载体末端的磷酸基,避免在 DNA 重组时载体分子的自我连接;二是和

T4 多聚核苷酸激酶合用,用于 DNA 的末端标记。用于基因工程的碱性磷酸酯酶主要有从大肠杆菌中提取的细菌碱性磷酸酶(BAP)和从小牛肠中提取的小牛碱性磷酸酯酶(CIP 或 CIAP)。CIP 的活性高出 BAP 10～20 倍,CIP 在 60～70℃条件下保温 15 min 就可以完全失活,便于终止反应,更常用一些;而 BAP 是耐热性酶,必须用酚-氯仿反复提取才能除去,终止反应。

6. T4 多聚核苷酸激酶

T4 多聚核苷酸激酶(T4 polynucleotide kinase,T4 PNK)常简称为 T4 激酶,是由 T 噬菌体的 pseT 基因编码的一种蛋白质,最初是从 T4 噬菌体感染的大肠杆菌细胞中分离出来的。该酶可将 ATP 中 γ 位上的磷酸基转移到 DNA(ds 或 ss)或 RNA(ds 或 ss)分子的 5′端羟基上。因此,在基因工程操作中与 CIP 或 BAP 配合,广泛用于 DNA 和 RNA 的 5′端标记。标记时以带标记的 ATP 作为底物。5′端标记的 DNA 和 RNA 可用于核酸的序列分析、部分酶切法绘制限制酶图谱、DNA 或 RNA 的指纹分析和分子杂交研究等。此外,当用于连接的 DNA 片段的 5′端是羟基时,也必须在连接前用此激酶使 5′端磷酸化。T4 激酶的最适反应温度为 37℃,75℃加热 10 min 即可使其完全失活。

7. 甲基化酶

用生物材料制备的 DNA 样品,有些核苷酸的碱基往往被甲基化酶(methylase)甲基化。甲基化酶一般与限制性内切核酸酶具有相同的识别序列,所以用限制性内切核酸酶的名称来命名甲基化酶,如 AluⅠ甲基化酶。也可以在Ⅱ类限制酶前加一个 M 表示,如 M. EcoRⅠ是使 EcoRⅠ识别序列 GAATTC 中 3′-端的 A 甲基化 GA^{6m}ATTC 的酶。一旦在识别序列中的核苷酸被甲基化酶甲基化,就会影响限制性内切核酸酶的酶切效率。但是另一方面,甲基化对 DNA 起着保护作用,为了 DNA 的某些区域不被限制性内切核酸酶酶切,可以使其中的一些识别序列的碱基用甲基化酶甲基化。

大肠杆菌很多菌株的细胞内具有两种核苷酸专一的甲基化酶,即 dam 甲基化酶和 dcm 甲基化酶。dam 甲基化酶修饰 GATC 序列中的腺嘌呤残基成为 5′-甲基腺嘌呤(^{6m}A);dcm 甲基化酶修饰 CC(A/T)GG 序列中的胞嘧啶残基成为 5′-甲基胞嘧啶(^{5m}C)。此外,还有一些甲基化酶能对特定限制性内切核酸酶识别序列的碱基进行甲基化,如 $Hind$Ⅲ甲基化酶使识别序列 AAGCTT 甲基化成 ^{6m}AAGCTT,Hpa 甲基化酶使识别序列 CCGG 甲基化成 C^{5m}CGG。

生物体内 DNA 的核苷酸中被甲基化的碱基除 N^6-甲基腺嘌呤和 5′-甲基胞嘧啶外,还有 5′-羟基甲基胞嘧啶(^{5hm}C)和 4′-甲基胞嘧啶(^{4m}C)。识别序列的这些甲基化都会影响限制性内切核酸酶酶切这些识别序列的效率。

DNA 修饰酶

(六)细胞裂解酶

提取天然 DNA 和 RNA 时,首先要使其从选用的生物材料的细胞中释放出来,可以采用物理方法或化学方法破碎材料并裂解细胞壁,也可以采用酶学的方法直接裂解细胞壁,或者配合理化方法用合适的酶裂解细胞壁。将能参与细胞壁裂解的酶统称为细胞裂解酶,常用的有溶菌酶、蛋白酶 K 和纤维素酶等。

1. 溶菌酶

溶菌酶(lysozyme)用于裂解微生物的细胞壁,包括裂解细菌细胞壁的溶菌酶和裂解真菌细胞壁的溶菌酶。溶菌酶广泛地分布于自然界中,从人、动物和植物组织及微生物细胞中都可以找到,以鸡蛋清中含量最多,占蛋清总蛋白的 3.4%～3.5%。鸡蛋清溶菌酶是目前基因工程操作中常用的溶菌酶,它能有效地水解细菌细胞壁的肽聚糖支架,在内部渗透压的作用下使细胞胀裂,引起细菌裂解,溶菌酶作用的最适条件是 pH 6.0～7.0 和 25℃,NaCl 对其具有活化作用。溶菌酶的化学性质非常稳定,在 pH 为 1.2～1.3 时,其结构几乎不变;当 pH 为 4～7 时用 100℃ 处理 1 min 仍能保持原酶活性。溶菌酶裂解细菌前一般先用含有 NaCl 的溶菌酶裂解缓冲液悬浮离心管中沉淀的菌体(需剧烈振荡),使菌体充分分散混匀,再加入新配制的溶菌酶溶液,其终浓度根据待裂解的细菌种类不同一般为 1～15 mg/mL。并且基于溶菌酶对热的稳定性,溶菌酶裂解细菌往往结合热处理。加溶菌酶后置于沸水浴中 40～50 s,或者置于 50℃ 温育到可见丝状细菌裂解物为止,或者先置于 37℃ 温育 20 min,再置于 70℃ 温水浴中至细菌裂解。

2. 蛋白酶 K

蛋白酶 K(proteinase K)是一种高活性、非特异性的蛋白水解酶,可以水解范围广泛的肽键。蛋白酶 K 的最适 pH 为 7.5～12;对热稳定,在 50℃ 的活性比在 37℃ 高许多倍;并且在高浓度的 SDS(1%)、Tween-20(5%)、Triton X-100(1%)和尿素(4 mol/L)环境中仍具酶活性。在基因工程操作中,蛋白酶 K 被用于细胞的裂解,因为蛋白酶 K 能有效地降解细胞裂解物中的 DNA 酶和 RNA 酶,有利于分离纯化完整的 DNA 和 RNA,也可去除残留在样品中的蛋白质。

但是很少单独用蛋白酶 K 来裂解细胞,加蛋白酶 K 的细胞裂解液中,一般含有 SDS 和(或)CTAB,还应含有 Tris-HCl 和 EDTA(pH 8.0)。有的裂解液还含有磷酸盐、NaCl 和 β-巯基乙醇。裂解液中蛋白酶 K 的终浓度一般为 200～300 μg/mL,高的达 500 μg/mL,低的只有 50 μg/mL。蛋白酶 K 的作用温度和时间一般是 37℃ 水浴 2～5 h。

3. 纤维素酶

纤维素酶(cellulase)是指能水解纤维素 β-1,4-葡萄糖苷键使其变成纤维二糖和葡萄糖的一组诱导型复合酶系,主要由葡聚糖内切酶(Cx 酶)、葡聚糖外切酶(C1 酶)、β-葡萄糖苷酶(CB 酶)3 种酶组成。C1 酶一般作用于纤维素内部的非结晶区,随机水解 β-1,4-糖苷键,将长链纤维素分子截短,产生大量带非还原性末端的小分子纤维素。Cx 酶作用于纤维素线状分子末端,水解 β-1,4-糖苷键,每次切下一个纤维二糖分子,故又称为纤维二糖水解酶。CB 酶一般将纤维二糖、纤维三糖转化为葡萄糖。当这 3 种酶的活性比例适当时,就能协同作用完成对纤维素降解。纤维素酶催化效率高,催化反应具高度专一性,催化反应条件温和,催化活力可被调节控制,无毒性。在基因工程操作中,主要用于制备植物原生质体。

三、基因工程制药

基因工程药物是以基因组学研究中发现的功能性基因或基因的产物为起始材料,结合发酵工程、细胞工程、酶工程等现代生物技术制成,并以相应分析技术控制中间产物和成品质量的生物活性物质产品,临床上可用于某些疾病的预防、诊断和治疗。基因工程药物类型广泛,包括重组蛋白质药物、人源化单克隆抗体、基因治疗药物、重组蛋白质疫苗、核酸药物等 10 多种类型。

生产基因工程药物的基本步骤是:将靶基因用 DNA 重组的方法连接在载体上,然后将重组 DNA 导入靶细胞(微生物、哺乳动物细胞或人体组织受体细胞),使靶基因在受体细胞中得到表达,最后将表达的目的蛋白质提纯,做成制剂,从而成为蛋白类药物或疫苗。

例如,利用基因剪切技术将编码乙肝病毒表面抗原(HBsAg)的一段 DNA 序列剪切下来,并和一个表达载体连接形成重组 DNA 分子,然后转移到宿主细胞内,如大肠杆菌或酵母菌等,再通过这些大肠杆菌或酵母菌的快速繁殖,生产出大量乙肝疫苗。过去,乙肝疫苗主要是从乙肝病毒携带者的血液中分离出来的 HBsAg,这种制品可能混有其他病原体的污染,是不安全的。此外,血液来源也是极有限的,使乙肝疫苗的供应犹如杯水车薪,远不能满足市场需求,基因工程疫苗解决了这些问题。又如干扰素具有广谱抗病毒的效能,是一种治疗乙肝的有效药物。在发生病毒感染或受到干扰素诱导物的诱导时,人体内的干扰素基因会产生干扰素,但其量微少,即使经过诱导,从 8 000 mL 血液中也仅能提取 1 mg 干扰素,成本也非常高。1980 年后,采用基因工程方法生产干扰素,其基本原理及操作流程与乙肝疫苗十分类似,极大地降低了生产成本。总之,利用基因工程技术进行药物的生产使以往很难获得的生理活性物质得以大规模生产;更多的内源性生理活性物质被挖掘和发现;改造内源生理活性物质不足的地方;并且能够生产新型的化合物,筛选药物的来源得以扩大。

基因工程药物产业具有以下特点:①高技术,生物制药是一种知识密集、技术含量高、多学科高度综合相互渗透的新兴产业。以基因工程为例,上游技术涉及基因的合成、纯化与测序、基因的克隆与导入、工程菌的培养与筛选等;下游技术涉及发酵工程、目标蛋白的纯化及工艺放大,产品的质量检测,剂型的选择与贮藏等。此外,在前期研发阶段,还要进行药物的筛选和机制研究。②高投入,生物医药的投入主要用于新产品的研究开发和医药厂房的建设和各种仪器设备的配置方面,目前国外开发一个新的生物药品平均费用在 10 亿~30 亿美元,并随新药开发的难度增大而增加,有的高达 60 亿美元。雄厚的资金是开发成功的必要保障。③高风险,新药的投资从生物筛选、药理、毒理等临床前实验,制剂处方确定性实验,生物利用度测试,直到用于人体的临床实验,以及注册上市和售后监督,一系列的步骤,耗资巨大,任何一个环节的失败都将前功尽弃。一般一个基因工程药品的成功率仅有 5%~10%,此外,市场竞争的风险也在日益增加。④高回报,巨大风险背后蕴藏着高额的回报,一种新生物药品一般上市后 2~3 年即可回收全部投资。尤其是拥有专利产品的企业,一旦开发成功便形成技术垄断优势,利润回报高达 10 倍以上。美国 Amgen 公司 1989 年推出的促红细胞生成素(EPO)和 1991 年推出的粒细胞集落刺激因子(G-CSF),在 1997 年的销售额已分别超过和接近 200 亿美元。⑤周期长,生物药品从开始研制到最终转化为产品一般需要 8~10 年,甚至 10 年以上。包括实验室研究阶段,试生产阶段,Ⅰ、Ⅱ、Ⅲ期临床研究阶段,规模化生产阶段,市场商品化阶段以及监督审查阶段等,每个环节都要经过严格复杂的药政审批程序,而且产品培养和市场开发较难,所以开发一种新药周期较长。

基因工程制药是朝阳产业,正在蓬勃发展,具有深厚的专业知识、熟练的专业技能,且有良好的爱岗敬业的职业素养的基因工程制药人才必然有广泛的就业机会和广阔的发展空间。为了对所学专业与将来就业的产业有基本的认知,我们下面就将从基因工程制药的发展历程、基因工程制药研发过程和目前市场上广泛应用的基因工程药物三个方面展开学习。

(一)基因工程制药的发展

人类在与疾病不断作斗争的过程中总结出了大量宝贵的生物制药的经验和成果。传统的生物制药是指利用天然存在的动、植物做为药物。中医药取材广泛,遍及动物、植物和微生物。现今,我国的科学工作者用人工方法或生物学技术将中草药的有效成分大量生产,并研究其作用机理,使我国流传了几千年的中草药有了新的发展。

在西方,1796 年琴纳利用牛痘疫苗预防天花,开辟了生物制品预防传染病的历史。1860 年巴斯德发现了细菌,为抗生素的发现奠定了基础。1928 年弗莱明发现了青霉素,标志着抗生素时代的来临,并推动了发酵工业的快速发展。随后,瓦克斯曼从放线菌发现了链霉素,用于治疗结核病,取得了令人振奋的效果。20 世纪 60 年代以来,从生物体内分离纯化酶制剂的技术日趋成熟,酶类药物得到了广泛应用,出现了尿苷激酶、链激酶、溶菌酶、天冬酰胺酶和激肽酶等具有独特疗效的常规药物。

随着现代生物技术为标志的新科技革命的到来,生物制药也掀起了一次新的发展浪潮,以基因工程制药为核心的现代生物制药为该产业注入了强劲的动力,打开了光辉的前景。1976 年世界第一家应用 DNA 重组技术研制新药的公司——美国基因泰克(Genentech)公司成立,开创了基因工程制药的新纪元。1982 年欧洲首先批准 DNA 重组的动物疫苗——抗球虫病疫苗生产和使用;同年英国和美国批准生产和使用了第一个基因工程药物——人胰岛素,美国礼来(Eli lilly)公司从基因泰克(Genentech)公司转让获得了生产基因工程胰岛素的权利,同时丹麦的诺和诺德(Novo Nordisk)也获得了生产该产品的权利,自此世界范围内基因药物的研制和生产得到了飞速发展。

基因工程制药是随着 DNA 重组技术的发展而快速发展。从 1982 年第一个基因工程药物重组人胰岛素上市至今,只有几十年历史,基因工程制药产业已成为最活跃、进展最快的产业之一。随着人类基因组计划(Human Gene Program,HGP)取得的进展,21 世纪的生命科学以及医药产业取得了飞跃性的进步。HGP 的核心部分是对多种遗传疾病的致病基因和相关基因进行定位、克隆和功能鉴定,通过对每一个基因的测定,找到它的准确位置,以达到预防、诊断、治疗多种人类基因遗传疾病的目的,彻底改变了传统新药开发的模式。这必将促进基因工程药物、基因疫苗、基因治疗、基因芯片、分子诊断和抗体工程药物等新兴产业的发展。

我国生物工程药物研究虽起步较晚,基础较差,为跟进世界新技术革命迅猛发展的浪潮,1986 年我国一批著名科学家倡导起草了"高技术研究计划",并将现代生物技术列为最优先发展的项目。1989 年我国批准了第一个在我国生产的基因工程药物——重组人干扰素 α1b,标志着我国生产的基因工程药物实现了零的突破。从此以后,我国基因工程制药产业从无到有,不断发展壮大。1998 年我国基因工程制药产业销售额已达到了 72 亿元。我国已批准上市的基因工程药物和疫苗产品有:一类新药重组人干扰素 α1b、重组人碱性成纤维细胞生长因子(rhFGF)、重组人表皮生长因子、重组人干扰素 α2a、重组人干扰素 α2b、重组人干扰素 γ、重组人白细胞介素-2、重组人粒细胞集落刺激因子(rh G-CSF)、重组人粒细胞-巨噬细胞集落刺激因子(GM-CSF)、重组人红细胞生成素、重组链激酶、重组人胰岛素、重组人生长激素、重组乙肝疫苗、痢疾菌苗等。

国家发展和改革委员会印发的文件中明确提出以基因工程药物创新发展为核心,大力发展生物医药产业,推动治疗肿瘤、乙肝、心血管疾病等生物药物新产品的产业化。我国的生物制药业将进入一个快速发展的阶段,生物医药工业将成为医药产业增长最快的部分。目前,我国许多省市已将生物制药作为本地的支柱产业重点扶持,一大批生物医药科技园相

基因工程制药

继在各地高新技术开发区建成。在未来若干年,我国的生物制药业将以超过全球平均增长的速度步入高速发展轨道,前景十分广阔。

(二)基因工程药物的研发过程

基因工程药品的实验室研究阶段:在探索性研究阶段的研究内容包括靶基因的发现和证实实验。有的生物技术公司致力于全新药物研发,进行发现靶基因的研究。多数公司会根据发表文献中的靶基因设计药物。由生物信息学专家、细胞生物学家、生物化学专家、动物药理学和病理学专家等不同领域的专家组成团队,合作研究,直到筛选到比较理想的可重复的先导化合物。至此,结束了实验室研究进入开发阶段。

基因工程药品的开发阶段:首先需要应用蛋白质工程方法对先导化合物进行优化处理,提高先导化合物的药物学和药理学特性,提高药物的安全性、稳定性和药效。然后进行动物实验、灵长类动物体内实验,研究药物在动物体内的吸收、分布、代谢和排泄情况。国家食品药品监督管理局规定在研究和开发阶段应完成产品的制备工艺、理化性质、纯度、检验方法、剂型、稳定性、质量标准、药理、毒理、动物药代动力学等研究。结果都符合要求,就可以考虑临床实验。

基因工程药品的临床实验:《药品注册管理办法》规定,药物的临床试验必须执行《药物临床试验质量管理规范》。申请新药注册,应当进行Ⅰ、Ⅱ、Ⅲ、Ⅳ期的临床试验。

Ⅰ期临床实验的目的是初步评价待检药物的人体安全性试验及临床药理学实验,观察人体对于新药的耐受程度和药代动力学,为制订给药方案提供依据。Ⅰ期临床试验一般要求最低病例数(试验组)为20~30例。Ⅱ期临床试验对治疗作用初步评价阶段,为Ⅲ期临床试验研究设计和给药剂量方案的确定提供依据。Ⅱ期临床试验一般最低病例数为100例。随机盲法对照临床试验是临床试验的基础,随机是指按自然规律,最常见的随机的方法为数字表法。盲法就是将试验组和对照组全部保密,使有关人员包括受试者、研究者、监察员、数据资料处理及统计人员,不知每个病例分配的是何种药物,其目的是减少主观因素对药物治疗结果的影响及判断。盲法又分为仅对受试者或研究者设盲的单盲;对受试者和研究者均设盲的双盲;对受试者、研究者、监察员、数据资料处理及统计人员均设盲的三盲或多盲。Ⅲ期临床试验是治疗作用确证阶段。其目的是进一步验证药物对目标适应证患者的治疗作用和安全性,评价利益与风险关系,最终为药物注册申请获得批准提供充分的依据。Ⅲ期临床试验一般最低病例数为300例。Ⅳ期临床试验是指新药上市后由申请人自主进行的应用研究阶段。其目的是考察在广泛使用条件下的药物疗效和不良反应;评价在普通或者特殊人群中使用的利益与风险关系;改进给药剂量等。为标准转正和产品再注册提供更广泛的安全有效的信息,Ⅳ期临床试验最低病例数为2 000例。

新药一般在完成Ⅲ期临床试验后,按《新生物制品审批办法》经国家药品监督管理局批准,即发给新药证书。持有《药品生产企业许可证》并符合国家食品药品监督管理局《药品生产质量管理规范》相关要求的企业或车间可同时发给批准文号,取得批准文号的单位方可生产新药。

(三)常用的基因工程药物

在目前的医药工业中,研发生产新药以及对传统药物进行改造是应用基因工程技术最重要的领域,解决传统的药物材料来源困难或制造技术存在的问题,生产出了以前无法生产的药物。1982 年推向市场的人重组胰岛素开始了生物医药商品化的时代。利用基因工程技术已经可以生产出激素类、细胞因子类、抗体类和疫苗类等药物,如胰岛素、重组人生长激素、重组人促卵泡激素、干扰素、集落刺激因子、白细胞介素、肿瘤坏死因子、生长因子、重组链激酶等。

1. 激素类基因工程药物

激素是一类由生物体内分泌腺和特异性细胞产生的微量有机化合物,通过体液和细胞外液运送到特定的作用部位,能引起特殊的生理效应。激素是机体产生的非常重要的调节分子,已有多种激素制剂作为治疗药物应用于临床治疗多种疾病。基因工程类激素主要是指通过基因工程方法合成的蛋白质多肽类激素。目前被批准上市的基因工程类激素药物有胰岛素、人生长激素、人促卵泡激素等。

(1)胰岛素

胰岛素(insulin)是治疗糖尿病的特效药。1922 年英国的班廷和贝斯特发现,胰岛素为一种能降低血糖的物质。1926 年获得结晶的胰岛素。1954 年阐明了胰岛素的氨基酸组成。我国于 1965 年首次用化学方法合成了具有生物活性的结晶牛胰岛素。胰岛素是最早从动物肝脏中分离出来的多肽蛋白类激素。它由动物胰脏胰岛的 β 细胞以前胰岛素原的形式合成。前胰岛素原包括前导序列(23aa)、B 链(30aa)、C 肽(25～28aa)和 A 链(21aa)。经过跨膜转运后,前导序列被切除而成为胰岛素原。胰岛素原在高尔基体内形成二硫键并切除 C 肽而变成成熟的胰岛素。1979 年科学家克隆了胰岛素基因。1982 年美国 FDA 批准人胰岛素基因工程产品投放市场。用基因工程生产人胰岛素主要有两种途径:一种途径是使用发酵的方法生产胰岛素原,在体外将胰岛素原转变为胰岛素。另一种途径是先分别发酵生产人胰岛素 A 和 B 链,纯化后再在体外重组产生完整的人胰岛素。

胰岛素是由胰岛 β 细胞产生的多肽激素,人胰岛素是含有 51 个氨基酸的小分子蛋白质,相对分子质量为 6 000,等电点为 pH 5.6,在酸性环境(pH 2.5～3.5)较稳定,在碱性溶液中易被破坏,可形成锌、钴等胰岛素结晶。又由于其中酸性氨基酸较多,可与碱性蛋白如鱼精蛋白等结合,形成分子量大、溶解量低的鱼精蛋白锌胰岛素,此种制剂采用皮下或肌肉注射,吸收较慢,作用时间长,为长效胰岛素。

(2)人生长激素

人生长激素(human growth hormone,hGH)具有广泛的生理功能,它影响几乎所有的组织类型,其作用靶组织包括骨、软骨、脂肪组织、免疫系统和生殖系统,甚至对脑组织和造血系统也有作用。hGH 的功能可分为代谢效应、增殖效应,分化效应三类。hGH 能刺激所有机体组织的发育,增加体细胞的大小与数目;各器官在 hGH 影响下均变大,骨骼增长导致人体增高,hGH 这种促进细胞增殖作用的基础是促进合成代谢。

hGH 的主要形式是含 191 个氨基酸的单一多肽链构成的球形蛋白。在 55～165 及 182～189 氨基酸之间有两个分子内的二硫键,不含糖基。机体内的 hGH 不是单一的分子形式,在人的垂体和体液中含有 100 种以上的 hGH 分子形式。

人体生长激素对于侏儒症和愈合伤口具有治疗和促进作用。目前在大肠杆菌中已经成功表达了人的生长激素基因,而且已经应用到医学和畜牧业领域,并且取得了显著的效果。1944 年,首次从牛的脑垂体中分离出生长激素,1956 年,又从人脑垂体分离出生长激素。1969 年,人生长激素的氨基酸序列被确定,它由 191 个氨基酸残基组成,分子质量为

21.5 ku。1985年美国FDA批准第一个重组人生长激素上市。第一代重组人生长激素是在大肠杆菌中表达的，蛋白质的N端比天然的人生长激素多了一个甲硫氨酸残基。目前生产使用的是第二代生物工程生长激素，它是以分泌蛋白的形式表达的，信号肽在分泌的过程中被自动切除而产生与天然蛋白完全一致的序列。

2. 细胞因子类基因工程药物

根据细胞因子的功能可分为干扰素、白细胞介素、集落刺激因子、肿瘤坏死因子、趋化因子和生长因子等。大多数细胞因子是分泌型小分子多肽，少数细胞因子结合在细胞膜的表面。细胞因子是通过与靶细胞表面特异性受体结合发挥作用的，它具有广泛的生物学活性，其作用特点表现为多样性、网络性、高效性。细胞因子的生物学功能主要表现为调节免疫应答、抗病毒、抗肿瘤、调节机体造血功能和促进炎症反应等。利用基因工程生产的重组细胞因子已广泛用于治疗多种免疫性疾病、肿瘤、造血功能障碍等。自1957年第一种细胞因子干扰素发现以来，已有数百种细胞因子被发现。其中有数十种细胞因子通过基因工程技术获得表达并用于医学临床。

(1) 干扰素

干扰素(interferon, IFN)是多功能细胞因子家族的一员，是人体和动物细胞受到病原体或微生物刺激后产生的微量、高活性的糖蛋白，具有广谱抗病毒、抗肿瘤以及强大的免疫调节作用。1957年，英国病毒生物学家艾力克·伊萨克斯和瑞士研究人员让·林登曼用鸡胚研究流感病毒时，发现病毒感染的细胞能产生一种作用于其他细胞的因子，干扰病毒的复制，故命名为干扰素。1971年，弗里德曼发现了干扰素的抗病毒机制，引起了人们对干扰素抗病毒作用的关注。随后，干扰素的免疫调控及抗病毒作用、抗增殖作用以及抗肿瘤作用逐渐被人们认识。目前在临床上干扰素用于治疗白血病、乙型肝炎、丙型肝炎、多发性硬化症和类风湿性关节炎等多种疾病。

干扰素是由病毒等诱导剂刺激网状内皮系统、巨噬细胞、淋巴细胞以及体细胞所产生的一种糖蛋白。干扰素不能直接灭活病毒，而是通过诱导细胞合成抗病毒蛋白发挥效应。干扰素首先作用于细胞的干扰素受体，经信号转导等一系列生化过程，激活细胞基因表达多种抗病毒蛋白，实现对病毒的抑制作用。抗病毒蛋白主要包括 $2'-5'$ A合成酶和蛋白激酶等。前者降解病毒mRNA，后者抑制病毒多肽链的合成，使病毒复制终止。

根据来源和理化性质，可将IFN分为IFN-α、IFN-β和IFN-γ三种。IFN-α/β主要由白细胞、成纤维细胞和病毒感染的组织细胞产生，称为Ⅰ型干扰素。IFN-γ主要由活化的T细胞和NK细胞产生，称为Ⅱ型干扰素。干扰素的相对分子质量小，介于19 ku到100 ku之间，其结构比较稳定，其中IFN-α在pH 2.0~10.0时，它的结构能维持稳定，大部分的干扰素能处于56℃的环境中保持30 min不失去活性，4℃可保存，−20℃可长期保存。

生物来源提取法生产天然干扰素，需要培养人外周血白细胞，用病毒诱导干扰素分泌，然后将培养物离心、分离获得上清液，再经过纯化制得。这种方法得到的干扰素具有天然的分子结构和生物活性，但是成本太高，难以大规模生产。1982年，科学家用基因工程方法在大肠杆菌及酵母菌细胞内获得了干扰素，从每1 L细胞培养物中可以得到20~40 mL干扰素。美国FDA于1986年分别批准基因工程IFN-α 2a和IFN-α 2b上市。干扰素γ和β也分别于1990年和1993年上市。基因工程法生产干扰素具有无污染、安全性高、纯度高、生物活性高、成本低等优点，可大规模的产业化生产。

（2）红细胞生成素

红细胞生成素（erythropoietin，EPO）是调节红细胞生成的主要细胞因子。人类胎儿的肝脏是产生 EPO 的主要器官，成年期后，EPO 主要产生于肾脏，约占成人 EPO 的 90%，但肝脏保留产生 EPO 的能力。机体缺氧和贫血能诱导产生 EPO，钴盐、锰盐、锂盐、雄激素也能诱导 EPO 产生。1971 年，研究人员从贫血的羊血中纯化出羊 EPO。1977 年，米亚克从再生障碍性贫血病人的尿液中分离获得人 EPO 纯品，但含量甚微。1983 年，林福坤等成功地克隆了人 EPO 基因并在 CHO 细胞中获得表达，从此可大量生产重组人 EPO 供基础研究和临床应用。

编码人 EPO 的基因全长约 2.1 kb，位于人染色体七号染色体长臂（7 q 11～22）上，由 5 个外显子和 4 个内含子组成。EPO 的 mRNA 约长 1.6 kb，编码 193 个氨基酸的前体蛋白，其中 27 个是信号肽，翻译后 Arg166 被除去，成熟 EPO 是由 165 个氨基酸组成的高糖基化蛋白质，EPO 含有 2 个活性必需的链内二硫键，EPO 结合受体的区域在 C 末端。生产红细胞生成素的关键是建立高效表达的工程细胞，由于蛋白质的糖基化对其生物学活性很重要，因此基因工程途径生产 EPO 不能利用大肠杆菌表达系统，只能利用哺乳动物表达系统，如 CHO 细胞进行生产。

红细胞生成素主要功能是刺激造血细胞分化为红细胞，维持外周血中红细胞的正常水平。目前重组人 EPO 已作为肾性贫血的治疗药物，得以广泛应用，也可用于非肾性原因导致的贫血，如慢性感染、炎症和放疗化疗等。每年 EPO 的全球销售额达数亿美元，是最成功的基因工程药物。

（3）白细胞介素

白细胞介素（Interleukin，IL）是一类免疫调节因子，是由各种白细胞产生的介导细胞之间相互作用的细胞因子。1972 年发现了这个家族的第 1 个成员 IL-1，它介导淋巴细胞的增殖反应。1983 年发现 IL-2，它在免疫系统中发挥核心调节作用。目前，人白细胞介素家族至少已确定有 30 多个成员。这些多肽调节因子大多被糖基化（IL-1 除外），分子量在 15～30 ku 范围。有一些白介素分子质量较高，比如高度糖基化的 IL-9 分子量为 40 ku。

大多数白介素可以由许多不同类型的细胞产生，IL-2、IL-9 和 IL-13 只能由 T 淋巴细胞产生，大多数能合成某种白介素的细胞都能够合成几种白介素，而且许多产生白介素的细胞都是非免疫系统细胞。几乎所有的白介素都是可溶性分子，它们通过与靶细胞表面的特异受体结合引发生物学反应。大多数白介素显示旁分泌活性（即靶细胞紧邻其生成细胞），也有一些具有自分泌活性，如 IL-2 能刺激其产生细胞的生长和分化。其他的白介素则更多地显示出系统内分泌效应。白介素诱导的生物效应广泛、多样且复杂，这些细胞因子调节许多生理和病理状态，包括正常细胞和恶性细胞的生长、免疫应答涉及的所有方面和炎症的调节等。

已经投入市场的主要药物是重组人 IL-11，于 1997 年获得批准。IL-11 是一种血小板生长因子，它刺激产生造血干细胞和巨核细胞祖细胞，引起血小板生产增加。重组的人 IL-11（rhIL-11）由大肠杆菌合成。其重组蛋白的分子量为 19 ku，非糖基化。因为在氨基端缺少脯氨酸残基，它的分子长度为 177 个氨基酸而不同于天然 IL-11 的 178 个氨基酸，适用于严重的血小板减少症和降低非髓性恶性肿瘤患者骨髓抑制化疗后血小板输注的需求。响应 IL-11 而产生的血小板具有正常的形态和功能，也具有正常的生命周期。

3. 基因工程抗体

基因工程抗体(gene engineering antibody)是指按不同的目的和需要,对抗体基因进行加工改造,重新装配,导入适当的宿主细胞中进行表达得到的抗体分子。基因工程抗体是随着分子生物学的飞速发展,抗体的精细结构和功能逐步得到阐明,结合重组 DNA 技术应运而生的。

1984 年,莫里森等人将编码鼠单抗可变区与人 IgG 恒定区的基因连接在一起,成功构建了第一个基因工程抗体即人鼠嵌合抗体(human-mouse chimeric antibody)。此后,各种基因工程抗体大量涌现。与鼠源性单克隆抗体比,基因工程抗体降低抗体的鼠源性,甚至消除人体的排斥反应;基因工程抗体分子小,穿透力强,更易到达病灶的部位;可以根据治疗的需要,制备多种用途的新型抗体;可以采用原核细胞、真核细胞或植物细胞等多种表达系统大量生产抗体分子,降低成本。

基因工程抗体包括完整的抗体分子、抗体可变区、单链抗体,抗原结合片段,以及其他各种抗体衍生物。基因工程抗体主要应用于治疗肿瘤、病毒性疾病、自身免疫性疾病、治疗移植排斥和治疗心血管疾病等。

(1)治疗肿瘤的抗体

近 20 年来,越来越多的肿瘤相关蛋白被发现,为肿瘤的抗体治疗提供了大量的靶位点。目前,治疗肿瘤的抗体药物已经不再局限于靶向治疗,生长因子的中和封闭抗体、受体信号转导阻断抗体、抗血管生成抗体等多种类型抗体的出现为肿瘤的抗体治疗提供了广阔的空间。1997 年用于治疗 B 细胞淋巴瘤的抗 CD20 嵌合抗体获准上市销售,成为 FDA 批准的第一个治疗肿瘤的抗体。相对于其他肿瘤生物治疗手段,抗体药物具有选择性强、毒副作用小、药理机制明确、药效显著、安全性好等优势。抗体治疗已成为继手术、化疗、放疗、激素治疗后第五大肿瘤临床治疗手段。

(2)抗病毒抗体

抗病毒抗体可用于防治由许多病毒引起的疾病。这些病毒性疾病包括由 RNA 或 DNA 病毒引起的疾病,如正黏病毒科、副黏病毒科、黄热病毒科、甲病毒科、沙立病毒科、小 RNA 病毒科、噬肝 DNA 病毒科以及疱疹病毒科等病毒。目前,应用人源噬菌体抗体库技术和抗体工程平台技术,治疗病毒感染的人源或人源化基因工程抗体的研究已取得了很大进展。人源抗病毒基因工程抗体,尤其是人源全抗体的研究成功,给各种病毒性传染病的特异性预防和治疗带来了新的希望,在抗病毒感染的生物药物领域逐渐形成了一类新的抗病毒药,即抗体药。

(3)治疗自身免疫性疾病的抗体

由英国先灵葆雅(Schering Plough)和美国森托科(Centocor)公司联合开发的一种嵌合型抗 TNF-α 单抗,由人的恒定区(75%)和鼠可变区(25%)组成,可用于治疗自身免疫性疾病。此外亚力兄制药(Alexion pharm)公司开发的抗 C5 抗体,对系统性红斑狼疮、膜性肾炎、狼疮性肾炎、牛皮癣、类风湿性关节炎等自身免疫病有潜在的疗效。阿布根尼(Abgenix)公司开发的抗 IL-8 全人单抗对牛皮癣、类风湿性关节炎、慢性阻塞性肺病等有一定的疗效。

(4)治疗移植排斥的抗体

淋巴细胞免疫球蛋白是法玛西亚(Pharmacia)公司开发的抗 T 细胞上多种表面抗原的马源多克隆抗体,用于防治肾同种移植排斥、预防骨髓移植中的移植物抗宿主反应和治疗不适合骨髓移植患者的再生障碍性贫血。兔源抗胸腺细胞球蛋白是法国赛达（SangStat）公司开发的抗 T 细胞上多种受体的兔源多克隆抗体，用于与免疫抑制剂并用治疗肾移植急性排斥。

（5）心血管疾病诊断和治疗抗体

与心血管疾病相关的抗体，包括诊断抗体和治疗抗体。抗血小板抗体显像剂是用于诊断的抗体，在血栓形成的部位有较高的结合率，可用于血栓定位。抗血小板抗体药物已经作为治疗血栓性疾病的有效手段在临床上广泛应用，抗血小板抗体药物主要包括阿司匹林、血小板受体拮抗剂。其他抗体药物，如人源化抗细胞黏附分子抗体，可降低缺血或出血性中风病人再发作的危险，具有安全稳定的生物活性。

4. 基因工程疫苗

（1）基因工程亚单位疫苗

基因工程亚单位疫苗（recombinant subunit vaccine）又称重组亚单位疫苗，是指将病原体保护性抗原基因在原核或真核系统中表达，再以表达产物制成亚单位疫苗。这种亚单位疫苗只含有产生免疫保护性应答所必需的免疫原成分，减少或消除了常规活疫苗或死疫苗难以避免的热原、变应原、免疫抑制原等成分，因此安全性好。此外，亚单位疫苗所产生的免疫应答可以与感染产生的免疫应答相区别，因此更适合于疫病的控制和消灭计划。

（2）基因缺失疫苗

基因缺失疫苗（deletion-mutant vaccine）是用基因工程技术将病毒或细菌的致病性基因进行缺失，从而获得弱毒株活疫苗。对于这些基因的变化，一般不是点突变，故其毒力更为稳定，返祖突变概率更小，疫苗安全性好；其免疫接种与强毒感染相似，机体可对病毒的多种抗原产生免疫应答，免疫力强，免疫期长，尤其是适于局部接种，诱导产生黏膜免疫力，因而是较理想的疫苗。目前已有多种基因缺失疫苗问世，如伪狂犬病病毒基因缺失疫苗、霍乱弧菌基因缺失疫苗和大肠杆菌基因缺失疫苗等。

（3）重组活载体疫苗

重组活载体疫苗（recombinant live vector vaccine）是用基因工程技术将病毒（常为疫苗弱毒株）构建成一个载体（或称外源基因携带者），把外源保护性抗原基因，包括编码重组多肽、肽链抗原位点等基因片段，插入其中使之表达的活疫苗。它具有活疫苗的免疫力高、成本低及灭活疫苗的安全性等优点，国外已研制出以腺病毒为载体的乙肝疫苗、以疱疹病毒为载体的新城疫疫苗等。

（4）核酸疫苗

核酸疫苗（nucleic acid vaccines）又称基因疫苗，是指将编码某种抗原蛋白的外源基因直接导入动物细胞，在宿主细胞中表达并合成抗原蛋白，激起机体一系列类似于疫苗接种的免疫应答，起到预防和治疗疾病的目的。自 1990 年沃尔夫等意外发现核酸疫苗后，其相关的研究得到了广泛的重视，并得以迅速发展，被誉为"第三次疫苗革命"。

1993 年美国的科学家率先应用 DNA 疫苗技术将编码艾滋病病毒的 HIV-Ⅰ包膜糖蛋白 gp120 的 cDNA 重组质粒 pM160 接种小鼠，产生了抗 HIV-Ⅰ包膜糖蛋白的特异性抗体，此抗体能中和 HIV-Ⅰ对体外培养细胞的感染，抑制 HIV-Ⅰ介导的体外培养细胞的合胞体的形成，并且还观察到了特异性的 T 细胞增殖现象。1994 年戴维斯将乙型肝炎表面抗原（HBsAg）基因插入到了带 CMV 启动子的质粒构建了 DNA 疫苗，并经肌内注射到小鼠体内,证明可在体内产生类似于病毒感染的细胞和体液免疫应答。除此之外,针对人类病原微生物的核酸疫苗还包括戊型肝炎病毒、淋巴细胞脉络丛脑膜炎病毒、狂犬病病毒、单纯疱疹病毒、结核菌和多种寄生虫等。另外有关肿瘤预防和肿瘤治疗方面的 DNA 疫苗正在积极地研制过程中。

几种基因
工程药物

针对 2020 年肆虐全球的新冠病毒,科学家开发出了 mRNA 疫苗。目前新冠疫苗采用的抗原是病毒的刺突蛋白,简称 S 蛋白。根据指导合成抗原 S 蛋白的基因片段,人工合成一段 mRNA 做为疫苗,mRNA 进入人体细胞后,就可以指导细胞内的核糖体加工出抗原成分 S 蛋白。mRNA 疫苗完成了两个关键的技术飞跃,解决了 mRNA 不稳定,进入人体后容易被降解的问题。一个是修饰技术,通过调整编码 S 蛋白的 mRNA 头部和尾部的碱基,保证其稳定性。第二个飞跃是完善抗原递送系统,利用脂质纳米颗粒封装 mRNA,有效地避免了 mRNA 在体内被迅速降解的问题。

相对于传统疫苗,mRNA 疫苗不需要培养病毒,可以快速生产而且成本低,更适合应对大规模烈性传染病。mRNA 分子不需要进入细胞核内就可以发挥作用,不会插入到人的基因序列里引起插入突变,产生抗体后,还可以被细胞降解,所以安全。而且 mRNA 仅指导合成 S 蛋白,这样人体产生的抗体就只针对病毒的 S 蛋白产生免疫力,对病毒其他蛋白可能引起的过敏反应就相对较少。通过修饰编码抗原蛋白的 mRNA,还可以调整半衰期,人为控制疫苗效果持续时间以及产生多少抗体。

mRNA 疫苗也有不足,例如 mRNA 疫苗必须在严格的低温条件下储存运输,这给疫苗的分发和接种增加了难度。而且这种人类从来没有用过的新型疫苗,在大批量生产、长期储存过程中会出现什么问题也是未知数。所以,要想控制传染病在全球范围内的大流行,还需要各种类型疫苗的相互补充。

(5)合成多肽疫苗

合成多肽疫苗(synthetic peptide vaccine)是用化学方法合成病原微生物的保护性多肽或表位并将其连接到大分子载体上,再加入佐剂制成的疫苗。目前研制成功的多肽疫苗有口蹄疫合成肽疫苗、乙肝和疟疾合成肽疫苗。

项目一　获得靶基因

制药用靶基因获得的方法一般分为直接获得法和间接获得法。原核生物基因组相对结构比较简单、长度较短、数量较少,可以直接从基因组 DNA 中获得靶基因。真核生物基因组不仅庞大,而且结构复杂,分离时还要尽量排除内含子,需要采用间接获得法。先获得 mRNA、cDNA 等,再从 cDNA 文库克隆靶基因或应用 RT-PCR 法获得靶基因。

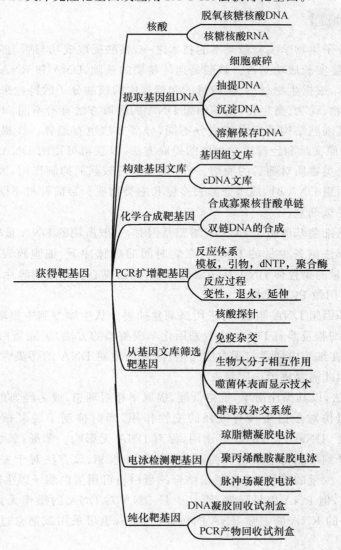

此外,对于一些比较短的 DNA 序列,还可以采用化学合成法,固相亚磷酰胺化学法是最常用的 DNA 化学合成方法。有了靶基因的样本之后,就可以应用 PCR 技术扩增获得大量基因,为相关实验提供足够的基因材料。

对于已知序列的基因可以采用 PCR 法、逆转录 PCR 法克隆;对于未知序列的靶基因则可以采用核酸探针从基因文库筛选,可采用反向 PCR、RACE 等方法进行筛选。

无论是直接获得原核生物靶基因,还是间接获得真核生物靶基因,基本步骤都包括从生物体内提取分离 DNA、构建基因文库、克隆靶基因、检测并纯化靶基因。检测 DNA 常用琼脂糖凝胶电泳法和紫外分光光度法。纯化 DNA 可以采用酶切后胶回收的方法。

任务一　提取基因组 DNA

【任务原理】

核酸提取是分子生物学实验最基本的技术之一,核酸提取成功与否、提取的产物质量如何,直接关系到最终实验成功与否。核酸是遗传物质的基础,DNA 和 RNA 的分离提取是基因操作的基本技术,根据生物材料、实验目的和待提取的核酸分子的特性来确定提取方法。

不同生物(植物、动物、微生物)的基因组 DNA 的提取方法有所不同,不同种类或同一种类的不同组织因其细胞结构及所含的成分不同,分离方法也有差异。在提取某种特殊组织的 DNA 时必须参照文献和经验建立相应的提取方法,以获得可用的 DNA 大分子。尤其是组织中的多糖和酶类物质对随后的酶切、PCR 反应等有较强的抑制作用,因此用富含这类物质的材料提取基因组 DNA 时,应考虑除去多糖和酶类物质。目前针对不同类型的细胞均开发出了相应的抽提试剂盒。

常规实验中从细菌基因组上 PCR 扩增靶基因时,一般所用的 DNA 量较少,可以采用较简单的沸水浴裂解法制备少量的 DNA。在短时间的热脉冲下,细胞膜表面会出现一些孔洞,此时就会有少量的染色体 DNA 从中渗透出来,然后离心去除菌体碎片,上清液中所含的基因组 DNA 即可用做 PCR 模板。

对于大量的基因组 DNA 制备,可采用试剂盒抽提。从生物细胞中提取 DNA 可分为两步:先是温和裂解细胞及溶解 DNA,接着采用化学或酶学的方法,去除蛋白质、RNA 以及其他大分子。DNA 在细胞内通常与蛋白质相结合,蛋白质对 DNA 的污染常常影响到后续的 DNA 操作过程,因此需要将蛋白质除去。

酚-氯仿抽提法,以其操作简单,价格低廉,提取率相对理想,成为经典的染色体 DNA 提取方法。苯酚与氯仿对蛋白质具有极强的变性作用,同时抑制了脱氧核糖核酸酶Ⅰ(de-oxyribonuclease Ⅰ,DNase Ⅰ)的降解作用,而对 DNA 无影响。苯酚/氯仿抽提后,蛋白质变性而被离心沉降到酚相与水相的界面,DNA 则留在水相,该方法对于去除核酸中大量的蛋白质行之有效。少量的或与 DNA 紧密结合的蛋白质可用蛋白酶予以去除。DNA 制品中也会有 RNA 杂质,但 RNA 极易降解,而且少量 RNA 对 DNA 的操作无大影响,必要时可加入不含 DNA 酶的 RNA 酶去除 RNA 的污染。此外,也可采用试剂盒过柱去除变性蛋白与细胞碎片,达到纯化基因组 DNA 的目的。

用苯酚-氯仿抽提 DNA 时,通常要在酚-氯仿中加少许异戊醇,因为异戊醇可以降低表面张力,从而减少蛋白质变性操作过程中产生的气泡;另外,异戊醇有助于分相,使离心后的上层含 DNA 的水相、中间的变性蛋白相及下层有机溶剂相维持稳定。一般采用氯仿与异戊醇为 24∶1 之比。也可采用苯酚、氯仿与异戊醇之比为 25∶24∶1,现用现配。

用乙醇沉淀 DNA 时,通常要在溶液中加入单价的阳离子,如 NaCl 或 NaAc,Na^+ 中和 DNA 分子上的负电荷,减少 DNA 分子之间的同性电荷相斥力,而易于聚集沉淀。

【准备材料】

器具:微量移液器、制冰机、冷冻低温离心机、恒温水浴锅、培养箱、恒温摇床、台式离心机、高压灭菌器、超净工作台、旋涡混合器、离心管、小试管、吸头、陶瓷研钵、弯成钩状的小玻棒。

试剂:

1. 细菌基因组 DNA 提取

LB 培养基、GTE 溶液、TE 缓冲液、100 mg/mL 溶菌酶、10 mg/mL 蛋白酶 K、1 mg/mL RNase A、饱和酚、苯酚/氯仿/异戊醇(25∶24∶1)、氯仿/异戊醇(24∶1)、无水乙醇、预冷的 70%乙醇、80%甘油、3 moL 乙酸钠(pH 5.2)。

2. 动物基因组 DNA 提取

PBS 缓冲液、DNA 萃取液、10 mg/mL 蛋白酶 K 溶液、Tris 饱和苯酚、氯仿、无水乙醇、70%乙醇、TE 缓冲液、抗凝血剂、5 mol/L NaCl、苯酚/氯仿/异戊醇、氯仿、DNA 提取试剂盒。

3. 酵母基因组 DNA 的提取

YPD 培养基、TE 缓冲液、100 g/L SDS、苯酚/氯仿/异戊醇、异丙醇、70%乙醇、PBS、1 mg/μL 蜗牛酶、RNase A。

【操作步骤】

一、细菌基因组 DNA 的提取

1. 获得细菌

从平板培养基上挑选单菌落接种至 5 mL 的液体 LB 培养基中,适宜温度下,振荡培养过夜。取菌液 0.5～1 mL,12 000 r/min 离心 1 min,弃去上清液,保留细菌团块。

2. 裂解菌体细胞

加入 500 μL GTE 溶液,在漩涡混合器上振荡混匀至沉淀彻底分散。向悬液中加入 2.5 μL 的 100 mg/mL 溶菌酶(终浓度为 0.5 mg/mL),混匀,37℃温浴 30 min。再加入 5 μL 的 10 mg/mL 蛋白酶 K(终浓度为 0.1 mg/mL),混匀,55℃继续温浴 1 h,中间轻缓颠倒离心管数次。

3. 抽提 DNA

温浴结束后加入等体积(500 μL)的苯酚/氯仿/异戊醇溶液,上下颠倒充分混匀,12 000 r/min 离心 5 min。取上清液(约 400 μL)用等体积的氯仿/异戊醇抽提一次,取上清液至新的离心管中。

4. 沉淀 DNA

加入 1/10 体积（约 40 μL）的 3 mol/L 乙酸钠（pH 5.2），混匀，加入 2 倍体积（约 1 mL）的无水乙醇，上下颠倒混匀，观察溶液中有带气泡的线团状物质出现，−20℃静置 30 min 沉淀 DNA，取出，4℃条件下 12 000 r/min 离心 10 min，小心弃去上清液，保留 DNA 沉淀。

5. 洗涤 DNA

用 1 mL70％乙醇洗涤沉淀，4℃条件下 12 000 r/min 离心 5 min，自然干燥。

6. 溶解与纯化 DNA

用 60 μL 含有 RNase A（终浓度为 20 μg/mL）的 TE 缓冲液溶解，37℃温浴 30 min，除去 RNA。

7. 检测与保存 DNA

取 5 μL 样品进行电泳，并测定 A_{260} 值以确定 DNA 的含量。样品储存在 4℃冰箱中。

二、动物基因组 DNA 的提取（全血）

1. 获得血液样品

取 50 μL 全血（含抗凝血剂）于 1.5 mL 离心管中，加 1 mL 去离子水，颠倒混匀，12 000 r/min 离心 2 min。弃上清液，加入 1 mL 去离子水，颠倒混匀，12 000 r/min 离心 2 min，弃上清液，保留血细胞。

2. 裂解细胞

加入 DNA 萃取液 500 μL，再加入 30 μL 的 10 mg/mL 蛋白酶 K 溶液，混匀，置于 37℃温浴过夜（9 h）。

3. 抽提 DNA

加入 500 μL 苯酚/氯仿/异戊醇，颠倒混匀 5 min，4℃条件下 12 000 r/min 离心 5 min。取上清液至新离心管中，加入 500 μL 苯酚/氯仿/异戊醇，颠倒混匀 5 min。4℃条件下 12 000 r/min 离心 5 min。取上清液至新离心管中，加入 500 μL 氯仿，颠倒混匀 5 min，4℃条件下 12 000 r/min 离心 5 min，取含有 DNA 的上清液至新离心管中。

4. 沉淀 DNA

加入 2 倍体积的异丙醇和 1/100 体积的 5 mol/L NaCl 溶液，颠倒混匀，置于 −20℃冰箱 30～60 min。4℃条件下 12 000 r/min 离心 12 mim。弃上清液，吸干残液，加入 70％乙醇 500 μL，混匀，4℃条件下 12 000 r/min 离心 5 min。弃上清液，倒置于吸水纸上晾干。

5. 溶解与检测 DNA

加入 30 μL 去离子水溶解 30 min，检测 DNA 提取液的浓度及 A_{260}/A_{280} 的值。

三、酵母染色体 DNA 的提取

1. 获得酵母菌

挑单菌落接种到 5 mL YPD 培养基中，30℃条件下 250 r/min 振荡培养过夜（约 20 h）。取 1.5 mL 菌液 5 000 r/min 离心 2 min，弃上清液。用 200 μL PBS（pH 7.4）清洗，4 000 r/min 离心 2 min，弃上清液，保留菌团块。

2. 裂解菌体细胞

用 500 μL PBS 悬浮菌团块,加入 1 mg/L 蜗牛酶,30℃水浴处理 2 h,期间每隔 30 min 振荡一次,防止菌体沉淀。10 000 r/min 离心 1 min,弃上清液。加入 500 μL TE(pH 7.4)以及 50 μL 100 g/L SDS,剧烈振荡 1 min,65℃水浴处理 30 min。4℃条件下 10 000 r/min 离心 10 min,回收上清液。

3. 抽提 DNA

加入等体积的苯酚/氯仿/异戊醇,混匀,12 000 r/min 离心 5 min。

4. 沉淀洗涤 DNA

取上清液,加入等体积异丙醇,12 000 r/min 离心 5 min,弃去上清液。用 70% 乙醇洗涤两次,4℃条件下 12 000 r/min 离心 2 min。

5. 溶解与保存 DNA

待乙醇完全挥发后,加入 50 μL 含 RNase A(20 μg/mL)的 TE 缓冲液溶解 DNA 沉淀。37℃水浴 20 min 除去 RNA,样品储存在 4℃冰箱中。

【注意事项】

1. 配制好的苯酚/氯仿/异戊醇溶液上面覆盖一层隔绝空气的 Tris-HCl 溶液,使用时应该吸取下面的有机层。如发现苯酚已氧化成红色,则不能使用。

2. 相对分子质量较大的 DNA 不容易溶解,应适当延长溶解时间。

3. 蛋白酶 K 是具有较高活性的丝氨酸蛋白酶,可以水解肽键。成熟的蛋白酶 K 在 50℃的活性高于 37℃。蛋白酶可有效地降解内源蛋白质,能快速水解细胞裂解物中的 DNA 酶和 RNA 酶,有利于分离出完整的 DNA 和 RNA。

4. 在提取过程中,染色体会发生机械断裂,产生大小不同的片段。因此,分离基因组 DNA 时,在细胞裂解后,溶液不要在旋涡混合器上振荡或剧烈混合,应尽量在温和的条件下操作,尽量减少苯酚/氯仿抽提,混匀过程要轻缓,以保证 DNA 的完整性。

5. 细胞内常有活性很高的 DNA 酶,细胞破碎后,DAN 酶可与 DNA 接触并使之降解。为了避免 DNA 酶的作用,在溶液中常加入 EDTA、SDS 以及蛋白酶等。EDTA 具有螯合 Ca^{2+}、Mg^{2+} 等二价离子的作用,而 Ca^{2+}、Mg^{2+} 是 DNA 酶的辅助因子。SDS 和蛋白酶则分别具有使蛋白质变性和降解的作用。

6. 如在过酸的条件下,会使 DNA 脱嘌呤从而导致 DNA 的不稳定,极易在碱基脱落的地方发生断裂。因此,在 DNA 提取过程中,应避免使用过酸的条件。

7. 基因组 DNA 电泳时用 λ DNA/*Hind* Ⅲ 作为标准 DNA,染色体 DNA 条带应在 λ DNA/*Hind* Ⅲ 的第一条带(23 kb)上面。染色体 DNA 电泳后,有时条带很淡,不一定就是 DNA 浓度很低。

动物基因组 DNA 的提取

制备与检定 DNA

【相关知识】

一、核酸的基础知识

基因的化学本质是核酸,对于生命的延续、物种遗传特征的保持、生长发育等起着重要的作用。核酸的研究已经成为生物化学和分子生物学的核心领域,并推动着生物技术产业的快速发展。要提取基因组 DNA,我们需要掌握核酸的分类、组成成分、化学结构、生物合成和理化性质。选择用于提取基因组 DNA 的样本取决于实验目的,理论上所有的有核的真核细胞、细菌都可以提取 DNA。DNA 提取的基本步骤包括裂解细胞、释放核酸;抽提 DNA;沉淀 DNA 和 DNA 的溶解与保存。基因文库法是一种常规、成熟的基因分离制备技术。通过构建生物材料的基因文库,采用不同的方法将所需的克隆子筛选出来,最后分离得到所需的靶基因。化学合成法主要适用于一些分子较小或其他技术方法难以分离的基因的制备,应用前提是已经了解该基因的全序列或其表达产物蛋白质的氨基酸序列结构。

(一)核酸的分类

核酸(nucleic acid)是以核苷酸为组成单位的生物大分子,广泛存在于动物、植物和微生物的细胞内,是遗传的物质基础。核酸是由数量巨大的单核苷酸聚合而成,又称多聚核苷酸。天然存在的核酸分为脱氧核糖核酸(deoxy ribonucleic acid,DNA)和核糖核酸(ribonucleic acid,RNA)两大类。

1. DNA

DNA 主要存在于细胞核中,少量存在于线粒体和叶绿体中。DNA 通过复制使遗传信息由亲代传递给子代,是物种保持进化和繁衍的遗传物质基础。DNA 分子据其结构分为双链 DNA(double straight DNA,dsDNA)和单链 DNA(single straight DNA,ssDNA)两种类型,绝大多数生物的 DNA 分子均为双链结构,只有少数病毒是单链结构;根据 DNA 分子的形状分为线形结构和环状结构两类,绝大多数生物 DNA 分子都是线形结构,而某些病毒、真核细胞的线粒体和叶绿体中的 DNA 分子为环状结构。

2. RNA

RNA 存在于细胞质中,DNA 上携带的遗传信息通过 RNA 的转录和翻译在子代中得以表达。RNA 为单链分子,根据其功能主要包括信使 RNA(messenger RNA,mRNA)、转运 RNA(transfer RNA,tRNA)和核糖体 RNA(ribosomal RNA,rRNA)。mRNA 是合成蛋白质的模板,在完成指导蛋白质合成之后即被分解,所以 mRNA 为最不稳定的一类 RNA,占总 RNA 的 3%～5%;tRNA 起到携带和转移活化氨基酸的作用,占总 RNA 的 10%～15%;rRNA 是细胞合成蛋白质的主要场所,约占总 RNA 的 80%。

(二)核酸的组成

核酸的基本单位是由磷酸、核糖和碱基组成的核苷酸(nucleotide),包括 C、H、O、N、P 五种元素。DNA 的分子量一般都很大,如人的 DNA 分子约有 3×10^9 个核苷酸,RNA 分子量比 DNA 小得多,平均长度大约为 2 000 个核苷酸。

1. 碱基

碱基(base)是构成核苷酸的基本组分之一。碱基是含氮的杂环化合物,可以分为嘌呤碱(purine)和嘧啶碱(pyrimidine)两类。核酸中的嘌呤碱主要是腺嘌呤(adenine，A)和鸟嘌呤(guanine，G)，嘧啶碱基主要是胞嘧啶(cytosine，C)、胸腺嘧啶(thymine，T)和尿嘧啶(uracil，U)。腺嘌呤、鸟嘌呤和胞嘧啶为 DNA 和 RNA 共有，而尿嘧啶只存在于 RNA 中，胸腺嘧啶存在于 DNA 中，在 tRNA 中少量存在。DNA 和 RNA 都是由一个一个的核苷酸头尾相连而形成的，嘌呤环上的 N-9 或嘧啶环上的 N-1 是构成核苷酸时与核糖(或脱氧核糖)形成糖苷键的位置。这些碱基的结构如图 1-1-1 所示。

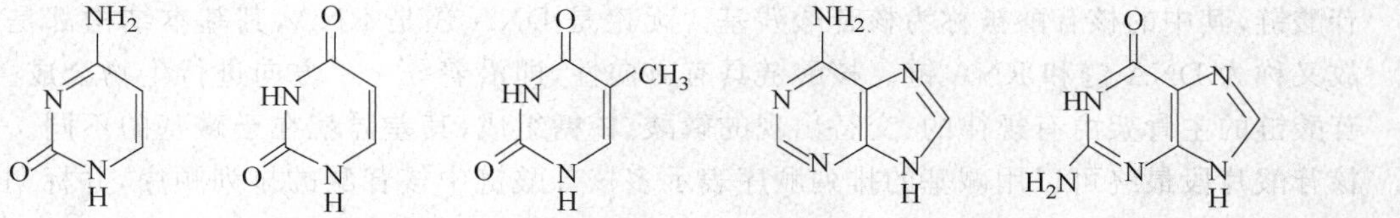

胞嘧啶　　　尿嘧啶　　　胸腺嘧啶　　　腺嘌呤　　　鸟嘌呤

图 1-1-1　构成核苷酸的碱基的化学结构式

2. 核糖

核糖(ribose)是构成核苷酸的另一个基本组分。为了有别于碱基的原子，核糖的碳原子标以 C-1′、C-2′…、C-5′。核糖有 β-D-核糖和 β-D-2′-脱氧核糖之分。构成 RNA 的是 β-D-核糖，构成 DNA 的是 β-D-2′-脱氧核糖，结构如图 1-1-2 所示。两者的差别仅在于 C-2′原子所连接的基团。脱氧核糖的化学稳定性优于核糖。

图 1-1-2　构成核苷酸的核糖和脱氧核糖的化学结构式

3. 核苷和核苷酸

核苷(nucleoside)是碱基与核糖的缩合反应的产物。核糖的 C-1′原子和嘌呤的 N-9 原子或者嘧啶的 N-1 原子通过缩合反应形成了 β-N-糖苷键。在天然条件下，由于空间位阻效应，核糖和碱基处在反式构象。同理，碱基与脱氧核糖的反应可以生成脱氧核苷。核苷或脱氧核苷的 C-5′原子上羟基与磷酸反应，脱水后形成磷酸酯键，生成核苷酸(nucleotide)(图 1-1-3)或脱氧核苷酸(deoxy nucleotide)。根据连接的磷酸基团的数目多少，核

酯键

碱基相连（核苷）

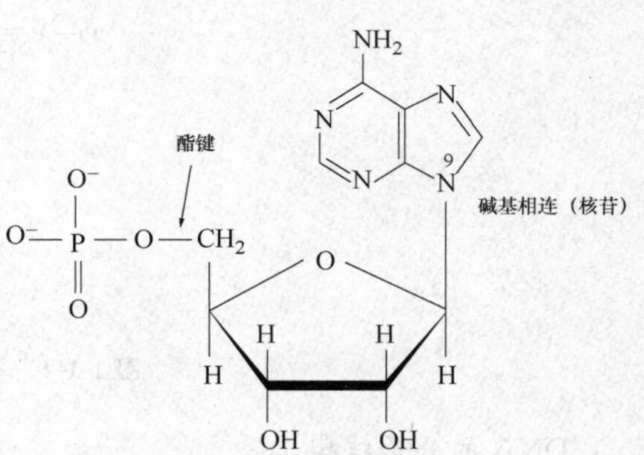

图 1-1-3　核糖核苷酸的结构

苷酸可分为核苷一磷酸(nucleoside 5′-monophosphate，NMP)、核苷二磷酸(nucleoside 5′-diphosphate，NDP)和核苷三磷酸(nucleoside 5′-triphosphate，NTP)。核苷三磷酸的磷原子分别命名为 α、β 和 γ 磷原子。

(三)核酸的结构

核酸是生物体内重要的生物大分子化合物,参与遗传信息的贮存、转录和表达,这些生物学功能与其复杂的化学结构密切相关。核酸是核苷酸聚合而成的生物大分子(图 1-1-4),由核糖-磷酸连接而成,形成一个碱基突出的骨架。核酸有两个末端,分别是含磷酸基团的 $5'$-末端和含羟基的 $3'$-末端。一个核苷酸 C-$5'$上的磷酸与下一个核苷酸的 C-$3'$上的羟基缩合脱水形成 $3',5'$-磷酸二酯键,多个核苷酸经 $3',5'$-磷酸二酯键构成一条没有分支的多聚核苷酸链,其中的核苷酸被称为核苷酸残基。无论是 DNA 还是 RNA,其基本结构都是如此,故又称为 DNA 链和 RNA 链。核酸链具有方向性,即沿着 $5'\rightarrow3'$ 方向进行生物合成。多核苷酸链的主骨架由有规律的、交替出现的磷酸、核糖组成,其差异就在于碱基的不同。因此,核苷酸片段最终可以用碱基的排列顺序表示多核苷酸链中核苷酸的排列顺序,并标明 $5'$-末端和 $3'$-末端。如 $5'$ACTTGAACG$3'$DNA;$5'$ACUUGAACG$3'$RNA。

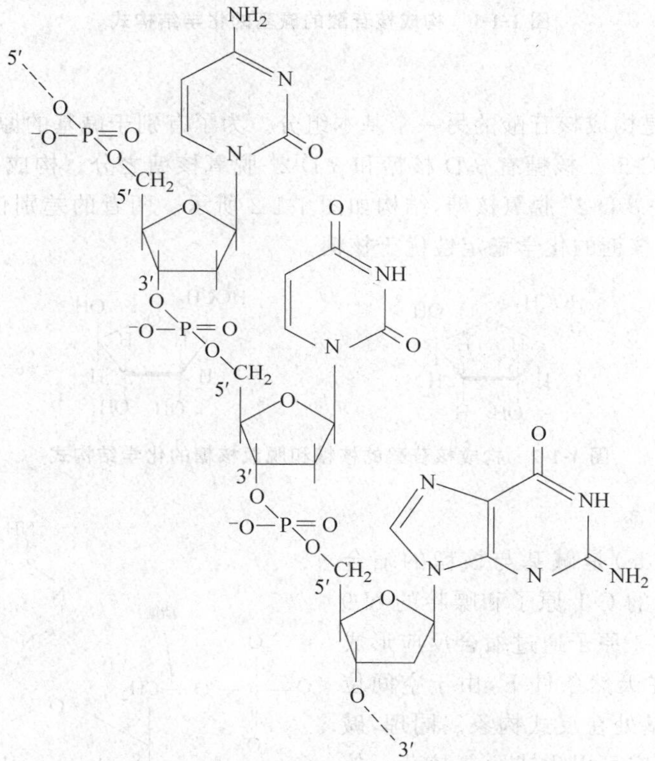

图 1-1-4　多聚核苷酸链

1. DNA 的分子结构

DNA 的一级结构是指 DNA 分子的核苷酸排列顺序。四种核苷酸千变万化的排序方式使生物界物种变得丰富多彩。核苷酸的差异主要表现在碱基上,因此也称为碱基序列。多数 DNA 分子由两条多聚脱氧核苷酸链构成双链分子,两条链中脱氧核苷酸按一定的顺序通过磷酸二酯键相连而成,形成了每一种 DNA 分子特定的核苷酸序列。

DNA 的二级结构通常指双螺旋结构模型(图 1-1-5),该模型是 1953 年由沃森和克里克正式提出,该模型的结构特点为:①DNA 分子是由两条方向相反、相互平行的多核苷酸链围绕中心轴形成的右手螺旋结构。其中一条链走向是 $5' \rightarrow 3'$，另外一条链则是 $3' \rightarrow 5'$。②由脱氧核糖和磷酸间隔相连而成的亲水骨架在螺旋分子的外侧，而疏水的碱基位于螺旋内侧。碱基平面与螺旋轴几乎垂直，碱基对之间的距离为 0.34 nm，螺旋旋转一周正好为 10 个碱基对，螺距为 3.4 nm。③两条链的碱基之间通过氢键相互作用，形成碱基配对，配对碱基所处的平面称为碱基平面。碱基配对具有一定的规律性，即 A 与 T 配对，形成 2 个氢键；G 与 C 配对，形成 3 个氢键。配对的两个碱基称为互补碱基，通过互补碱基而结合的两条链彼此称为互补链。④DNA 双螺旋表面形成沟槽结构，有大沟（major groove）和小沟（minor groove）之分，大沟位于上下两个螺旋之间，小沟则位于平行的两条链之间。具有酶活性的蛋白质分子通过这两个沟与碱基相识别。⑤DNA 双螺旋结构稳定，主要由于存在互补碱基对之间的氢键和碱基堆积力。碱基堆积力是层叠堆积的碱基平面间的疏水作用形成的一种力，使水分子不能进入 DNA 分子内部，而利于互补碱基形成氢键。因此，碱基堆积力是维持 DNA 二级结构的最重要因素。

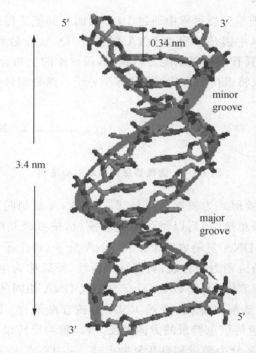

图 1-1-5　DNA 双螺旋模型示意图

在细胞内，DNA 分子在双螺旋结构基础上进一步扭曲螺旋而形成三级结构。某些病毒 DNA、噬菌体 DNA、细菌染色体与质粒 DNA、真核细胞中的线粒体 DNA、叶绿体 DNA 都是以双链环状 DNA 形式存在的。环状 DNA 分子可以是共价闭合环 DNA，在 DNA 双螺旋结构基础上，进一步扭曲形成麻花状的超螺旋结构，即 DNA 的三级结构。根据螺旋的方向分为正超螺旋和负超螺旋，正超螺旋使双螺旋结构更紧密，双螺旋圈数增加；负超螺旋可以减少双螺旋的圈数，几乎所有的天然 DNA 中都存在负超螺旋结构。

DNA 与蛋白质形成的复合物为 DNA 四级机构。在真核细胞中，如原核生物大肠杆菌的 DNA，此类线状的双螺旋 DNA 分子先围绕组蛋白核心盘绕形成核小体结构。在此基础上,许多核小体由 DNA 相连构成串珠状结构,串珠状结构进一步盘绕压缩成染色质。染色质存在于细胞核中,是 DNA 的载体,其结构和状态的改变会引起 DNA 功能、活性状态和稳定性的改变。当细胞处于间期时呈现为染色质的纤丝状态,当细胞处于分裂期时,纤维超螺旋并凝聚形成染色体。

2. RNA 的结构

RNA 通常是由一条多核苷酸链构成的单链分子,其核苷酸排列顺序代表了其一级结构。大多数天然 RNA 分子自身在许多区域发生回折,通过碱基配对(A 与 U 配对形成 2 个氢键,G 与 C 形成 3 个氢键),形成局部的双螺旋区;非互补区形成环状突起,称为发夹结构。RNA 的这种突环及其相连的局部双螺旋结构即为二级结构。二级结构进一步折叠形成三级结构,RNA 只有在三级结构时才能成为具有活性的分子。RNA 的四级结构是指 RNA 与蛋白质相互作用时的结构特征。

(四)核酸的生物合成

如图 1-1-6 所示,在细胞分裂过程中通过①DNA 的复制把遗传信息由亲代传递给子代,②在子代的个体发育过程中遗传信息由 DNA 传递给 RNA,③最后翻译成特定的蛋白质。④在 RNA 病毒中 RNA 具有自我复制能力,指导其蛋白质的生物合成;⑤在致癌 RNA 病毒中,RNA 以反转录的方式将遗传信息传递给 DNA 分子。这种遗传信息的流向为中心法则。

图 1-1-6　遗传信息传递的中心法则

DNA 生物合成的主要形式为复制和反转录。在 DNA 复制时,亲代 DNA 的双螺旋先行解旋和解链分开成两条单链,然后以每条单链为模板,按照碱基配对原则,各新合成一条互补链。这样,一个亲代 DNA 复制成 2 个子代 DNA 分子,每个子代 DNA 分子中,一条链来源于亲代 DNA,另一条链则为新合成,具有半保留性,所以称为半保留复制。半保留复制保证了复制过程的高度保真,即子代 DNA 具有与亲代 DNA 相同的核苷酸序列。反转录是以 RNA 为模板,根据碱基配对原则,按照 RNA 的核苷酸顺序(其中 U 与 A 配对)合成 DNA。这一过程与一般遗传信息转录的方向相反,所以称为反转录。

RNA 的生物合成主要分为转录和自我复制形式。以 DNA 分子为模板合成出 RNA 分子为转录,此外,一些 RNA 病毒以 RNA 为模板合成 RNA,即 RNA 的自我复制。

(五)核酸的理化性质

1. 核酸的带电性

核酸是两性分子,有酸性可解离的磷酰基和碱性可解离的碱基,磷酰基比碱基更易解离,因此核酸具有较强的酸性,在体液中所带净电荷为负。核酸的等电点比较低,DNA 的等电点为 4～4.5,RNA 的等电点为 2～2.5。核酸的带电性质是电泳法分离纯化核酸的基础。

2. 核酸的极性

核酸是极性生物大分子,溶于水,不溶于有机溶剂,所以,常用乙醇、异丙醇从溶液中沉淀提取核酸。核酸水溶液具有一定的黏性,DNA 溶液比 RNA 溶液黏度大。长的 DNA 分子易被机械力或超声波损伤,导致黏度下降。

3. 核酸的水解

DNA 和 RNA 中的糖苷键与磷酸酯键都能用化学法和酶法水解。碱基和核糖之间的糖苷键易被水解,其中嘌呤碱的糖苷键比嘧啶碱的糖苷键对酸更不稳定。在很低的 pH 下 DNA 和 RNA 即发生磷酸二酯键水解;在高 pH 时,RNA 的磷酸酯键易被水解,而 DNA 的磷酸酯键不易被水解。DNA 作为遗传信息的携带者,在遗传信息的储存和传递中处于中心地位,其结构应有高度的稳定性;而 RNA 在大多数情况下是作为 DNA 的信使,完成任务后即行分解,因此,RNA 具有易被水解的性质对生物学具有重要意义。

水解核酸的酶有很多种。按底物专一性分类,作用于 DNA 的为脱氧核糖核酸酶(deoxyribonuclease, DNase),作用于 RNA 的为核糖核酸酶(ribonuclease, RNase);按作用底物方式分类,分为内切核酸酶和外切核酸酶。在分子生物学研究过程中最具有应用价值的是限制性内切核酸酶。

4. 核酸的紫外吸收

核酸中的嘌呤碱基和嘧啶碱基都含有共轭双键,有很强的紫外吸收特性,在紫外 260 nm 附近具有特殊的紫外吸收光谱,可作为核酸及其组分定性和定量测定的依据。

5. 核酸的变性

在理化因素作用下,核酸分子中双螺旋之间氢键断裂,其空间结构被破坏的过程称为变性。随着 DNA 分子变性的发生,许多理化性质也发生显著的变化:①DNA 分子变性时,双链解离成单链,由双螺旋结构变成无规则的线团。②核酸变性后,导致双螺旋内侧的碱基外露,其 A_{260} 的紫外光吸收度明显增加,此现象称为增色效应。③DNA 变性后,发生了螺旋到线团的转变,黏度也会显著降低。④变性 DNA 的浮力密度增加,如果把天然 DNA 和变性 DNA 分别放入氯化铯溶液进行检测,可以看到变性 DNA 的浮力密度明显增加。⑤DNA 分子为右旋旋光体,旋光性很强,当 DNA 分子变性后,比旋光值明显降低。

引起核酸变性的常见理化因素有加热、酸、碱、超声波、有机溶剂或某些化学试剂(如尿素和甲酰胺)等。升高温度而引起的 DNA 变性称为 DNA 热变性,又称为 DNA 的解链作用或熔解作用。如果缓慢加热 DNA 溶液,并在不同温度测定其 A_{260} 值,可以得到"S"形 DNA 熔化曲线,从 DNA 熔化曲线可见 DNA 热变性一般在相当窄的温度内完成。通常把加热变性时 DNA 溶液 A_{260} 升高,达到最大值一半时的温度称为该 DNA 的熔解温度或解链温度(melting temperature, T_m)。T_m 是研究核酸变性的一个重要参数,其值一般在 85～95℃。T_m 大小主要与以下两个因素相关:①G+C 的含量。G-C 碱基对之间有 3 个氢键,提高了 DNA 的稳定性,因此,G+C 含量高的 DNA 其 T_m 值高,反之则低。T_m 与 G+C 含量的关系可以用一个公式表示:(G+C)含量%＝(T_m－69.3)×2.44,因此,通过测定 T_m 值可以推算 DNA 分子中的碱基含量。②与 DNA 溶液的离子浓度有关。在离子浓度高的溶液中,T_m 值偏高,解链温度范围较窄;在离子浓度低的溶液中,T_m 值偏低,解链温度范围较宽。

双链 RNA 的变性几乎与 DNA 相同。单链 RNA 变性时只是解开局部双螺旋,因此,相对 DNA 变性,变性曲线略平缓,T_m 值较低。tRNA 因具有较多的双螺旋区,变性曲线也较陡,T_m 值较高。

6. 核酸的复性

变性 DNA 在适宜条件下,两条彼此分开的互补链可重新恢复成双螺旋结构,这个过程称为 DNA 复性。热变性的 DNA 经缓慢冷却后即可复性的过程称为退火。DNA 复性后,对紫外光吸收明显降低,这种现象称为减色效应。影响 DNA 复性速度的因素主要有:①DNA 分子浓度越高,复性越快。因此离子浓度一般在 0.4 mol/L。②DNA 分子越大,复性越慢。③温度过低,碱基对错配增加而不能分离。一般认为,比 T_m 值低 25℃ 是 DNA 复性的最佳条件。

具有互补序列不同来源的单链核酸分子,在去掉变性条件后退火复性,按碱基配对原则结合在一起形成双链核酸分子的过程,称为杂交。杂交可发生在 DNA-DNA、DNA-RNA 和 RNA-RNA 之间。杂交是分子生物学研究中常用的技术之一,用标记(放射性或非放射性标记)的已知序列的寡核苷酸片段作为探针,通过核酸分子杂交技术,可以定性或定量检测目标 DNA 或 RNA 片段、分析基因结构、定位基因、诊断遗传病及亲子鉴定等。常用的杂交方法有 Southern 印迹杂交、Northern 印迹杂交、斑点杂交、原位杂交等。

(六)核酸的生物学功能

1. DNA 是遗传信息库

每个 DNA 分子编码着为数不等的各种基因(gene)。基因是 DNA 分子中由多个核苷酸按特定排列顺序组成的 DNA 区段,是遗传物质的最小功能单位,决定着生物体内某种蛋白质和 RNA 的合成。一个 DNA 分子可编码多个基因,一般而言,原核生物的 DNA 分子编码的基因数少,真核生物的 DNA 分子编码的基因数多。因此,DNA 分子是绝大部分生物(RNA 病毒除外)遗传信息的载体,储存着决定这些生物不同物种的所有蛋白质和 RNA 的全部遗传信息,使其在不同时间和空间有序地合成生物体的相关组分,为其生命周期自始至终有序地进行和个性发展奠定了物质基础。

2. DNA 能转录 RNA

一个 DNA 分子中,有的核苷酸序列(rRNA 基因)转录出 rRNA,成为核糖体的一部分;有的核苷酸序列(tRNA 基因)转录出 tRNA,在蛋白质合成过程中转运氨基酸;有的核苷酸序列(结构基因)转录出 mRNA,把 DNA 的遗传信息传递给后续翻译合成的蛋白质。此外,在转录过程中往往还出现种种小 RNA 分子。但是 DNA 分子中还有一部分核苷酸序列是不转录任何 RNA 的,特别是高等真核生物染色体 DNA 分子中的大部分核苷酸序列是不转录任何 RNA 的。

3. DNA 分子能在细胞内复制

在细胞分裂之前,细胞内的 DNA 分子能进行半保留复制(semi conservation replication)。复制过程中,亲代双链 DNA 分子的每一条链准确地按核苷酸互补配对原则,在 DNA 聚合酶催化下各合成一条新的互补链,由此产生的两个新 DNA 分子的核苷酸序列与原来的 DNA 分子完全相同。复制结束后,两个新 DNA 分子分别进入分裂后的子细胞内,每个子细胞内的 DNA 分子携带着同细胞分裂前亲代细胞内的 DNA 分子完全一样的遗传信息。可使 DNA 携带的遗传信息精确地传代,除非是在 DNA 复制过程中发生了突变。

4. RNA 的生物学功能

RNA 分子在生物体内一般是单链的,但是往往通过碱基配对原则形成一定的二级结构乃至三级结构来行使生物学功能。在生物体内的 RNA 主要有基因组 DNA 转录产生的信使 RNA(mRNA)、核糖体 RNA(rRNA)和转运 RNA(tRNA),在蛋白质的生物合成中起着重要作用。此外,在部分病毒和一些噬菌体中也存在 RNA,作为它们的遗传物质。

信使 RNA(messenger RNA,mRNA)是细胞内将遗传信息从 DNA 上传递到功能蛋白上的信使,是连接遗传信息与蛋白质合成的桥梁。基因的遗传信息首先在转录过程中从 DNA 转录到 mRNA 上,再以 mRNA 为模板按三联体密码将 mRNA 中的核苷酸顺序表达为蛋白质(多肽)中的氨基酸。所以生物体中稳定的 mRNA 是决定基因表达水平的一个重要因素,但是细胞内的 mRNA 一般是很不稳定的,代谢活跃,更新迅速,寿命短促。

核糖体 RNA(ribosomal RNA,rRNA)是细胞中含量最多的一类 RNA,占全部 RNA 的82%左右。RNA 作为组成核糖体的主要成分,其功能是在蛋白质合成过程中充当 mRNA 的支架,使 mRNA 分子在其上实现蛋白质的合成。

转运 RNA(transfer RNA,tRNA)是在基因转译蛋白质过程中能够携带特定氨基酸转运到核糖体、参与多肽链合成的一类小分子 RNA。一种 tRNA 只能携带一种氨基酸。在生物体中组成蛋白质的氨基酸虽然有 20 种,但是 tRNA 的种类可多达 60 种以上,表明多种 tRNA 可携带同一种氨基酸。其中能识别 mRNA 模板上起始密码子的 tRNA 叫起始 tRNA,其余 tRNA 参与肽链延伸,统称为延伸 tRNA。原核生物和真核生物的起始 tRNA 所携带氨基酸不同,前者携带甲酰甲硫氨酸(fMet),后者携带甲硫氨酸(Met)。

二、基因组 DNA 的提取

全血是提取全基因组 DNA 最常见的样本。外周血有核细胞、体液等各种分泌物,还有包括骨髓在内的各种组织材料也都可以用于提取 DNA。如果利用生物组织分离纯化 DNA,最好是新鲜组织,若不能马上提取 DNA,应贮存在 −70℃ 冰箱或液氮中。DNA 提取的具体方法如下。

要从生物样本中提取 DNA,首先要打破细胞壁,使核酸释放出来。细胞破碎方法有机械法、物理法和化学法。机械法又包括机体软组织的匀浆法;动物韧性组织的捣碎法和破碎细菌、酵母的研磨法。物理法破碎细胞可采用超声法,常用于细胞混悬液的破碎;对于培养的细胞可采用反复冻融法;细菌、病毒通过冷热交替法即可破碎;低渗溶液会裂解红细胞。还可以采用有机溶剂或酶解法,如蛋白酶 K 裂解细菌和酵母;去垢剂如 SDS 裂解组织和培养细胞。

1. DNA 酚抽提法

细胞被打碎后,释放出来的不仅有 DNA,还有蛋白质、糖类和 RNA 等其他生物大分子,通常用 pH 8.0 的 Tris 饱和酚或酚/氯仿抽提 DNA,使杂质沉淀,可以获 DNA 大小为 100~150 kb。

2. 甲酰胺解聚法

细胞破碎后,也可以用高浓度甲酰胺解聚蛋白质与 DNA 的结合,再透析获得 DNA。高浓度甲酰胺可以裂解蛋白质与 DNA 的复合物,可以使蛋白质变性,减少了酚多次抽提的步骤。甲酰胺解聚法适用于从标本中制备高分子量的 DNA 样品。可得 200 kb 左右 DNA 样品。

3. 玻璃棒缠绕法

利用基因组 DNA 较长的特性,可以将其与细胞器或质粒等小分子 DNA 分离。用盐酸胍裂解细胞,加入一定的异丙醇或乙醇,基因组的大分子 DNA 即沉淀形成纤维状絮团漂浮其中,而小分子 DNA 则只形成颗粒状沉淀附着于管壁及底部。可用带钩或"U"形玻璃棒在界面轻搅,并在 70% 乙醇中漂洗一下。可以得到的 DNA 约是 80 kb。

4. 表面活性剂快速制备法

用曲拉通（TritonX-100）表面活性剂破碎细胞，然后用蛋白酶 K 或酚去除蛋白，乙醇沉淀或透析，获得 DNA 样品。

蛋白质、糖类和 RNA 等其他生物大分子变成沉淀后，可以通过离心去除，保留有 DNA 的上清液，可以用无水乙醇吸收分子之间的水，使 DNA 沉淀析出，无水乙醇使用前预冷，可以减少 DNA 沉淀析出过程释放热量对 DNA 的损伤。用无水乙醇沉淀 DNA 前，往往加入醋酸钠 NaAc 或氯化钠 NaCl 等盐离子中和核酸分子表面的负电荷，有助于分子之间的聚集。

此外，还可以用异丙醇沉淀 DNA，异丙醇除了使 DNA 沉淀外，还可以溶解少量的小的 RNA 分子，起到纯化 DNA 的作用。

获得的 DNA 沉淀，可以用 TE，即 Tris 和 EDTA 配制而成的缓冲液溶解，存放于 4℃ 或 −20℃ 冰箱中短期保存。若要长期贮存可置于 −70℃ 冰箱中，可保存数年。

三、构建基因文库

所谓基因组文库（genomic library）是指贮存了某种生物全部基因信息的一个受体菌群体。基因信息既可以是生物基因组的 DNA 序列，也可以是基因的转录产物 mRNA 经反转录后得到的 cDNA 序列，因此，根据基因文库研究对象或材料不同，基因文库可分为基因组文库和 cDNA 文库两类。构建基因文库的主要用途是为了靶基因的扩增、纯化、分离、保存或表达等，据此，基因文库分为克隆型基因文库和表达型基因文库两类。此外，根据基因文库采用的载体不同，基因文库可分为质粒型基因文库、λ 噬菌体型基因文库、黏粒型基因文库和人工染色体型基因文库等。

从 cDNA 文库克隆制药基因首先要构建 cDNA 文库。cDNA 文库代表生物某一特定器官或组织在某一特定发育时期，细胞内转录水平上基因群体。因为基因组含有的基因在特定的组织细胞中只有一部分表达，而且处在不同的环境条件、不同分化时期，故基因表达的种类和强度也不尽相同，因此 cDNA 文库具有组织特异性。cDNA 文库的构建是以生物细胞的 mRNA 为模板，在逆转录酶的作用下合成 cDNA 的第一条链，然后再合成双链 cDNA，并合成的双链 cDNA 重组到质粒载体或噬菌体载体上，导入大肠杆菌宿主细胞进行增殖。由 mRNA 逆转录得到的 cDNA 不再含有内含子的序列。

此外还可以应用 RT-PCR 法分离制药基因。RT-PCR 是指以由 mRNA 逆转录得到的 cDNA 第一链为模板的 PCR 反应。这种方法是一种比较简便易行的分离制药基因的手段，它不需要构建文库，不需要历经漫长的筛选、鉴定等一系列过程。它的基本原理是以 mRNA 为模板，以 oligo(dT) 为引物，在逆转录酶的催化下，在体外合成 cDNA 第一链后，在基因（或 RNA）序列已知的情况下，设计特定的引物，通过 PCR 扩增此链，便可以获得制药基因产物。RT-PCR 分离法的关键是根据基因序列设计相应的引物，由于引物的高度选择性，细胞总 RNA 无需进行分离 mRNA 即可直接使用，这对于一些研究来说是很方便的。但是这一点恰恰是 RT-PCR 分离法的局限所在，即分离制药基因以制药基因的序列已知为前提。RT-PCR 一般可分为 cDNA 的合成和 PCR 两大步骤。cDNA 合成的具体方法同构建 cDNA 文库中 cDNA 第一链合成相同。

（一）基因组文库

某种生物基因组的全部遗传信息通过克隆载体贮存在一个受体菌的群体之中，这个受体菌群体就是该种生物的基因组文库。原核生物和低等真核生物,由于基因结构简单,基因组文库可以作为直接提供靶基因的来源。

1. 构建基因组文库的大小

高的完备性是基因组文库构建质量的一个重要指标,基因组文库的完备性是指在构建的基因文库中任一基因存在的概率在 99% 以上。从理论上讲,如果生物体的染色体 DNA 片段被全部克隆,并且所有用于构建基因文库的 DNA 片段均含有完整的基因,那么这个基因文库的完备性为 1。但在实际操作过程中,上述两个条件不可能同时满足,因此基因文库的完备性只是最大限度地趋近于 1,而不能达到 1。

基因文库的完备性与基因文库中最低所含重组克隆数目的关系通过 Clarke-Carbon 公式描述:

$$N = \frac{\ln(1-P)}{\ln(1-f)}$$

其中,N 为构成基因文库必需的重组克隆总数,P 为基因文库中靶基因出现的概率,f 为插入片段大小与生物体全基因组大小的比值。由上述公式可知:某一基因文库所含的重组克隆越多,其完备性越高,当完备性一定时,载体的装载量或允许克隆的 DNA 片段越大,所需的重组克隆越少。例如:人基因组 DNA 长 3.0×10^9 bp,克隆片段平均大小 17 kb,构建完备性 0.99 的基因文库,至少需要 81 万个重组克隆,为保证某一基因以 99% 的概率至少被克隆 1 次,需构建含 81 万个不同重组克隆的基因文库。

除尽可能高的完备性外,一个理想的基因文库还应具备以下条件:①克隆总数不宜过大,以减轻筛选工作的压力;②载体的装载量必须大于基因的长度;③含有相邻 DNA 片段的重组克隆之间,需存在足够长度的重叠区,以利于克隆排序;④克隆片段易于从载体分子上完整卸下;⑤重组克隆能稳定保存、扩增、筛选。

2. 基因组文库的构建程序

构建基因组文库的基本步骤分为:制备基因组 DNA 并片段化、DNA 片段与载体连接重组、重组子导入受体菌细胞并扩增、筛选鉴定基因组文库等。

(1)靶基因组 DNA 片段的制备

从作为供体的生物细胞中按照常规方法分离纯化其染色体 DNA,然后将染色体 DNA 用下列方法切成片段,保证 DNA 片段之间存在部分重叠区以及 DNA 片段大小均一,以便与载体分子进行体外重组。

机械切割:供体染色体 DNA 可用机械方法(如超声波处理),随机切割成双链平齐末端片段。切割过程通过控制合适的超声波处理强度和时间,便可将切割的 DNA 片段控制在一定的大小范围内,其上限是载体的最大装载量,下限应至少大于靶基因的长度。通常,制备的 DNA 分子量越大,切割后含不规则末端 DNA 片段的比率越低,切割后的 DNA 片段大小越均一,重组率和完备性越高。

当染色体 DNA 片段上靶基因区域的限制性酶切图谱未知时,采用机械切割制备待克隆 DNA 片段便是首选,克隆的 DNA 片段可以从载体分子完整卸下。但由于这些 DNA 片段都是随机平齐末端,因此必须插入到载体 DNA 的平头限制性酶切位点上,而且克隆的外源 DNA 片段很难完整地从重组分子上卸下,这都增加了克隆的难度。

限制性内切酶部分酶解：采用识别序列为 4 个碱基对的限制性内切酶（如 *Mbo*Ⅰ、*Sau*3AⅠ、*Alu*Ⅰ等）部分降解染色体 DNA。由于这些限制性内切酶的识别顺序在任何生物基因组中频繁出现，因此只要采取合适的部分酶解条件，便可以获得一定长度的 DNA 随机片段，部分酶切片段大小可控，可得到 15～45 kb 的随机片断；同时，经酶解获得的 DNA 片段产生黏性末端，可直接与载体连接。

特定限制性内切酶全酶解：如果染色体 DNA 上靶基因的两侧含有已知的限制性内切酶识别位点，而且两者之间距离不超过载体装载数量的上限，可以用一种或两种限制性内切酶全解染色体 DNA 片段。这种方法产生的 DNA 片段具有非随机性，可以简化后续的重组和筛选；同时，重组分子可用相同的限制性内切酶完全切下插入片段，便可利用限制性酶切图谱直接筛选目的重组子。

（2）DNA 片段与载体重组连接

根据外源 DNA 片段的末端性质及大小确定克隆载体，鸟枪法一般选择质粒或 λ DNA 作为克隆载体，宿主细胞大多选择大肠杆菌，只有当后续筛选必须使用外源基因表达产物检测法时，才选择那些能使外源基因表达的相应受体系统。对于构建一个完备性为 0.99 的人基因组文库，用 λ DNA 为载体（装载量以 15 kb 计），至少需要 90 万个重组克隆。可见，在基因组文库构建中，应尽量提高载体与外源 DNA 片段的连接效率。为提高连接效率，可以根据载体的装载量，将 DNA 片段分级分离；去除载体的 5′-P；在 DNA 片段的 3′-OH 端加同聚尾。

（3）目的重组子的筛选

把靶基因从基因文库中分离出来最有效手段是菌落原位杂交法，即具有一定同源性的两条核酸单链在一定条件下可按碱基配对的原则退火形成双链，利用基因探针检出培养板上阳性重组子菌落位置。原位杂交法优点在于可进行大量筛选（一次可筛 $5×10^5$～$5×10^6$ 个菌落或噬菌斑），限制条件是需要理想的探针。

目的重组子的筛选也可以采用外源基因产物功能检测法，本法依赖简便筛选模型的建立。因此，在既无探针又难以建立快速筛选模型的情况下，便采用限制性酶切图谱法对所获重组克隆进行分批筛选。大型基因组文库由数十万甚至上百万个重组克隆组成，除一些具特殊功能的蛋白质编码基因（如抗药性基因），可用特殊的正选择筛选程序（如抗药性筛选）直接筛选外，一般均需多轮操作步骤。大多数情况下，利用鸟枪法获得的目的重组子只是含有靶基因的 DNA 片段，必须经过次级克隆或插入灭活，在已克隆的 DNA 片段上准确定位靶基因，然后对靶基因进行序列分析，搜其编码序列可能存在的表达调控序列。

从基因文库克隆靶基因的工作量非常大，对靶基因及其编码产物的性质了解得越详尽，工作量就越少。通过基因组文库获取靶基因不能获得最小长度的靶基因，也不能除去真核生物靶基因的内含子结构，因此该方法仅适用于原核基因的分离。

基因组文库的构建

（二）构建 cDNA 文库

cDNA 文库是指将供体生物细胞的 mRNA 经反转录形成的 cDNA 片段与某种载体连接形成含全部表达基因的克隆群体。对于真核生物而言，由于基因组结构复杂、数量庞大、且含有内含子，因此在构建文库时通常选择 cDNA 文库法。1976 年首例 cDNA 文库问世以来，已成为生物体功能组学研究常用的基本手段之一。cDNA 文库能够特异性地反映出某种组织或细胞在特定发育阶段所表达蛋白质的编码基因信息,因此具有组织或细胞特异性;相对于基因组 DNA 文库而言,cDNA 文库要小得多,因此能够比较容易地从中筛选获得细胞表达的基因;cDNA 法克隆的靶基因相当"纯净",既不含有基因的 5′-端调控区,又剔除了内含子结构,有利于将真核生物蛋白编码基因克隆在原核生物中进行高效表达。

1. 构建 cDNA 文库应具备的条件

mRNA 种类的完备性,是指构建的 cDNA 文库中包含的重组 cDNA 分子所反映的来源细胞中的表达信息。一般可用文库的库容量来衡量文库的质量,库容量即构建的原始 cDNA 文库中所包含的独立重组子克隆数。库容量大小取决于来源细胞中表达出的 mRNA 的种类和每种 mRNA 序列的拷贝数,1 个典型的哺乳动物细胞含 10 000~30 000 种不同的 mRNA 分子。各种 mRNA 的拷贝数不同,即丰度不同,按照丰度可分为低丰度、中丰度和高丰度三种。目的 mRNA 在细胞中的含量占细胞质总 mRNA 量的 50%~90% 时,称为高丰度 mRNA,该类 mRNA 在合成和克隆 cDNA 之前不需进一步纯化特定 mRNA。当某一种 mRNA 在细胞总计数 mRNA 所占比例小于 0.5% 时,称为低丰度 mRNA,某些 mRNA 分子在细胞内的拷贝数很低甚至只有一个拷贝。

mRNA 的丰度与文库克隆数的关系可通过 Charke-Carbon 公式来计算:$N = \ln(1-P)/\ln(1-f)$,其中,N 为构成 cDNA 文库的重组克隆数,P 为基因文库的完备性(某一 mRNA 序列信息的概率,期望值为 99%),f 为某一种 mRNA 占总 mRNA 的比值。

构建 cDNA 文库除满足完备性以外,还应注意 mRNA 片段的序列完整性(包括 5′端非翻译区、中间的编码区和 3′-端非翻译区),以确保重组 cDNA 片段的序列完整性。因此,文库中的重组 cDNA 片段应足够长,以尽可能地反映出基因的天然结构。

2. 构建 cDNA 文库的基本步骤

(1)细胞总 RNA 的提取

提取高质量的总 RNA 是 cDNA 文库构建的第一步,也是关键的一步。一般我们获得生物材料后,第一步是从生物细胞中分离总 RNA,提取总 RNA 过程中,自始至终都要严格防止 RNA 酶的污染,以防止降解 RNA,保证提取 RNA 的质量和纯度。目前,常用氯仿抽提法提取细胞总 RNA,即通过异硫氰酸等变性剂破碎细胞或组织,经氯仿等有机溶剂抽提 RNA,最后沉淀获得总 RNA。

(2)mRNA 分离纯化

从生物细胞中分离 mRNA 比分离 DNA 困难得多,mRNA 占细胞内总 RNA 的 1%~2%,相对分子质量大小不一致,可由几百到几千个核苷酸组成。同时,由于基因表达具有严格的时序性,mRNA 的成功分离对靶基因表达至关重要。真核细胞的 mRNA 最显著的结构特征是具有 5′-端的"帽子结构"和 3′-端的 poly A"尾巴",尤其是 mRNA3′-端存在的 20~250 个腺苷酸,这种结构为 mRNA 的分离纯化提供了极为便利的条件,利用它可以迅速将 mRNA 从细胞总 RNA 的混合物中分离出来。

分离纯化过程为:将细胞总 RNA 制备物上寡聚胸腺嘧啶核苷酸(oligo dT)型纤维素亲和色谱柱,在高盐缓冲液作用下,其中的 mRNA 分子通过其 poly A 结构与 oligo dT 特异性碱基互补作用挂在柱上,而其他非 mRNA 分子(如 tRNA、rRNA、snRNA)则流出柱外。当逐渐降低盐的浓度洗脱时或在低盐溶液和蒸馏水的洗脱下,mRNA 从柱上被洗下来,经过两次 oligo dT 纤维素柱后,便可得到较高纯度的 mRNA,纯化的 mRNA 在 70% 乙醇中－70℃可保存一年以上。

（3）cDNA 第一链的合成

cDNA 第一链合成的方法包括 oligo dT 引导合成法，随机引物引导合成法和基因特异性引物引导合成法三种。真核生物 mRNA 的 poly A 结构不但为 mRNA 分离纯化提供了便利，而且也使得 cDNA 的体外合成成为可能。oligo dT 引导合成法是利用 mRNA 具有 poly(A)尾巴的特性，用 oligo(dT)作为引物，引导逆转录酶按 mRNA 模板合成第一链 cDNA，这种产物是一种 DNA-RNA 杂交分子，最后 RNA 可被 RNase H 分解而剩下第一链 cDNA。随机引物引导合成法的基本原理是随机合成 6～10 个寡聚核苷酸片段，作为合成第一链 cDNA 的引物，在应用这种混合引物的情况下，cDNA 的合成可以从 mRNA 模板的许多位点同时发生，而不仅仅从 3′末端 oligo dT 引物处开始，可解决 3′UTR 过长或 RNA 降解问题。基因特异性引物引导合成法是当 RNA 序列或部分序列已知时，可以通过设计基因特异性引物，在逆转录酶的作用下合成 cDNA 第一链。

（4）cDNA 第二链的合成

cDNA 第二条链的合成常使用以下三种方法：

自身引导法：也称 S1 核酸酶降解法或回折法。cDNA 与 mRNA 的杂合体通过煮沸或用氢氧化钠溶液处理，获得单链 cDNA，其 3′-端形成一个短发夹结构，这种发夹结构是反转录酶在 cDNA 第一链末端"折返"所导致的。这种发夹结构可作为 cDNA 第二链合成的引物，在 Klenow 酶和反转录酶的共同作用下，形成 cDNA 分子，然后用 S1 核酸酶切除发夹结构以及另一端可能存在的单链 DNA 区域，所形成的双链 cDNA 即可用于克隆。自身引导法的缺点是较难控制反应，S1 核酸酶的处理常常会将双链 cDNA 的两个末端切去几个碱基对，导致靶基因编码序列的缺失，因此该方法现在较少使用。

置换合成法：又称取代法。利用第一条 cDNA 链合成产物 cDNA-mRNA 不经变性直接与 RNA 酶 H 和大肠杆菌 DNA 聚合酶Ⅰ混合，RNA 酶 H 能消化杂交链的 mRNA 链，形成切口和缺口，在此过程中，mRNA 被切割成短片段，成为合成第二链的引物，再在大肠杆菌 DNA 聚合酶Ⅰ的作用下合成第二链。置换合成法获得的双链 cDNA 含有残留的一小段 RNA，但能包括 mRNA5′-端全部或绝大部分序列。因此，该法的优点是双链 cDNA 合成效果好；操作简捷，直接利用第一链反应产物，无须进一步处理和纯化，避免了 cDNA 双链分子末端的缺损。因此，该法成为目前合成 cDNA 双链常用的方法。

引物合成法：利用第一链合成后变性残留的 mRNA，用末端脱氧核苷酰转移酶在 cDNA 游离的 3′羟基上添加同聚物(dC)末端，然后与人工合成的 oligo dG 退火，形成引物，在 Klenow 酶作用下合成 cDNA 第二链，mRNA 的 5′-端不丢失。如果序列是已知的，也可用特异引物来合成第二条链。

（5）双链 cDNA 的克隆

用于 cDNA 克隆的载体有质粒、噬菌体和噬菌粒。cDNA 克隆操作中应根据不同的需要选择适当的载体，质粒为第一代载体，具有易于操作、重组效率高，可直接进行功能表达筛选的优点。但重组质粒转化效率低，一般仅在构建较高丰度 cDNA 文库和次级 cDNA 文库时使用。第二代载体噬菌体是目前应用最为广泛的载体，具有重复性高、较易保存等优点，能用于构建低丰度 cDNA 文库。噬菌体的缺点是不利于操作、不能定向克隆，在应用中带来一定的难度。第三代载体是噬菌粒载体，兼具前两代的优点，既易于操作，又可将单链用于构建 cDNA 文库。

已经制备好的双链 cDNA 均为平齐末端，根据所选用载体克隆位点的性质，需要经过修饰才能与相应载体连接，修饰方法包括加上寡聚核苷酸尾或人工接头。cDNA 片段与载体的连接通常采用以下两种方法：一种是加同聚尾连接，利用 3′端脱氧核苷酸转移酶催化，在载体和双链 cDNA 的末端接上一段寡聚核苷酸，如载体加上 poly C(或 A)尾巴，则在 cDNA 加上 poly G(或 T)尾巴，这两种黏性末端只能使载体与 cDNA 连接而不能自我环化。加上同聚尾的载体和 cDNA 双链经退火后形成重组质粒，用 T4 DNA 连接酶封口，并转化到宿主菌中进行扩增。另一种是加人工接头连接，接头是连接在靶基因两端的含有一个或多个限制性酶切点的寡核苷酸片段，cDNA 连上人工接头后，用该种限制酶酶切便可得到黏性末端，从而与载体连接。cDNA 中可能带有同样的限制酶切点，为了保证 cDNA 不被限制酶破坏，可以在加接头之前先用甲基化酶修饰这些相同的限制酶切点。

若用质粒做载体，cDNA 与载体连接后可直接转化宿主细胞；若采用噬菌体做载体，必须体外包装成噬菌体颗粒感染宿主菌。

(6)cDNA 重组克隆的筛选

常规的目的重组子筛选法均可用于 cDNA 重组克隆的筛选，可以根据靶基因特异性表达进行筛选，常用方法为免疫法，即在构建 cDNA 文库时，选用可使外源 DNA 表达的载体，文库构建好后，再用靶蛋白的特异性抗体筛选目的 cDNA 重组克隆。也可以据靶基因已知核苷酸序列进行筛选，采用探针原位杂交法，即根据靶蛋白的保守氨基酸序列，合成一组简

cDNA 文库的构建

并寡核苷酸序列，其中至少有一条能与目的 cDNA 克隆完全配对，用它作为探针通过菌落或噬菌斑原位杂交筛选出目的 cDNA 重组子，原位杂交法也是从 cDNA 文库中筛选目的重组子最常用、最可靠的方法。

四、化学法合成 DNA

在 PCR 仪发明以前，人们想要获得 DNA，就需要用化学合成的方法。1977 年，K.I 塔库拉首先应用化学方法人工合成了生长激素释放抑制因子的基因，并成功地导入大肠杆菌细胞，实现了功能表达。对于较小分子蛋白质或多肽的编码基因，如果已知其核苷酸序列，则可以利用化学合成法直接合成。若未知核酸序列，可根据蛋白质的氨基酸序列倒推出核酸序列，但需考虑密码子的简并性。最初，人工化学合成寡聚核苷酸片段只有 15 bp，自从 1983 年美国 ABI 公司研制的 DNA 自动合成仪投放市场以来，利用 DNA 自动合成仪已能合成 200 bp 寡聚核苷酸片段。

(一)寡聚核苷酸单链的化学合成

固相亚磷酰胺化学法是最常用的 DNA 化学合成方法，该法将 DNA 固定在固相载体上完成 DNA 单链合成，最常用的固相载体是可控微孔玻璃珠(controlled pore glass, CPG)。固相亚磷酰胺化学法的特点是：第一个核苷酸是 3′端固定在固相载体上；合成的方向是由待合成 DNA 的 3′端向 5′端，相邻的核苷酸通过 3′→5′磷酸二酯键连接；每一个核苷酸依次连接上去；合成是在疏水环境中进行。

1. DNA 片段粗品的合成

利用固相亚磷酰胺化学法合成 DNA，启动循环反应之前，需先将第一个核苷酸挂在反

应柱上,即寡聚核苷酸的第一个单体以核苷酸的 3′-OH 与 CPG 表面的长臂末端的羟基通过酯化反应,共价交联在玻璃珠上,单体 5′-羟基被二甲氧基三苯甲基(DMT)保护,以确保核苷在交联反应中的位点特异性。

当第一个核苷酸连在 CPG 上后,循环反应即开始进行,反应主要由 5 步循环组成:

(1)脱保护

将装有 CPG 的反应柱用无水试剂(如乙腈)彻底清洗,除去水分以及可能存在的亲核试剂,然后将预先连接在固相载体 CPG 上的活性基团被保护的核苷酸与三氯乙酸(TCA)反应,脱去 5′-羟基的保护基团 DMT,获得游离的 5′-羟基。然后,用乙腈再次清洗反应柱,除去 TCA,并用氩气去除乙腈。

(2)活化

第二个核苷酸单体与活化剂四氯唑混合,形成亚磷酰胺四唑的活化中间体,它的 3′端被活化,5′-羟基仍然被 DMT 保护。

(3)藕连

亚磷酰胺四唑与 CPG 所连的核苷酸的 5′-羟基发生亲核反应,发生缩合并脱掉四唑,合成的寡核苷酸链延长一个。

(4)加帽

缩合反应中可能有少数与 CPG 相连的 5′-羟基未参加反应,因此,未参加反应的单体极有可能在随后的循环中被延长,导致最终产物链长和序列的不均一。为避免这一现象的发生,需要用乙酸酐和 N-甲基咪唑混合形成活性很强的乙酰化试剂,乙酰化未反应的 5′-羟基,缩合成酯键而将其封闭。

(5)氧化

经过藕连反应后,两个核苷以亚磷酸三酯键连接在一起,这种结构不稳定,在酸碱作用下极易断裂,因此,需要用氧化剂(常用碘)将之氧化成稳定的磷酸酯结构。

经过以上 5 个步骤,一个脱氧核苷酸被连接到固相载体的核苷酸上,再以三氯乙酸脱去它的 5′-羟基上的保护基团 DMT,重复以上步骤。这样,经过 n 个循环后,新合成的寡聚核苷酸上共有 $n+1$ 个,每个磷酸三酯均含有一个甲基基团,最后一个核苷的 5′末端则为 DMT 封闭。

2.DNA 粗品的纯化

在所有合成循环结束后,就得到一个目标 DNA 片段粗品,首先需经过氨解步骤,然后再通过各种方式进行纯化。最终产物的总收率与每次缩合反应的效率以及产物的长度密切相关,目前 DNA 合成仪的一次缩合反应效率均高达 98% 以上,因此,为便于最终产物的分离纯化,单链寡聚核苷酸应设计的尽可能短为宜。

DNA 粗品纯化的方法有:

(1)氨解

常用浓氢氧化铵溶液来裂解 CPG 上连接化合物与初始核苷间的酯键,从而将合成好的寡聚核苷酸从 CPG 长臂上切割下来。浓氢氧化铵溶液较长时间处理,可以洗脱各个碱基和磷酸上的保护基。

(2)C18 柱脱盐

C18 柱为一种活性炭柱子,对 DNA 有特异性的吸附作用,可以被有机溶剂洗脱,但不会被水洗脱,所以能有效地去除盐分。C18 柱脱盐是所有纯化方法中最简单的一种;缺点是只能去除盐分,不能有效去除比目的片段短的小片段。

(3)OPC 纯化

利用 OPC 柱中装有对 DMT 基团具有特殊亲和力的树脂。合成 DNA 片段时,最后一个核苷 5′端的 DMT 被保留,所有合成产物吸附在 OPC 柱上以后,用浓度低的有机溶剂洗柱,带有 DMT 片段的吸附能力强,不易被洗脱,不带有 DMT 的片段因吸附能力弱从而被洗脱。然后用酸脱去吸附在 OPC 柱上 DNA 的 DMT,再用高浓度的有机溶剂洗脱 DNA。OPC 纯化方便、快捷,缺点是吸附 DMT 能力有限,对于小片段的去除效果差,而且负载量小,特别是对于长度超过 25 个碱基的片段纯化效果不好。

(4)PAGE 纯化

利用不同长度片段 DNA 在聚丙烯酰胺凝胶中迁移率不同来分离大小片段。待目的片段与缺失碱基片段分开后,经切割目的片段凝胶、浸泡碎胶,再从泡胶的盐溶液中回收靶基因。PAGE 纯化的纯化效果好,能去除小片段,与 C18 柱联用效果更好;缺点是费时费力,样品损失大。

(5)HPLC 纯化

HPLC 根据吸附介质分为反相柱和离子柱。反相柱是根据疏水性的差别来分离的,即疏水性更强的长片段比短片段吸附能力更强,后出峰;离子柱是根据不同长度寡核苷酸带有不同净电荷,较长的片段带有高电荷比带有电荷低的短片段在离子柱内流动得慢,从而依次将不同片段洗脱出来。HPLC 纯化自动化程度高,省人力,可以去除小片段,纯化效果好,纯度可达 99% 以上;缺点是设备昂贵,纯化量小,不能纯化 40 bp 以上的片段。

(二)双链 DNA 的化学合成

固相亚磷酰胺化学法受限于化学反应效率,同时 DNA 自动合成仪只能合成单链的寡核苷酸片段。靶基因的化学合成实质上是双链 DNA 的合成。对于 60～80 bp 的短小 DNA 片段或靶基因,可以分别合成其两条互补单链,然后退火。而对于超过 300 bp 的大片段或靶基因的化学合成,通常需要采用单链小片段 DNA 模板拼接的方法,主要有三种基本形式:

1. 小片段黏接法

将待合成的靶基因分成若干小片段,每段长 12～15 个碱基,两条链分别设计成交错覆盖的两套小片段,通过化学合成后,混合退火形成双链 DNA 大片段。由于互补序列的存在,各 DNA 片段会自动排序,最后用 T4 DNA 连接酶修补缺口处的磷酸二酯键。小片段黏接法的优点是 DNA 片段短,收率较高,但各段的互补序列较短,容易在退火时发生错配,造成 DNA 序列的混乱。

2. 补丁延长法

将靶基因的一条链分成若干 40～50 个碱基的片段,而另一条链设计成与上述大片段交错互补的 20 个碱基左右小片段。两组大小不同的 DNA 单链片段退火后,再用 Klenow 酶将空缺部分补齐,最后再用 T4 DNA 连接酶修复缺口。补丁延长法是化学合成与酶促合成相结合的方法,可以减少寡聚核苷酸的合成工作量,同时又能保证互补序列的足够长度,是靶基因化学合成常用的方法。

3. 大片段酶促法

将靶基因两条链均分成 40～50 个碱基的片段,再分别进行化学合成,然后用 Klenow 酶和 T4 DNA 连接酶补齐。大片段酶促法虽然需要合成大片段的 DNA 单链,但拼接模块数量减少,适用于较长靶基因的合成。

化学合成技术用于合成天然基因,有些组织特异性 mRNA 含量很低,很难用 cDNA 法克隆,而这些基因比较短,化学合成费用也较低,如生长激素释放抑制激素基因、脑啡肽基因、胰岛素基因、干扰素基因等。化学合成靶基因的一个优势是根据宿主细胞蛋白质生物合成系统对密码子使用的偏爱性,在忠实于靶基因编码产物序列的前提下,更换密码子的碱基组成,从而用于修饰改造基因或设计新型基因。化学合成的 DNA 单链小片段可用于制备寡核苷酸探针,根据已知核酸序列,用 DNA 合成仪合成一定长度的寡核苷酸片段,作为探针使用。DNA 单链小片段也可作为分子克隆中的人工接头以及 PCR 扩增中的引物。

化学法合成
目的基因

任务二　扩增靶基因

【任务原理】

聚合酶链式反应(polymerase chain reaction,PCR)是一种体外核酸扩增的方法。由美国科学家穆勒斯在 20 世纪 80 年代中期发明,并迅速渗透到分子生物学的各个领域,现已在物种起源、生物进化、基因克隆、靶基因检测等方面得到广泛应用。从靶基因的分离克隆角度而言,PCR 扩增法具有简便、快速、有效和灵敏的特点。本任务主要介绍应用 PCR 技术扩增人干扰素 α2b 的靶基因,为后续项目提供足够的基因材料。

PCR 扩增法基本原理类似于 DNA 的天然复制过程,即以待扩增的 DNA 分子为模板,以一对分别与模板 5′-末端和 3′-末端相互补的寡核苷酸片段为引物,在 DNA 聚合酶的作用下,按照半保留复制机制沿着模板链延伸,直至合成新的 DNA 链。

PCR 通过三个温度依赖性步骤完成反复循环,这三步反应分别是变性(denaturation)、退火(annealing)和延伸(extension)。变性是指双链 DNA 在高温(94℃左右)条件下,通过热变性使其双链间氢键断裂而解离成单链,即形成 DNA 单链模板。当变性温度突然降至引物 T_m 值(40~60℃)以下时,引物与单链 DNA 在互补位置按碱基互补的原则结合,形成引物模板复合物,这个过程被称为退火。溶液反应温度升至 DNA 聚合酶最适温度 72℃,聚合酶依赖其 5′→3′的聚合酶活性,利用引物的 3′-OH,耐热 DNA 聚合酶以单链为模板以反应混合物中的 4 种脱氧核苷三磷酸(dNTP)为底物,按 5′-3′方向复制出互补 DNA,即引物的延伸阶段。如此周而复始,重复进行,每一次循环后模板比前一次循环增加一倍。DNA 产量以指数上升,n 个循环后,达到 2^n 拷贝。该技术已成为分子生物学中一种有助于 DNA 克隆及基因分析的必需工具。

PCR 反应灵敏度高,其起始模板最低量可以为皮克级的 DNA 分子;特异性强,PCR 只扩增上下游引物与模板结合之间的特异性 DNA 区段;对原始材料质量要求低,生物的任意部位、生物标本、甚至古化石生物,均可被用作 PCR 模板的原始材料;操作简便、省力,操作人员只需要把反应体系加到 PCR 管中,放入 PCR 仪中设定参数即可。但是 PCR 反应是一个复杂的过程,要想获得较好的 PCR 反应结果,需要对反应体系和反应程序两个方面进行优化。

一、PCR 反应体系

PCR 扩增体系的反应条件及反应体系(表 1-2-1)已经趋于标准化,PCR 反应体系一般选用 50～100 μL 体积,将各成分按顺序加在 0.2 mL 扩增管中混合,然后将反应管放入 PCR 仪中,按照设计好的反应程序进行反应。各种参与反应成分均会影响 PCR 反应结果。

表 1-2-1　标准 PCR 反应体系(50 μL)

模板 DNA	引物	dNTPs	DNA 聚合酶	Mg^{2+}	KCl
1 pg～1 μg	1 μmol/L	200 μmol/L	0.5～5 U	1.5 mmol/L	50 mmol/L

(一)引物(primer)

引物是指两段与待扩增序列侧翼片段具有碱基互补特性的寡核苷酸。包括上游引物(forward primer,FP)和下游引物(reverse primer,RP)两种。当两段引物与变性双链 DNA 的两条单链 DNA 模板退火后,两引物的 5′端决定了扩增产物的片段长度。只要引物不少于 17 个核苷酸,即能保证 PCR 扩增的特异性。如果引物过短,会产生非特异性结合,而过长会造成浪费。进行长片段 PCR 时,引物长度应增加为 30～35 个核苷酸。由于大多数限制性内切核酸酶对只含识别序列的寡核苷酸链是不具催化活性的,在设计合成 PCR 引物时,若在 PCR 产物末端需要有某种限制性内切核酸酶的识别序列,则处于末端的识别序列的一侧应该有一个或几个核苷酸,例如,设计合成的引物 5′-GGGCATGCAAGGATC-CGACGCAGCT-3′中,GCATGC 是 Sph Ⅰ的识别序列,为了保证 Sph Ⅰ的有效识别和酶切,在其 5′端加上了两个核苷酸 GG。

引物设计的原则:①引物应是 DMA 序列的一段高度保守区,与引物结合的靶 DNA 序列是已知的,而两个片段之间的靶 DNA 序列未必清楚。

②典型的引物为 18～24 个核苷酸,但长度大于 24 个核苷酸的引物并不意味着更高的特异性。较长的序列可能会与错配序列杂交,降低特异性,且比短序列杂交慢,从而降低产量。

③引物 3′端的保守性很重要,尽量使用非简并性密码子或简并性较低的密码子。此外,引物 3′端的末位碱基对 Taq DNA 聚合酶的 DNA 合成效率有较大影响,应避免在引物的 3′端使用碱基 A。但是引物的 5′端可以添加酶切位点、接头和引物突变等修饰。

④尽可能选择碱基随机分布的序列,即避免具有多聚嘌呤、多聚嘧啶或其他的异常序列。引物 3′端出现 3 个以上连续相同的碱基,会使错误引发概率增加。

⑤引物中 G+C 碱基含量以 40%～60%为佳。

⑥每条引物内部应避免具有明显的发夹结构,即发夹柄至少含有 4 个碱基对,而发夹环至少有 3 个碱基,这种结构尤其应避免在引物的 3′端出现。

⑦两个引物之间不应有互补序列,尤其是在引物 3′末端的互补碱基不能多于 5 个,否则会引起引物二聚体的产生。

(二)底物 dNTP

dNTP 提供 PCR 反应的原料和能量。标准的 PCR 反应体系中含有等摩尔浓度的 4 种脱氧核苷三磷酸(dNTP),即 dATP、dTTP、dCTP 和 dGTP,4 种 dNTP 的浓度应该相等,以减少合成中由于某种 dNTP 的不足出现的错误掺入。dNTP 浓度应在 20～200 μmol/L,当

dNTP 终浓度大于 50 mmol/L 时可抑制 Taq DNA 聚合酶的活性。dNTP 浓度过低降低反应速率,但可提高实验的准确性。

(三)模板

单链 DNA、双链 DNA 和 RNA 经逆转录生成的 cDNA 均可作为 PCR 模板。PCR 对模板纯度要求不高,样品可以是粗提物,但不可混有蛋白酶、核酸酶、DNA 聚合酶抑制剂及能结合 DNA 的蛋白质。PCR 反应中模板加入量一般为 $10^2 \sim 10^5$ 个拷贝靶序列,即选用 ng 级的克隆 DNA,μg 级的染色体 DNA 或 10^4 个拷贝的待扩增片段来作为起始材料,扩增不同拷贝数的靶序列时,加入的含靶序列的 DNA 量也不同。

(四)DNA 聚合酶

Taq DNA 聚合酶的添加量应适当,一般每 50 μL 反应体系中需要 $0.5 \sim 5$ U 的 Taq DNA 聚合酶。依据扩增片段的长短及复杂长度(G+C 含量)而选择添加量。Taq DNA 聚合酶添加量过高,会引起非特异性产物扩增,添加量过低会导致产物量减少。

(五)反应缓冲液

PCR 扩增缓冲液体系一般为 $10 \sim 50$ mmol/L Tris-HCl (pH $8.3 \sim 8.8$)、50 mmol/L KCl 和适当浓度的 Mg^{2+}。KCl 在 50 mmol/L 时能促进引物退火,大于此浓度时将会抑制 Taq DNA 聚合酶的活性。Tris-HCl 一般在 $10 \sim 50$ mmol/L,用以调节 pH 使 DNA 聚合酶的作用环境维持偏碱性。Taq DNA 聚合酶是一种 Mg^{2+} 依赖聚合酶,因此在反应体系中必需含有适当浓度的 Mg^{2+},Mg^{2+} 浓度会影响反应的特异性和扩增片段的产率,如 Mg^{2+} 浓度过高会导致酶催化非特异性产物的扩增,相反,Mg^{2+} 浓度过低会抑制 Taq DNA 聚合酶的催化活性。此外,在反应体系中加入 5 mmol/L 的二硫苏糖醇(DTT)或 100 μg/mL 的牛血清白蛋白(BSA)可稳定酶活性。各种 DNA 聚合酶产品都有自己特定的缓冲液,一般商品可以提供 10 倍的缓冲液。

二、PCR 循环参数

PCR 反应涉及变性、退火、延伸 3 个不同温度和时间的设置,每步反应时间不宜过长,否则将降低 Taq DNA 聚合酶活性。在 PCR 反应过程中,变性温度一般为 94℃,延伸温度为 72℃,而退火的复性温度是 PCR 扩增是否成功的关键因素之一。

PCR 扩增开始,双链模板 DNA 在 $90 \sim 95$℃ 条件下解离为单链,根据 DNA 模板复杂程度,可以调整变性温度和时间,一般选择 94℃,30 s。温度过高、过低,或时间过长会降低 Taq DNA 聚合酶活性,破坏 dNTP 分子。

变性后的 DNA 迅速冷却至 $40 \sim 60$℃,可使引物和模板 DNA 结合,退火的温度和时间取决于引物的碱基组成、长度、引物与模板的匹配程度以及引物的浓度。退火温度(annealing temperature)为引物和模板结合时候的温度参数,是 50% 的引物和互补序列表现为双链 DNA 分子时的温度。它是影响 PCR 特异性的较重要因素。在理想状态下,退火温度足够低,以保证引物同目的序列有效退火,同时还要足够高,以减少非特异性结合。合理的退火温度从 55℃ 到 70℃。退火温度一般设定比引物的 T_m 低 5℃。T_m 值就是 DNA 熔解温度,指把 DNA 的双螺旋结构降解一半时的温度。不同序列的 DNA,T_m 值不同。DNA 中 G—C 含量越高,T_m 值越高,成正比关系。$T_m = 4(G+C)+2(A+T)$。在 T_m 值允许范围内,选择较高的复性温度可大大减少引物和模板间的非特异性结合,提高 PCR 反应的特异性。复性时间一般为 30～60 s,足以使引物与模板之间完全结合。

延伸温度为 70～75℃,这个温度接近 *Taq* DNA 聚合酶最适反应温度 75℃,*Taq* DNA 聚合酶活性最高。延伸时间与待扩增片段长度有关,一般 1 kb 以内的片段,延伸时间为 1 min,扩增片段在 1 kb 以上则需延长时间,国外有报道扩增片段 10 kb 时延伸时间达 15 min。因此,退火温度和时间一般选择 72℃1 min。

PCR 反应过程中,为促进复杂 DNA 解离,在循环启动前进行一次 94℃ 5～10 min 的预变性;最后一次循环的延伸时间一般再适当延长为 7～10 min,以便所有 PCR 扩增产物合成完全。PCR 循环次数主要取决于模板 DNA 的浓度,一般循环 25～35 次为宜,循环次数过多,非特异性产物越多。

【准备材料】

器具:PCR 仪、制冰机、微量移液器和配套吸头、PCR 反应管、PCR 专用的玻璃器皿在150℃烤箱内烘干 6 h;塑料器皿用高压灭菌。

试剂:

干扰素 a2b 靶基因,长度 573 bp。载体为 pET22b(＋),长度是 5 493 bp,载体携带 Ampicillin 抗性,克隆酶切位点为 *Nde* Ⅰ/*Xho* Ⅰ。制备 PCR 反应用模板时可以采用煮沸法:取经离心洗涤过的大肠杆菌适量,加入 500 μLTE 缓冲液,100℃煮沸 10 min,4℃条件下12 000 r/min 离心 10 min;取适量上清作为 PCR 模板。

人干扰素 α2b 靶基因的上游引物序列为 CATATGGCTCTGACCTTCGCTCTG(含*Nde* Ⅰ酶切位点);下游引物序列为 CTCGAGTTCTTTAGAACGCAGAGA(含 *Xho* Ⅰ 酶切位点)。一般合成的引物为干粉,可以在打开之前先离心,以免丢失。用无菌的 1×TAE缓冲液(pH 为 8.0)或双蒸水溶解,配成 100 μmol/L 的储存液,分装储存。

Taq DNA 聚合酶(5 U/μL)、10×扩增缓冲液,$MgCl_2$ 溶液、4 种 dNTP 混合物的贮存液(10 mmol/L)、双蒸水(ddH_2O)。

【操作步骤】

一、制备人干扰素 α2b 靶基因 PCR 扩增的反应体系

取一支 0.2 mL 的扩增管,在其中加入以下各种成分的反应液,混匀后稍做离心。

反应物	体积/μL
ddH_2O	35
模板 DNA	1
上游引物(10 μmol/L)	2
下游引物(10 μmol/L)	2
10×扩增缓冲液	5
$MgCl_2$(25 mmol/L)	3
dNTP 混合(10 mmol/L)	1.5
Taq DNA 聚合酶(5 U/μL)	0.5
总体积	50

二、设定 PCR 反应扩增程序

将反应管放入 PCR 仪中,按下列条件进行 PCR 扩增。94℃条件下使模板 DNA 变性 5 min;94℃变性 45 s;65℃退火 45 s;72℃延伸 1 min;25 个循环,72℃延伸补齐 7~10 min。

三、结果检测

PCR 反应结束后,可取出 5 μL 反应液用琼脂糖凝胶电泳进行鉴定,见任务三。

◁》【注意事项】

1. PCR 技术的敏感性极高,如实验中出现交叉污染,很容易出现假阳性结果。采取如下措施有利于防止污染:小量分装所有试剂;尽可能使用一次性吸头及试管;分开操作区域。在专用超净工作台进行样品制备,专设工作台进行 PCR 操作,反应后的产物在另一工作台进行结果分析。样品制备应按无菌操作的原则进行,避免样品间的互相污染。设置专用微量可调加样器用于 PCR,这套加样器绝不能用于 PCR 的反应产物分析。

2. 扩增反应总是阴性结果(无产物)时应采取的措施包括:取 10 μL 扩增混合液作模板再进行 PCR 扩增;增加 Taq DNA 聚合酶的浓度;增加靶 DNA 量;若模板为粗制品,提纯样品;增加扩增循环次数;适当降低退火温度。

3. 出现非特异性产物时应采取的措施包括:提高退火温度;降低 Taq DNA 聚合酶的浓度;缩短退火及延伸时间;降低引物浓度;减少扩增循环次数。

PCR 法扩增目的基因

聚合酶链式反应

▤【相关知识】

虽然人们已鉴定出生物的某些性状或疾病基因,但常常不易获取这些靶基因。靶基因分布在生物的染色体上,而染色体上的基因存量非常庞大,原核生物的 DNA 分子平均有 10^6 个碱基对(base pair,bp),基因多达数千种;真核生物的 DNA 分子可达 10^9 bp,基因多至上万种。而基因工程中所需要的靶基因仅有几千或几百个碱基对。要在如此庞大的基因库中分离出绝对量极少、单拷贝的靶基因,难度不亚于大海捞针。尽管如此,采用合适的基因克隆策略还是可以分离获得靶基因。分离靶基因必须具备以下条件:①靶基因必须表型明确;②单个靶基因编码优良性状基因或疾病基因;③靶基因是一对等位基因控制的显性基因;④容易获得靶基因的突变体和重组体。基因克隆的方法包括:PCR 扩增法、核酸探针筛选法、免疫反应筛选法、酶活性筛选法、差示杂交法、DNA 标签法、染色体步移法、作图克隆法、酵母双杂交体系、基因芯片法等。

一、PCR 法克隆基因

采用 PCR 法进行 DNA 克隆具有快速、便捷等优点，但它一般要求已知待扩增的 DNA 片段序列或至少知道 DNA 片段两端长约 20 bp 的序列，这样才能设计出含有效 3′端和 5′端的引物进行 PCR 扩增反应。为了便于后续的克隆操作，设计引物时可以对其 5′端作适当修饰，或添加一段不全与模板互补的序列。添加的序列可以是含有限制性内切核酸酶酶切位点的连接子，也可以是某种启动子序列、起始密码子或终止密码子。经过 PCR 扩增，添加的序列最终可整合到新合成的产物中，为后续的重组基因克隆、基因的表达和调控研究等提供便利。如果引入的序列是包含限制性内切核酸酶位点的连接子，PCR 产物经相应的内切酶消化后可以进行定向克隆。常规 PCR 技术合成的 DNA 片段长度有限，一般在 1 kb 内，超过 1 kb 时扩增效果显著下降。如果要扩增未知序列的 DNA 片段，或是更长的 DNA 片段，应选择特殊的 PCR 策略。其中多重 PCR、定量 PCR、原位 PCR 和免疫 PCR 等都是有代表性的 PCR 反应类型。

(一)反转录 PCR

反转录 PCR(reverse transcription PCR，RT-PCR)是聚合酶链式反应(PCR)的一种广泛应用的变形。RT-PCR 是将 mRNA 反转录与 PCR 技术相偶联的一种基因分离技术。通过 mRNA 反转录得到 cDNA，然后利用特定的 PCR 引物直接以 cDNA 为模板进行 PCR，获得所需的基因拷贝。反转录反应能以总 RNA 或总 poly(A)RNA 为模板进行，其产物也无需转变成双链 cDNA 就可进行 PCR 扩增，RT-PCR 为经 cDNA 分离特定的基因提供一种通用、快捷的手段。

常见的 RT-PCR 有连续 RT-PCR 和长距离 RT-PCR 两种类型。①连续 RT-PCR(两阶段单管式)。mRNA 反转录成 cDNA 和 cDNA 的 PCR 扩增是两个完全不同的酶催化反应过程。连续 RT-PCR 是将这两种不同的酶催化过程放在一个管中连续进行，但反应空间有所区分。利用特制蜡冷却形成的蜡层将两种反应混合物分开成上下两层。首先在较低的温度下进行反转录，由 mRNA 合成 cDNA；反应结束后，升高温度至 95℃使蜡层熔化，上下层反应液混合，下层混合物中的 Taq DNA 聚合酶直接利用上层合成的 cDNA 模板进行 PCR 扩增。②长距离 RT-PCR(两阶段双管式)。长距离 RT-PCR 与连续 RT-PCR 没有本质差别都是使两种酶促反应分开进行，但长距离 RT-PCR 能扩增全长 cDNA，得到更长的 DNA 产物。在反转录阶段，首先使模板与引物混合，然后加入反应混合物并预热，最后加入 AMV 反转录酶，这样做分别满足了各个步骤的最适条件。进行 PCR 时，95℃热起始后加入 LA Taq DNA 聚合酶，采用双 shuttle PCR 程序延长合成时间，由此扩增出长达 4～6 kb 的 DNA 片段。

(二)套式 PCR

套式 PCR(nested PCR)是指用两对引物扩增同一样品的方法。在两对引物中，一对引物与靶序列的退火结合位点处于另一对引物扩增的 DNA 序列内，前者称为内部引物，后者称为外侧引物。一般先用外侧引物扩增一段较长的靶序列，即外部长片段，然后取 1～2 μL 第一次扩增的产物，再用内部引物扩增其中的部分片段，又称内部短片，套式 PCR 是为了从一个 DNA 模板的同一区域扩增出不同长片段而设计的特殊方法，较常规 PCR 灵敏度大大提高,同时也有较强的特异性,假阴性极少。套式 PCR 的关键是设计合成适宜的外侧引物和内部引物。在设计引物时,必须使外引物的 GC% 含量高于内部引物,往往还在外侧引物的 5′端加上多个 GC 钳子(GC clamp),这样做的目的是使两种引物具有不同的融解温度,由此保证了 PCR 反应过程中,两种引物交互引导合成两种 DNA 片段。

(三)反向 PCR

反向 PCR 当一个未知序列位于已知序列的上游,为了扩增这个未知序列,一般可用已知靶序列的一个引物(即与 3′端互补的引物)进行单向 PCR 线性扩增,而反向 PCR(inverse PCR)技术则可利用两个靶序列引物对未知片段进行常规 PCR 扩增。反向 PCR 包括下列 3 个步骤。①用限制性核酸内切酶消化线性 DNA 模板;②酶切后的线性 DNA 模板连接成为环状分子,或加上衔接头后再连接成环状;③用另一种限制性酶消化,将环状 DNA 从已知区域中间切开,则线性化 DNA 的两端为已知序列,未知区域夹在中间,用与已知区域 3′端互补的一对引物进行 PCR 循环,可大量扩增未知序列。反向 PCR 既可用于扩增未知序列全部 DNA 序列,也可用于扩增未知序列的单侧 DNA 序列。在对染色体 DNA 进行染色体步查时,也可考虑利用反向 PCR 策略进行。

(四)不对称 PCR

常规 PCR 要求所用的一对引物应等浓度,但当在 PCR 扩增循环中所用的两个引物的浓度不同时,所进行的 PCR 就是不对称 PCR(asymmetric PCR)。不对称 PCR 中,典型的引物浓度比例是 50:1 或 100:1。这样在最初的 PCR 循环(15 个循环左右)中,绝大多数的 PCR 产物是双链并以指数式积累。当低浓度的引物被用尽后,进一步进行循环时,则会过量产生两条链中的一条链,此单链 DNA 是以线性方式积累。利用不对称 PCR 可以产生特异性的单链 DNA,用作 DNA 序列分析的模板等。当然,不同浓度引物的使用也可能增加了非特异性合成和增加了错配率。单引物扩增仅仅使用一种引物进行单向 PCR 循环,是不对称 PCR 的一种特殊形式。单向 PCR 循环是线性扩增,产率很低,通常只有增加模板浓度才能提高产率。

(五)锚定 PCR

一般常规 PCR 反应需要事先知道待扩增 DNA 或 RNA 片段两侧的序列,而在大多数情况下我们对待扩增序列本身或其两侧序列并不清楚,这无疑限制了 PCR 技术的广泛应用。锚定 PCR(anchored PCR)就是在这种背景下建立的一种特殊 PCR 策略。锚定 PCR,又称单侧 PCR(one side PCR),是指通过添加锚定引物接头的方式来扩增合成未知序列或未全知序列的方法。常见的锚定 PCR 类型是利用未知序列中一小段已知序列的信息来扩增合成已知序列上游或下游片段,最后获得全部序列。商业化的 SMART RACE 技术就是一种 cDNA 末端快速扩增的锚定 PCR 策略。所谓 RACE(rapid amplification of cDNA ends,RACE)是指以 mRNA 为模板,反转录合成 cDNA 的第一条链,然后用 PCR 技术扩增出从某个特定位点到 3′端或 5′端之间的未知核苷酸序列,对应称为 3′RACE 和 5′RACE。这里的 3′ 和 5′ 是针对 mRNA 而言的,如 5′RACE 是指特定位点到相应 mRNA5′端的序列。"特定位点"是指 cDNA 基因内位点,依据此位点所设计的 PCR 引物称为基因特异性引物。3′-RACE 可利用 mRNA 的 poly(A)尾和基因特异性引物设计 PCR,而 5′-RACE 则要通过对 cDNA 第一条链同聚物加尾来实现。

(六)定量 PCR

又称差示 PCR(differential PCR),是通过 PCR 来定量扩增体系中的 DNA 或 RNA 的起始拷贝数量。因此,利用定量 PCR 技术可以定量检测某一基因的拷贝数或其转录水平,对 DNA 或 RNA 进行定量研究。通常是将靶基因和一个单拷贝的参照基因置于同一个试管中进行 PCR,凝胶电泳分离后呈两条区带,比较两条区带的丰度,或在引物 $5'$ 端标记上放射性同位素后,通过检测两条区带放射性强度即可测得靶基因的拷贝数。现进一步发展为利用与双链 DNA 特异结合的荧光探针或 SYBR 染料等动态测 PCR 双链 DNA 产物的增加。定量 PCR 技术可对 PCR 扩增全过程进行实时动态检测精确测定几个到几百万个起始拷贝。

(七)长程 PCR

长程 PCR(long and accurate PCR,LA PCR)是一种超长 DNA 片段的 PCR 扩增方法。大 DNA 片段的 PCR 扩增在分子生物学中非常重要。例如,为了进行人类基因组 DNA 的研究,经常需要获得至少 10 kb 以上的片段,而一般常规 PCR 仅能扩增 1 kb 以下 DNA 片段,对大于 1 kb DNA 片段的扩增较为困难。LA PCR 程序最大的特点是选用强力 LA *Taq* DNA 聚合酶等来扩增长片段 DNA,这类 DNA 聚合酶有许多独特的优点:①具有常规 *Taq* DNA 聚合酶缺少的 $3' \rightarrow 5'$ 校读功能,当新生链 $3'$ 端发生错配时,它能自动切除错配的核苷酸,而使扩增片段按正确配对延伸,相对错配率比一般常用酶低 6.5 倍,结果可信度高;②此酶对高温稳定,半衰期长,使用方便。利用 LA *Taq* DNA 聚合酶等可以很容易地扩增 10～20 kb 的 DNA 片段,甚至可扩增出 30～40 kb 的大片段。

引物特异性也是成功扩增 DNA 大片段的关键。在 LA PCR 中,应根据引物设计的原则合成出特异性很强的引物,长度以 30～35 bp 为宜,约为常规 PCR 引物的两倍。引物越长,特异性越高,合成的 DNA 片段也越长,但引物过长,如超过 50 bp,由于难与模板碱基互补配对,导致无 PCR 扩增产物出现,引物使用的浓度一般为 0.1～1.0 mmol/L。浓度低于 0.1 mol/L 时,扩增产物浓度相应降低。上述浓度范围内,还应考虑模板 DNA 的复杂性和浓度。一般情况下,模板 DNA 复杂性和浓度,较高时,应采用低浓度引物;相反对于复杂性低、浓度低的模板 DNA(如质粒 DNA),则应采用高浓度引物。进行 LA PCR 扩增大片段 DNA 时,常用的策略有两种,分别为 Shuttle PCR 和双 Shuttle PCR。

Shuttle PCR 采用的是两阶段循环式 PCR 来进行超长 DNA 片段扩增,其特点是将融合与延伸合为一个阶段、使延伸时间延长到 15 min,超过常规 PCR 反应的 30 倍,这样完成一次实验要花费 8 h,Shuttle PCR 一次循环的过程为:98℃,20 s(变性)＋68℃,15 min(复性及延伸),共循环 30 次左右。第一次循环以 94℃热变性 1 min 起始。双 Shuttle PCR 采取两个两阶段循环进行 PCR 扩增,第一次 Shuttle 的复性/延伸时间达到 20 min,循环 14 次,第二次 Shuttle 在复性/延伸阶段的每次循环中再追加 15 s,循环 16 次,双 Shuttle PCR 以 94℃变性 1 min 起始反应,最后一个循环结束后在 72℃继续延伸 10 min 以终止反应。

二、从基因文库中筛选靶基因

基因文库的成功构建意味着不同的基因或基因片段已得以分离并克隆,但究竟哪一个克隆子含有所要研究的靶基因尚不得而知。所谓文库筛选就是从基因文库中确定靶基因克隆子的过程,经典的方法是利用已知基因或同源基因序列制备核酸探针进行杂交筛选。如果是 cDNA 表达文库,还可以利用已知蛋白质制备抗体进行免疫杂交筛选或根据生物大分子间的其他结合方式分离目的 cDNA 克隆。此外,利用噬菌体表面显示技术可以分离未知序列的 cDNA 克隆。

(一)制备核酸探针进行杂交筛选

如果靶基因序列已知,可以利用该基因或其部分序列作为探针筛选该基因的克隆;如果靶基因序列未知,而其他生物的同源基因已被克隆,则可以利用该同源基因或其部分序列制备探针来筛选基因文库,对阳性克隆子序列进行测序,并与已知基因序列或同源性序列进行比较,最后确定是否为待分离的靶基因。

应用上述方法已成功地分离克隆了数以百计的靶基因。例如,利用肌动蛋白基因的部分保守序列在基因组 DNA 文库中获得全序列克隆;利用非洲爪蟾的组蛋白基因探针分离到了海胆的同源基因;利用酵母菌乙酰乳酸合成酶的基因,从烟草和拟南芥中克隆出抗除草剂的乙酰合成酶基因等。

还有一种可能是,靶基因或其同源基因序列未知,但该基因的蛋白质产物已分离纯化。在这种情况下,可以利用蛋白质测序技术测定氨基酸序列,按照遗传密码及其简并性推测编码该蛋白质的核苷酸序列,然后人工合成一段寡核苷酸片段作为探针,从 cDNA 文库或基因组文库中筛选相应的基因。

从氨基酸顺序推测合成寡核苷酸探针应注意两个问题。第一,设计的寡核酸探针长度为 15～20 个核苷酸,至少需要了解蛋白质肽链上 6 个连续的氨基酸顺序。第二,由于遗传密码的简并性,一种氨基酸顺序存在多种可能的 DNA 顺序。为了获得全部可能的顺序,有时需要合成一组混合的寡核苷酸探针。这种寡核苷酸混合物中只有一种探针与靶基因完全互补,而其他大部分的寡核苷酸可能会与目的 cDNA 以外的序列杂交,容易出现假阳性。

利用核酸探针筛选 λ 噬菌体文库的基本流程:当平板上噬菌斑长至肉眼可见时,把滤膜放在平板上,将噬菌斑中的噬菌体颗粒原位影印到滤膜上。经碱处理后,破坏噬菌体颗粒的外壳蛋白并使噬菌体 DNA 结合在滤膜上。然后把滤膜放入含有放射性标记的 DNA 或 RNA 探针的溶液中杂交。杂交后洗去膜上非结合的探针,而结合了探针的噬菌体 DNA 的位点则可经放射自显影确定。最后根据 X 光片上的放射性位点寻找相应的噬菌斑,从而分离得到与探针顺序互补的靶基因克隆。

(二)制备抗体进行免疫杂交筛选靶基因

如果待分离基因的蛋白质产物已分离纯化,也可以将该蛋白质作为抗原,利用免疫动物制备抗体,然后用特异的蛋白质抗体筛选 cDNA 表达文库,分离出含靶基因的克隆。利用抗体筛选目的 cDNA 时,cDNA 应克隆至表达载体中,即构建 cDNA 表达文库。文库筛选时,首先在平板上涂铺文库和制备硝酸纤维滤膜的拷贝,然后处理滤膜暴露菌落或噬菌斑中的蛋白质,再将滤膜放入含抗体的溶液中,温育一定时间后,洗去未结合的抗体,再加入第二抗体或葡萄球菌蛋白 A。第二抗体是用放射性同位素或生物素或酶(如碱性磷酸酶)标记的,通过该标记找到表达产物能与抗体结合的克隆,从而筛选出目的 cDNA 克隆。

(三)根据生物大分子间的相互作用筛选靶基因

主要是根据靶基因表达产物的分子结合特性,如受体和配体的结合、酶和底物的结合等进行靶基因的分离筛选。一个典型的例子是,在钙离子存在时,钙调蛋白能与多个酶形成稳定的复合物。利用这一生物学特性,用放射性标记的钙调蛋白作为探针,筛选表达产物能与钙调蛋白结合的 cDNA 克隆子,结果在大脑组织中找到一个新的钙调蛋白依赖的蛋白激酶亚单位。

该法也能用于分离编码产物与基因表达调控相关的 cDNA。基因表达调控相关基因的产物一般都是 DNA 结合蛋白,可以用一段已知有蛋白质结合位点的 DNA 片段作为筛选 DNA 文库的探针,在一定的条件下,该探针将特异地与 DNA 结合蛋白结合。用这种方法已分离鉴定了多种特异的 DNA 结合蛋白的基因。理论上,只要目的 cDNA 片段能够正确表达配基结合的功能域,并且在筛选条件下该功能域能与配基结合,均可运用该法来分离。

(四)利用噬菌体表面显示技术分离靶基因

表面显示(surface display)技术是一种基因表达筛选技术,它将靶基因克隆在特定的表达载体中,使其表达产物显示在活的噬菌体、细菌或细胞表面,然后根据表达产物的某些生物学活性的检测来筛选、富集和克隆带有靶基因的噬菌体、细菌或细胞。

1985 年,建立的噬菌体表面显示技术(phage surface display)是应用最为广泛的表面显示技术。当外源 DNA 片段插入丝状噬菌体基因组的一个外被蛋白基因中时,如果两者读码框结构保持一致,这个外源 DNA 片段所编码的产物与此外被蛋白一起以融合蛋白的形式表达,并显示在噬菌体的表面。利用抗此外源基因编码产物(多肽或蛋白质)的抗体,通过亲和纯化,就能从大量的噬菌体中富集、分离出含有所要的基因的融合噬菌体。然后,通过基因扩增,得到大量所要的靶基因。

应用噬菌体表面显示技术的关键是构建表达性基因文库,这种文库称为噬菌体显示文库。构建噬菌体显示文库的表达载体有两类:丝状噬菌体(M13,f1,fd)和以这些噬菌体复制起始序列为基础组建的噬菌粒(phagemid)。成功获得噬菌体显示文库之后,通常利用亲和纯化的方法将含有靶基因的噬菌体筛选出来。亲和纯化是利用制备的靶分子(抗体、受体蛋白、抗原等)与表达在噬菌体表面的多肽或蛋白质之间的特异性非共价亲和而实现。这种筛选方法效率高,特异性强,可以从 10^9 个克隆组成的文库中筛选出所要的一个靶基因,筛选效率要比利用免疫法从 λgt11 载体所组建的 cDNA 文库中筛选特定靶基因高出近 10^4 倍。

以人生长激素受体(hGHR)结合蛋白基因的分离为例,基本步骤为:将反转录后的 cDNA 插入噬菌体显示载体的基因Ⅲ中,组成融合表达载体,转入大肠杆菌,构建噬菌体显示文库。由于基因Ⅲ编码产物的引导,所有 cDNA 编码产物均表达于噬菌体表面,将该文库通过一个含有生长激素受体的层析柱,回收能与层析柱紧密结合的噬菌体,再次感染大肠杆菌进行扩增。扩增后的噬菌体重复上述过程数次,可将高结合力克隆高度富集,并最终筛选到能与生长激素受体紧密结合蛋白的 cDNA。

(五)利用酵母双杂交系统分离靶基因

酵母双杂交系统(yeast two hybrid system)现已发展成为分子生物学领域常用技术之一。该系统用于检测细胞内蛋白质相互作用的遗传系统,还可用于蛋白质的功能域研究,它能有效分离能与已知靶基因蛋白相互作用的蛋白质的编码基因。

酵母双杂交系统的原理是利用转录激活因子在结构上是组件式的,即这些因子往往由两个或两个以上相互独立的结构域构成,其中有 DNA 特异结合域(DNA-binding domain,BD),和转录激活域(transcriptional activation domain,AD),这两个结构域各具功能,互不影响,但一个完整、具有激活特定基因表达的激活因子必须同时含有这两个结构域,否则无法完成激活功能。而不同转录激活因子的 BD 和 AD 形成的杂合蛋白仍然具有正常的激活转录的功能。据此可将两个待测蛋白(X 和 Y)分别与这两个结构域建成融合蛋白(BD-X 和 AD-Y),并共表达于同一个酵母细胞内,如果两个待测蛋白间能发生相互作用,就会通过待测蛋白的桥梁作用使 AD 与 BD 形成一个完整的转录激活因子,并激活相应的报告基因表达。通过对报告基因的检测容易知道待测蛋白分子间是否发生了相互作用,进一步可以用已知蛋白 X 作为诱饵,分离获得与之相互作用的蛋白 Y 及其编码序列等。

从基因文库中筛选
分离目的基因

任务三　检测靶基因

【任务原理】

由于所用材料的不同,得到的 DNA 产量及质量均不同,有时 DNA 中含有酚类和多糖类物质,会影响 PCR、酶切等效果。所以获得靶基因 DNA 后,均需要检测 DNA 的产量和质量。

核酸分子在中性或偏碱性的缓冲系统中带负电荷,在电泳过程中处于凝胶负极端的核酸分子(片段)通过凝胶分子筛向正极端移动,迁移率与核酸分子的构型和大小相关,经适当的电泳时间后,可使不同构型和大小的核酸分子分散,各聚集在一定的位置。然后根据溴化乙啶等染料与核酸分子的络合物在一定波长的紫外光照射下会发出橘红色荧光的性质,用相应染料处理凝胶后,在一定波长的紫外光照射下可观察到核酸样品在凝胶中所处的位置,形成核酸样品的 DNA 图谱。在进行电泳检测时,一般需要核酸样品的标准品做参照,根据待检测核酸样品和标准核酸样品的迁移率,推算出待检测核酸样品分子的大小。同时,在凝胶电泳 DNA 图谱上还可检测核酸样品的构型,同样大小的分子,构型不同时,超螺旋分子最快,其次是线形分子和开环分子,如质粒的闭合环状卷曲超螺旋分子、线性分子和开环分子。在凝胶电泳图谱上也可以看出 RNA 的完整性。凝胶电泳技术已成为核酸样品定性分析的重要手段。

琼脂糖凝胶电泳是应用最广泛的检测 DNA 的方法。琼脂糖是一种天然聚合长链状分子,可以形成具有刚性的滤孔,凝胶孔径的大小决定于琼脂糖的浓度。对于不同大小的 DNA 片段应选择适合的凝胶浓度,以确保重复试验的稳定性。琼脂糖凝胶电泳可以分离长度为 100 bp 至近 80 kb 的 DNA 分子。DNA 大小与凝胶浓度的对应关系见表 1-3-1。

表 1-3-1 DNA 大小与凝胶浓度的对应关系

琼脂糖凝胶浓度/%	DNA 片段的有效分离范围/kb
0.3	5~60
0.5	1~30
1.0	0.5~10
1.5	0.2~3
2.0	0.1~2

最常采用的电泳缓冲液是 TAE 体系,T 指 Tris,A 是冰乙酸,E 是 EDTA,一般配制成 50×TAE 贮存液,临用前稀释。DNA 样品需要和上样缓冲液混合后,再点入凝胶的样品孔中。上样缓冲液中含有溴酚蓝,作为电泳结束时的指示剂,还有甘油,可以增加 DNA 样品的密度,使之沉入样品孔底部。

用溴化乙锭(EB)对 DNA 样品染色,形成荧光结合物,在紫外灯照射下发射荧光,荧光强度与 DNA 的含量成正比。EB 是一种强致癌物质,现在常用可以替代溴化乙锭的新型 DNA 染料,在紫外灯下,双链 DNA 呈现绿色荧光,单链 DNA 呈红色荧光。一般 100 mL 浓度为 0.8%~2% 的琼脂糖糖凝胶溶液,加入 10 μL 核酸染料,轻轻摇匀后倒胶,倒胶过程中避免产生气泡。胶厚度不要超过 0.5 cm,胶太厚会影响检测的灵敏度。

D2000 标准品是由 6 条线状双链 DNA 条带组成,适用于琼脂糖凝胶电泳中 DNA 条带的分析。其中 6 条带分别为 2 000、1 000、750、500、250、100 bp,若上样量为 6 μL,则 750 bp 带约为 100 ng,其余条带约为 50 ng。储存液成分包括 10 mM Tris-HCl pH 8.4、10 mMEDTA、0.02% 溴酚蓝、5% 甘油。置于 4℃ 储存(长期保存请置于 -20℃),使用方法为取 3~5 μL 本产品加入琼脂糖凝胶的加样孔中进行电泳。电泳条件为 1.0%~2.0% 琼脂糖凝胶,电压 4~10 V/cm。通过染料染色,在紫外灯下观察电泳条带。注意及时更换电泳缓冲液,并使用新制的凝胶,以免影响电泳结果。

可以用紫外分光光度法检查 DNA 的纯度。核酸的最大吸收峰在 260 nm 波长处,蛋白质的最大吸收峰在 280 nm 处,盐、核苷酸、氨基酸等小分子杂质的最大吸收峰在 230 nm 处。分别在 260 nm、280 nm 和 230 nm 处测定 DNA 溶液的 OD 值,根据 DNA 样品在 OD_{260}/OD_{280} 和 OD_{260}/OD_{230} 的比值判断核酸样品的纯度。纯净的核酸溶液 OD_{260}/OD_{280} 值为 1.7~2.0,如果 OD_{260}/OD_{280} 小于 1.7,核酸样品可能有蛋白质污染;如果 OD_{260}/OD_{280} 大于 2.0,DNA 样品中可能存在 RNA 的干扰。OD_{260}/OD_{230} 值应大于 2.0,如果 OD_{260}/OD_{230} 小于 2.0 时,核酸样品中可能存在盐、核苷酸、氨基酸等小分子杂质的干扰。

🎤【准备材料】

器具:电泳仪、水平电泳槽、制胶模具、微波炉、凝胶成像仪、紫外分光光度仪、微量比色杯(50 μL)。

试剂:人干扰素 α2b 靶基因 PCR 扩增产物、TE 缓冲液、50×TAE 缓冲液,6×Loading buffer、琼脂糖、核酸染料、D2 000DNA 标准品。

【操作步骤】

一、琼脂糖凝胶电泳检测 DNA

1. 配置琼脂糖凝胶

根据制胶量及凝胶浓度,称量琼脂糖粉,加入适当的锥形瓶中。加入 1×TAE 电泳缓冲液,置微波炉中加热至沸腾,戴上防热手套,小心摇动锥形瓶,使琼脂糖充分熔化。必须保证琼脂糖充分完全熔化,否则,会造成电泳图像模糊不清。使溶液冷却至 50～60℃,按 100 mL 凝胶中加入 10 μL DNA 染料,轻轻摇匀后倒胶,避免产生气泡。

将模具置于水平位置,放置样品梳。将琼脂糖溶液倒入制胶模具中,凝胶厚度一般在 3～5 mm。室温下静置 30～45 min,待胶液完全凝固后,将凝胶托盘放入电泳仪内,样品孔在负极一端,向电泳槽内加入 1×TAE 电泳缓冲液,液面高出凝胶 1 mm 为宜,轻轻向上拔出样品梳。

2. 加样

用微量移液器吸取 DNA 样品 5 μL 和 6×上样缓冲液 1 μL,用移液枪吹吸均匀。将移液枪对准样品孔,用另一只手帮助固定移液枪下端,移液枪的枪头尖端进入样品孔即可将样品注入孔内。另外吸取 6 μL 的 DNA 标准品,加入样品孔中,作为参照。每加完一个样品,应更换一个加样头,以防污染,加样时勿碰坏样品孔周围的凝胶面。记下加样的顺序。

3. 电泳

加样后,盖好电泳槽的盖子,连接电泳仪,设置电压为 60～80 V,(电泳电压以 5 V/cm 为宜,即电泳槽的长度×5),电流 40 mA 以上。当溴酚蓝条带移动至距凝胶前沿 1 cm 左右时,停止电泳。

4. 观察和拍照

戴好手套,取出凝胶托盘,将凝胶置于成像仪中,在波长为 254 nm 的紫外灯下观察,DNA 存在则显示出荧光条带,观察 DNA 电泳带并估计其分子量大小,保存 DNA 图像。

二、紫外分光光度法检测 DNA

1. DNA 样品的稀释

取微量比色皿两个,一个微量比色皿中加入 2 μL DNA 样品,再加入 48 μL 无菌双蒸水,混合均匀。另一个微量比色皿中,加入 50 μL 无菌双蒸水做对照。用擦镜纸沿同一方向擦拭比色皿,放置于分光光度计样品室的样品架上。

2. 测定 260 nm 处 DNA 溶液的 OD 值

输入波长 260 nm,用无菌双蒸水调零。测定在 260 nm 波长处,DNA 样品的 OD 值。

3. 测定 280 nm 处 DNA 溶液的 OD 值

输入波长 280 nm,用无菌双蒸水调零。测定在 280 nm 波长处,DNA 样品的 OD 值。

4. 测定 230 nm 处 DNA 溶液的 OD 值

输入波长 230 nm 用无菌双蒸水调零。测定在 230 nm 波长处,DNA 样品的 OD 值。

5. 计算和结果判断

测定完成后,计算 OD_{260}/OD_{280} 的值,和 OD_{260}/OD_{230} 的值,可以判断 DNA 纯度。

🔊【注意事项】

1. 电泳操作时戴一次性手套,避免 DNA 酶污染引起 DNA 降解。

2. 根据片段大小配制不同浓度的凝胶,并且要现用现配。胶厚度不要超过 0.5 cm,胶太厚会影响检测的灵敏度。

3. 电泳时最好使用新鲜的电泳缓冲液。配胶的缓冲液与电泳缓冲液应该是同一种,且浓度一致。

4. 点样时,不要将样点到样品孔之外,也不要将胶戳漏。

5. 使用电泳仪时,注意正负极,勿将凝胶放反。较高电压,电泳时间会缩短,但凝胶温度高,过热时甚至溶化,导致分辨率低。电泳电压低,分辨率提高,但将延长实验时间。

6. 测定核酸溶液吸光度值时,保持室温。室温条件下,对分子的吸光值影响不大。在低温时,光吸收强度比室温升高 10%,甚至可增加 50%。

7. 选用溶液的合适 pH。核酸具有酸性可解离基团,在不同的溶液中有不同的解离形式,其吸光值会有所不同。

8. 待测样品纯度越高,吸光度分析准确性越高。因待测样品中混有的杂质有产生较大的光吸收时,造成背景吸收的干扰,使待测样品的吸光值增加或引起吸收光谱相重叠。

琼脂糖凝胶电泳(实验)　　　　　　琼脂糖凝胶电泳(理论)

📖【相关知识】

核酸制备后,所得的样品是否是预期的核酸必须对其进行定性分析,包括核酸的组成构型和大小等方面。分析的方法有核苷酸序列分析和凝胶电泳分析。实际工作中,一般是先分析核酸的构型和大小,初步确定制备的核酸是否是预期的核酸,然后根据需要再进行核苷酸的序列分析。

核酸样品的纯度表示核酸样品中杂质残存量的多少。制备的核酸样品中可能存在未被消除的蛋白质和提取过程中残存的盐和酚等杂质,还有可能存在 DNA 和 RNA 的彼此污染。当核酸样品中这些杂质的含量达到某种程度时,就会影响后续实验的顺利进行,因此对制备的核酸样品必须进行纯度检测,如果纯度达不到要求,可进一步采取措施纯化。

一、电泳法检测核酸

电泳技术是分子生物学研究中一项不可或缺的重要手段,是带电粒子在电场中的运动,不同物质由于所带电荷及分子量的不同,因此在电场中运动速度不同,根据这一特征,应用电泳法便可以对不同物质进行定性或定量分析,或将一定混合物进行组分分析或单个组分提取制备,电泳仪正是基于上述原理设计制造的。

根据用于检测核酸的凝胶材料的不同,可分为琼脂糖凝胶电泳,聚丙烯酰胺凝胶电泳。在基本电泳的基础上,经过不断改进,还有变性凝胶电泳,和交变电场的脉冲场的凝胶电泳。

(一)琼脂糖凝胶电泳

琼脂糖凝胶电泳具有制备容易、分离范围广的优点,可区分相差 100 bp 的 DNA 片段,尤其适于分离大片段 DNA。目前,分子生物学实验多采用琼脂糖水平平板凝胶电泳装置进行 DNA 电泳,可检测 70 bp~80 kb 长度的双链 DNA 片段。琼脂糖主要在 DNA 制备电泳中作为一种固体支持基质,利用 DNA 分子在泳动时的电荷效应和分子筛效应,达到分离混合物的目的。DNA 分子在高于其等电点的溶液中(pH 8.0~8.3 时)带负电,在电场中向阳极移动。迁移率是生物大分子在电场作用下迁移的快慢。琼脂糖电泳中 DNA 分子迁移速率由下列多种因素决定。

1. 温度

琼脂糖凝胶电泳时,不同大小 DNA 片段的相对电泳迁移率在 4~30℃无变化,一般在室温下进行,对于巨大的 DNA 电泳,温度应低于 15℃。当琼脂糖含量小于 0.5％时凝胶很脆,宜在 4℃环境中电泳。

2. 琼脂糖浓度

一个给定大小的线状 DNA 分子,其迁移速度在不同浓度的琼脂糖凝胶中各不相同,通常 DNA 电泳迁移率的对数与凝胶浓度呈线性关系,凝胶浓度越低,DNA 电泳迁移率越快。

3. 嵌入染料的存在

溴化乙锭(ethidium bromide,EB)用于检测琼脂糖凝胶中的 DNA,染料会嵌入到堆积的碱基对之间从而增加荧光强度,同时会拉长线状和带缺口的环状 DNA,使其刚性增强,如会使线状 DNA 迁移率降低 15％。EB 与 DNA 的复合物可以用紫外线检测,用 EB 染色,可以检测到 1~5 ng 双链 DNA 带。染料也可以使用 SYBR Gold 或 SYBR Green Ⅰ,这两种染色剂的灵敏度较 EB 高。

由于溴化乙锭既能与 DNA 分子结合也能与 RNA 分子结合形成相应的络合物,在 302 nm 波长的紫外光下发射出橘红色荧光。电泳结束后凝胶在紫外光下,只在 DNA 集聚的区域产生橘红色的荧光带,表明检测的样品无 RNA 的污染。若不仅是 DNA 集聚的区域出现橘红色荧光条带,一般还在 DNA 前方出现,则表明 DNA 样品有 RNA 污染。同样方法也可以检测 RNA 样品是否有 DNA 污染。该方法也可用来检测制备 DNA 片段样品是否有其他 DNA 污染,如果在电泳凝胶上出现预期 DNA 以外的条带表明样品存在污染的 DNA。

4. 离子强度影响

电泳缓冲液的离子强度会影响 DNA 的电泳迁移率。在没有离子存在时(如误用蒸馏水配制凝胶),电导率最小,DNA 几乎不移动;在高离子强度的缓冲液中(如用 10×电泳缓冲液配制凝胶),则电导增高并明显产热,严重时会引起凝胶熔化或 DNA 变性。对于天然的双链 DNA,常用的几种电泳缓冲液有 TAE[含 EDTA(pH 8.0)和 Tris-乙酸],TBE(Tris-硼酸和 EDTA),TPE(Tris-磷酸和 EDTA),一般配制成浓缩母液,储于室温。

5. 电源电压

在低电压时,线状 DNA 片段的迁移速率与所加电压成正比。但随着电场强度的增加,不同分子量的 DNA 片段的迁移率将以不同的幅度增长,片段越大,因电场强度升高引起的迁移率升高幅度也越大。因此,电压增加,琼脂糖凝胶的有效分离范围将缩小。要使大于 2 kb 的 DNA 片段的分辨率达到最大,所加电压不得超过 5 V/cm。不同大小的 DNA 片段电泳时的参考电压见表 1-3-2。

表 1-3-2　不同大小的 DNA 片段电泳所需电压值

DNA 大小	电压
≤1 kb	5 V/cm
1~12 kb	4~10 V/cm
>12 kb	1~2 V/cm

一般来说,电场的强度与电泳分子本身所带的净电荷数成正比。电场强度越大,电泳分子所携带的净电荷数量越多,迁移的速度越快,反之则越慢。

6. 分子大小及构型

线状双链 DNA 分子在一定浓度琼脂糖凝胶中的迁移速率与 DNA 分子量对数成反比,分子越大则所受阻力越大,也越难于在凝胶孔隙中前行,因而迁移得越慢。

分子大小及构型是影响迁移率的最主要因素。在一定的电场强度下,DNA 分子的迁移速度取决于分子筛效应,即分子本身的大小和构型是主要的影响因素。如果电场强度一定(电压和电极距离)、电泳介质相同(电泳液和凝胶),DNA 分子在电场中迁移的速度主要取决于分子本身的大小和形状。形状相似的 DNA 分子的迁移速度主要与分子量相关,分子越大则所受阻力越大,也越难于在凝胶孔隙中前行,因此迁移得越慢;如果分子量相同的 DNA 迁移速度,则主要由形状决定,如质粒为闭合环状卷曲超螺旋迁移最快,线状双链 DNA 次之,开链环状 DNA 移动最慢。

如在电泳鉴定质粒纯度时发现凝胶上有数条 DNA 带难以确定是质粒 DNA 不同构象引起还是因为含有其他 DNA 引起时,可从琼脂糖凝胶上将 DNA 带逐个回收,用同一种限制性内切酶分别水解,然后电泳,如在凝胶上出现相同的 DNA 图谱,则为同一种 DNA。

(二)聚丙烯酰胺凝胶电泳

聚丙烯酰胺凝胶电泳是指用聚丙烯酰胺作为电泳支撑介质的电泳,聚丙烯酰胺凝胶由单体丙烯酰胺和甲叉双丙烯酰胺聚合而成,聚合过程由自由基催化完成。催化聚合的常用方法有两种:化学聚合法和光聚合法。化学聚合以过硫酸铵(APS)为催化剂,以四甲基乙二胺(TEMED)为加速剂。在聚合过程中,TEMED 催化过硫酸铵产生自由基,后者引发丙烯酰胺单体聚合,同时甲叉双丙烯酰胺与丙烯酰胺链间产生甲叉键交联,从而形成三维网状结构。聚丙烯酰胺凝胶电泳适用于分离检测小片段的 DNA,范围一般在 5 bp(20%凝胶)至 1 000 bp(3%凝胶),分离效果较好,其分辨力极高,甚至相差 1 bp 的 DNA 片段能都分开,所以适用于分子量差异很小的 DNA 样品的分离。聚丙烯酰胺凝胶电泳很快,可容纳相对大量的 DNA,但制备和操作比琼脂糖凝胶困难。聚丙烯酰胺凝胶电泳采用垂直装置进行。

(三)脉冲场凝胶电泳

脉冲场电泳是分离分析大分子 DNA 的技术。脉冲场凝胶电泳,又称脉冲式交变电场电泳,在琼脂糖凝胶上外加交变脉冲电场,随着其方向、时间与大小的交替改变,使凝胶中不同大小的线性 DNA 分子片段不断地调整泳动方向,各自在凝胶的不规则孔隙中泳动,小分子量的 DNA 可以很快适应新的电场,而大分子量的 DNA 适应新的电场则需要较长的时间,导致不同大小线性 DNA 的分离。使用该方法时 DNA 分子的大小一定选择适宜的电泳条件,影响分子迁移率的主要因素有电场强度、脉冲时间、琼脂糖凝胶浓度、缓冲液温度、电泳时间、电场交叉角度等。

脉冲场凝胶电泳可检测上百万碱基的 DNA 分子。主要应用在以下几个方面:用于制作常规单向电泳难以分辨的 DNA 图谱;用于人类染色体的限制性内切酶电泳图谱分析,使大片段 DNA 分子直接进行克隆成为可能,为人类基因组顺利测定工作提供了有效的方法;用于分离原核生物的染色体,还可探测其染色体上数以百万碱基对的大片段基因组的缺失。

自从脉冲场凝胶电泳技术建立以来,人们不断改进该项技术,建立了多种脉冲场凝胶电泳技术。比较常用的电场倒转凝胶电泳,其特点是两个方向的电场都是均一的,而正向脉冲稍长于反向脉冲,从而导致 DNA 沿相当笔直的轨迹运动,应用微处理机增加电泳时脉冲的绝对长度,并保持正反向脉冲的比例不变,可使分辨率达到最大,能分辨长达 200 kb 的 DNA 片段。钳位均匀电场电泳由多个水平凝胶的周围沿正方形和正六边形排列的电极产生电场,这些电极都被钳制在预定的电位上,正方形排列的电极所产生的电场互为 90°,正六边形排列的电极产生的电场则随凝胶的位置和电极极性的不同而互为 120°或 60°,结合运用低强度电场(1.3 V/cm),低浓度琼脂糖,延长转换间隔(1 h)和延长电泳时间(如 130 h)等条件,有可能分辨长达 5 000 kb 的 DNA 分子。

(四)变性凝胶电泳

变性凝胶电泳指检测的 RNA 和 DNA 样品在发生变性的条件下进行的凝胶电泳。相应的称为 RNA 变性凝胶电泳和 DNA 凝胶变性电泳。

RNA 变性凝胶电泳是分离 RNA 大小和鉴定 RNA 完整性的一种有效方法。可以消除 RNA 的二级结构,避免电泳过程中 RNA 的降解,RNA 变性凝胶电泳常用的变性剂有乙二醛-二甲基亚砜和甲醛等。DNA 变性凝胶电泳主要用于检测 DNA 分子中碱基组成的变异。常用的变性剂有尿素和甲酰胺。电泳过程中,当 DNA 分子处于变性条件下成为单链的 DNA 分子,暴露出来的四种碱基与变性剂相互作用,在存在变性剂的凝胶中移动速度不一,最终导致各聚集在特定的位置,形成因碱基组成不同而分离开的 DNA 条带。利用变性凝胶电泳可以分离分子大小相同,但碱基组成顺序不同的 DNA 分子。

二、紫外分光光度法测定核酸

采用紫外分光光度法不仅可以检测核酸样品的纯度,还可以测定其浓度,了解样品中 DNA 或 RNA 的含量,为后续实验准确使用此样品提供依据。如果 DNA 溶液或 RNA 溶液的浓度偏低,可进一步采取措施进行浓缩。

核酸、核苷酸及其衍生物都具有共轭双键系统,在 240～290 nm 的紫外波段具有强烈的吸收峰,DNA(或 RNA)在 260 nm 波长处有特异的紫外吸收峰。不同的核苷酸具有不同的吸收特性,因此可以用紫外分光光度计加以定性和定量检测。

核酸的最大吸收峰是在 260 nm 波长处,且根据核酸在 260 nm 波长处的 OD 值与其浓度成正比关系,故可作为核酸定量测定的依据。用内径 1 cm 的比色杯测定时,高纯度的双链 DNA 的 $OD_{260}=1.0$ 时,DNA 溶液浓度为 50 $\mu g/mL$;高纯度的单链 DNA 的 OD_{260} 值=1.0 时,DNA 溶液浓度为 33 $\mu g/mL$;高纯度的 RNA 的 OD_{260} 值=1.0 时,RNA 溶液浓度为 40 $\mu g/mL$。然而,当溶液中同时存在少量蛋白质时,会影响核酸的测定值。

核酸样品纯度与
浓度的测定

蛋白质的最大吸收峰是在 280 nm 波长处,所以必须同时测定 OD_{260} 值与 OD_{280} 值。计算公式分别为:

溶液中双链 DNA 浓度(μg/mL)=(OD_{260} 值-OD_{280} 值)×50×样品稀释倍数

溶液中单链 DNA 浓度(μg/mL)=(OD_{260} 值-OD_{280} 值)×33×样品稀释倍数

溶液中 RNA 浓度(μg/mL)=(OD_{260} 值-OD_{280} 值)×40×样品稀释倍数

用此方法测定溶液中核酸的浓度比较准确,操作也方便,为一般实验室常用的方法。

低浓度 DNA 浓度的测定可以用荧光光度法。荧光染料溴化乙锭,可嵌入到碱基平面,而发出荧光,且荧光强度与核酸含量呈正比。适用于低浓度 1~5 ng 核酸溶液的定量分析。

三、荧光定量 PCR 测定核酸

理论上,PCR 过程是按照 2^n(n 代表 PCR 循环的次数)指数的方式进行模板的扩增。但在实际的 PCR 反应过程中,随着反应的进行由于体系中各成分的消耗(主要是由于聚合酶活力的衰减)使得靶序列并非按指数方式扩增,而是按线性的方式增长进入平台期,因此在起始模板量与终点的荧光信号强度间没有可靠的相关性。如采用常规的终点检测法(利用 EB 染色来判断扩增产物的多少,从而间接地判断起始拷贝量),即使起始模板量相同经 PCR 扩增、EB 染色后也完全有可能得到不同的终点荧光信号强度。

荧光定量 PCR 法则结合了 PCR 扩增的高效率和荧光素的高敏感性,不仅可以扩增大量的靶 DNA,而且还可以根据扩增终产物的荧光强度准确测定扩增的 DNA 的量,基于此建了测定 PCR 扩增终产物的非特异性染料结合荧光定量 PCR 法。

非特异性染料结合荧光定量 PCR 法的原理是,某些荧光素能和双链 DNA 结合,结合后的产物具有强荧光效应,当 PCR 扩增结束后,随着反应温度的降低,扩增的 DNA 复性成为双链,荧光素便与之结合,然后经激发产生荧光,通过测定荧光强度,对照预先设置标准曲线,则可以得出双链 DNA 的量。荧光素 SYBR Green 是一种常用的双链 DNA 结合染料,只与双链 DNA 的小沟结合。当 SYBR Green 与双链 DNA 结合后,其荧光信号大大增强,而不掺入双链 DNA 中的游离 SYBR Green 染料分子不会发射荧光信号,因此荧光强度与 PCR 扩增产物的量呈正相关。

为了能准确判断样品中某基因转录产物(mRNA)的起始拷贝数,实时荧光定量 PCR 采用新的参数 Ct 值,定量的基本原理是 Ct 值与样品中起始模板的拷贝数的对数成线性反比例关系。在实时荧光定量 PCR 的过程中,靶序列的扩增与荧光信号的检测同时进行,定量 PCR 仪全程采集荧光信号,实验结束后分析软件自动按数学算法扣除荧光本底信号并设定阈值从而得到每个样品的 Ct 值。Ct 值中的"C"代表 Cycle(循环),"t"代表检测 threshhold(阈值),其含义是 PCR 扩增过程中荧光信号强度达到阈值所需要的循环数。荧光定量 PCR 有两种基本方法。

(一)染料法(SYBR Green 法)

利用 SYBR Green 分子产生的荧光信号来进行样品定量。该方法与常规的 PCR 类似,唯一的区别是在反应体系中加入了 SYBR Green 染料分子。该染料分子的激发波长为 497 nm,发射波长为 520 nm。与 EB 的性能类似,SYBR Green 也是一种扁平状的分子,处于游离状态时具有很低的荧光本底,当反应体系中存在 dsDNA 时,SYBR Green 能特异性地与之结合并在 497 nm 下激发。

染料法无需设计、合成探针,实验成本低;使用方便,与常规 PCR 的操作几乎相同。但是由于 SYBR Green 与 dsDNA 的结合只具有结构特异性而不具有序列特异性,除了与特异性的靶序列扩增产物结合外,还能与在 PCR 扩增过程中形成的引物二聚体、非特异性扩增产物结合,从而造成扩增效率的降低、结果的不准确。因此,采用该方法对于引物的设计及实验条件的优化要求很高,确保反应过程中没有非特异性产物的扩增。

(二)探针法

以 TaqMan 探针为例,探针法荧光定量 PCR 与常规 PCR 的不同之处在于在上、下游引物外还加入了具有序列特异性的探针(探针本身具有荧光标记),该探针根据需要扩增的靶序列设计因此只能与待检测序列结合,与染料法相比提高了实验的特异性。目前市场上的探针主要种类有:TaqMan、Molecular Beacon、Scorpions 等,其中以 TaqMan 探针应用最广泛。TaqMan 探针的长度与普通 PCR 引物类似,20 bp 左右。在 5′ 与 3′ 端各标记有一个荧光基团,5′ 的荧光基团称为报告基团(report),3′ 的荧光基团称为淬灭基团(quencher)。TaqMan 探针在结构完整的情况下用特定的波长激发报告基团,由于报告基团与淬灭基团的空间位置很近,因此报告基团能够通过 FRET(fluorescence resonance energy transfer,FRET)将接受的能量转移到淬灭基团,使后者以发射荧光或热量的方式释放能量,而报告基团并不发射特定波长的荧光信号。

在 PCR 反应过程中,当上游引物延伸到 TaqMan 探针的 5′ 端时,延伸不能继续,此时 *Taq* 酶发挥 5′→3′ 外切功能将探针逐一水解并继续向前延伸直至完成互补链的合成;由于 TaqMan 探针被水解,报告基团在受到激发后不能再通过 FRET 作用将接受的能量转移给淬灭基团,因此可以检测到报告基团特定波长的荧光信号,起始模板浓度越高荧光信号越强。

荧光定量 PCR 具有检测灵敏、精确、特异性强、无污染、快速等特点,已广泛用于分子生物学和临床医学等多个领域的研究。

四、核酸样品的序列分析

核酸样品的序列分析(DNA sequencing)即 DNA 序列测定技术,是在高分辨率变性聚丙烯酰胺凝胶电泳技术的基础上建立起来的。变性聚丙烯酰胺凝胶电泳能够分离长度达到 300～500 个碱基,而差别仅 1 个碱基的单链寡聚核苷酸。DNA 测序始于 1977 年,Sanger 用双脱氧末端终止法测序了 Φ×174 噬菌体 DNA 的全长为 5 386 bp;1978 年 Maxam 和 Gilbert 建立了 DNA 化学降解测序法(chemical sequencing),测定了 SV40DNA 全长为 5 224 bp。这两种方法使 DNA 测序工作提高到一个崭新的水平,成为目前仍在使用的 DNA 手工测序方法,并且由此发展出了一系列自动化的 DNA 测序方法。自动化 DNA 测序,自动化程度高,操作简便,测序时间缩短,现在自动化 DNA 测序成为主流。只有对一些小样本和某些特定目的时才采用手工测序法。

(一)DNA 双脱氧末端终止测序法

双脱氧末端终止法是 Sanger 建立的一种 DNA 测序分析方法,所以又称为 Sanger 双脱氧末端终止测序法。该技术由三部分组成:产生不同长度的 DNA 片段,差别仅 1 个碱基;在变性的聚丙烯酰胺凝胶上电泳;测序胶的放射性自显影技术。

其基本原理是以待测定的 DNA 分子单链为模板,以分别含有 1 种双脱氧核苷酸和 4 种单脱氧核苷酸(其中一种是带^{32}P放射性标记的)的混合物为底物,分成4组,在DNA聚合酶Ⅰ的作用,从事先与模板结合的用放射性标记的寡聚核苷酸引物开始,合成出相应的DNA互补链。基于底物中含有一种双脱氧核苷酸,可以通过其5′-三磷酸基团掺入到在增长的DNA链中,但其因缺乏3′-OH,不能同后续的单脱氧核苷酸形成3′,5′-磷酸二酯键,导致4个组正在增长得核苷酸链分别终止于模板链的每一个A,每个C,每个T和每个G的位置上,并且合成的核苷酸链都有相同的起点,结果是每个组产生一系列与模板互补的不同长度的核苷酸单链,最后通过高分辨率聚丙烯酰胺凝胶电泳和放射自显影技术读出待测DNA模板的碱基序列。

双脱氧链终止法测序的主要步骤为:①引物设计、合成并放射性标记;②模板DNA的制备;③测序反应,在PCR反应体系的基础上,4个反应管中分别加入1种双脱氧核苷酸进行PCR反应,获得4种测序产物;④电泳分离和序列读取。DNA链终止的越早就越接近被标记的引物,片段也就越小,电泳时跑得越快,位于电泳图谱的下方,为DNA序列的5′末端。双脱氧末端终止测序法的精确度较高,绝大多数以单纯测定DNA序列为目的的实验室常采用此法。应该注意的是,此法读取的碱基序列是待测DNA模板的互补链,而不是模板链本身。

(二)化学降解测序法

将待测DNA分子进行末端放射性标记,然后分离出测序DNA链,置于4组独立的化学反应体系中分别进行碱基特异性化学降解反应。其中每一组反应只特异性地针对某一碱基或某一类碱基。例如,硫酸二甲酯碱在pH 8.0时,能够使鸟嘌呤甲基化N7,使C8~C9键容易发生碱裂解。化学降解一段时间后,在每一组反应体系中,生成各种不同长度的寡聚核酸分子,其一端都是有放射性标记的固定的核苷酸,而其长度取决于该组反应针对的碱基在原测序DNA链上的位置,然后,各组反应物通过高分辨率聚丙烯酰胺凝胶电泳进行分离,放射自显影检测末端标记的核苷酸,并直接读取待测DNA链的核苷酸序列。化学降解法测序的主要步骤是DNA样品的制备、待测DNA样品的末端标记、单链末端标记DNA片段的分离纯化、碱基特异性化学降解反应、变性聚丙烯酰胺凝胶电泳分离和序列的读取。化学降解法测序准确性好,但是操作烦琐,不易自动化,已逐步退出了历史的舞台。

(三)自动测序法

在Sanger所采用的双脱氧末端终止法的基础上,随着计算机软件技术、仪器制造和分子生物学研究的迅速发展,建立了DNA自动化测序技术。与手工测序方法相比,主要差别在于分析系统采用非放射性标记物及采用计算机操控分析。因此,DNA自动化测序技术具有操作简单、安全、精确和快速等优点,已成为DNA序列分析的主流。并且根据不同研究和实际应用的需要,近年来研制了多种DNA自动化测序系统。

1.ALF自动DNA测序系统

这是根据双脱氧末端终止法的原理,采用单一的Cy5荧光素标记测序引物,分装在A、G、C和T 4个反应体系中,反应结束后分别生成4组终于不同种类碱基、带有Cy5荧光素标记的DNA片段。然后如同双脱氧末端终止法用高分辨率聚丙烯酰胺凝胶电泳,但不是采用放射自显影技术读出待测DNA模板的碱基序列,而是在每个泳道上方都设有一个由激光枪和探测器组成的检测装置,当Cy5荧光素标记的DNA条带迁移至探测区时,立即被激光激活,释放出的光信号马上被探测器接收。最后把探测器收集的原始数据用电脑处理,即可获得待测 DNA 片段的核苷酸排列顺序。

2. ABI 自动 DNA 测序系统

同样根据双脱氧链终止法的原理,与 ALF 自动 DNA 测序系统不同的是,采用四色荧光染料分别标记 4 种 ddNTP 或引物。反应结束后,若标记 ddNTP 的,则在 DNA 片段 3′ 端的核苷酸带有不同的荧光标记;若标记引物的则在 DNA5′ 端的核苷酸带有不同的荧光标记。然后通过电泳将各个被荧光标记的 DNA 片段分开,同时用激光检测器扫描,区分代表不同碱基的不同颜色荧光信息,并在摄影机上同步成像,利用分析软件可自动将不同荧光信息转变为 DNA 序列。基于四色荧光染料分别标记的 4 种核苷酸带有不同的荧光标记,所以 4 个反应系统的产物只需要用一个泳道就可以完成 DNA 序列的测定。

3. DNA 芯片测序法

此法是指末端核苷酸被荧光标记的单链 DNA 片段样品与早已设计制作好的 DNA 测序芯片(DNA sequencing chip)上的 DNA 探针进行退火杂交,洗去未被杂交的样品后,在激光束照射下,用荧光扫描仪检测基因芯片上所有被杂交的探针发射的荧光信号,确定荧光强度最强的探针位置,获得一组序列完全互补的探针序列,对此进行对比组装,拼接成待测 DNA 样品的核苷酸序列。DNA 芯片上的每个方格一般固定着一个八聚体单链 DNA 探针,整个点阵共计有 4^8 种(即 65 536 种)不同的八聚体单链 DNA 探针,包含了 4 种碱基可能出现的全部排列顺序,并且每一个探针的核苷酸序列及其与点阵中所处位置的对应关系都是已知的。因此,根据待测 DNA 样品在芯片上显示的系列探针信号,就可以排出待测 DNA 样品的核苷酸序列。

4. DNA PCR 循环测序法

此法是 PCR 扩增技术与测序方法同步进行的方法,并采用毛细管电泳技术取代传统的聚丙烯酰胺凝胶电泳,从而避免了泳道间迁移率差异的影响,大大提高了测序的精确度。

DNA 测序技术从无到有,从手工测序到自动化测序,一步一步不断发展、不断完善,近年来以提高测序通量与读序长度、降低测序成本、简化测序步骤为目标,测序新技术层出不穷。开发建立了新一代测序技术 Ion torrent 测序技术、HeliScope 测序技术、SMRT 测序技术和 Oxford 纳米孔测序技术等,且仍在不断开发之中。

任务四　纯化靶基因

【任务原理】

DNA 片段的分离与回收是基因工程操作中一项重要的技术。根据实验要求不同,有时需要高纯度的 DNA,就需要对提取的 DNA 样品进一步纯化。靶基因纯化就是采取物理、化学手段,将含有靶基因样品中的其他杂质成分去除掉从而得到更高纯度的靶基因的过程。比如 PCR 反应获得的目的片段、酶切后所得特定的 DNA 序列、分子杂交中所制备的探针等,经过琼脂糖凝胶电泳分离后,将目的 DNA 从凝胶中分离纯化以用于以后的序列分析、重组子构建等。

DNA 凝胶回收试剂盒是通过电泳将不同大小的 DNA 片段在琼脂糖凝胶上进行分离，切割所需要片段的凝胶，溶胶后将溶液中的 DNA 通过吸附柱，使 DNA 与柱中的吸附材料相结合，洗涤去除杂质，在低盐高 pH(pH＞7.8)条件下洗脱核酸。该法使用常规台式高速离心机，可以快速、高效回收核酸片段，无需酚-氯仿抽提，无需酒精沉淀，几分钟内可有效回收 100 bp 以上的片段，去除小的酶切片段以及引物。凝胶回收试剂盒可从各种琼脂糖凝胶中回收各种大小的 DNA 片段，有的可回收多至 8 μg 的 DNA 片段(70 bp～10 kb)，回收率达 60%～85%。有的试剂盒可回收 60 bp～40 kb 的 DNA 片段，对 300 bp～5 kb 的片段回收率在 80% 以上。

通过 PCR 扩增获得的 DNA 片段可以不用经琼脂糖凝胶电泳，而直接应用 PCR 产物回收试剂盒过柱直接纯化，去除引物、酶、甘油、盐等杂质。

吸附 DNA 的材料包括硅基质材料、阴离子交换树脂与磁珠等，其中硅基质材料的吸附柱在一定的高盐缓冲系统下高效、专一地吸附 DNA、RNA，达到分离纯化核酸的目的。如果电泳缓冲液 pH 太高，会导致 DNA 无法结合或降低结合效率。阴离子交换树脂在低盐高 pH 时结合核酸，高盐低 pH 时洗脱核酸，适用于纯度要求高的实验。磁珠的磁性微粒挂上不同的基团可吸附不同的目的物，从而达到分离目的。

DNA 回收试剂盒适用于酶切、连接、磷酸化、补平或切平、随机引物等反应后的 DNA 纯化。纯化的 DNA 纯度高，并保持高生物活性，可直接用于连接、体外转录、PCR 扩增、测序等生物学实验。

胶回收试剂盒一般由以下组分：①凝胶熔化剂。已经添加指示剂，可灵敏准确地指示溶胶后的 pH，并由此判断是否需要加入乙酸钠溶液，这一措施保证了每次胶回收都能获得理想的结果。②漂洗缓冲液。每次使用前，必须在漂洗液瓶中加入 4 倍体积的无水乙醇，充分混匀，每次使用后将瓶盖盖紧，以保持漂洗缓冲液中乙醇的含量。③洗脱液。将洗脱液或去离子水加热至 65℃，有利于提高洗脱效率。④吸附柱。⑤收集管。此外，试剂盒中的平衡液能够改善吸附柱的吸附能力并提高吸附柱的均一性和稳定性，消除高温、潮湿或其他不良环境因素对吸附柱造成的影响。使用前请先检查平衡液是否出现混浊，如有混浊现象，可在 37℃ 水浴中加热几分钟，即可恢复澄清。DNA 回收试剂盒一般置于室温(15～25℃)干燥条件下，可保存 12 个月，更长时间的保存可置于 2～8℃。2～8℃ 保存条件下，若溶液产生沉淀，使用前应将试剂盒内的溶液在室温放置一段时间，必要时可在 37℃ 水浴中预热 10 min，以溶解沉淀。

🎙 【准备材料】

器具：电泳仪、电泳槽、凝胶成像仪、台式切胶仪、单面刀片、台式离心机、EP 管、恒温水浴锅、微量移液器、移液枪头、EP 管。

试剂：PCR 扩增的人干扰素 α2b 靶基因、琼脂糖、SYBR Green Ⅰ、DNA 标准样品、TBE 缓冲液、ddH₂O、Tris、EDTA-2Na・2H₂O、酚、氯仿、无水乙醇、异丙醇、异戊醇、乙酸钠(pH 5.2)、无水乙醇、TE 缓冲液、DNA 凝胶回收试剂盒(内有平衡液、溶胶液、漂洗液、洗脱液、吸附柱、收集管)。

【操作步骤】

一、从琼脂糖凝胶中回收 DNA 片段

1. 柱平衡步骤

吸附柱放入收集管中,向吸附柱中加入 500 μL 平衡液,12 000 r/min 离心 1 min,倒掉收集管中的废液,将吸附柱重新放回收集管中,处理过的柱子当天使用。

2. 分离 DNA

DNA 电泳结束后,在长波紫外灯下,用洁净刀片切出所需 DNA 条带。尽量将胶块中无 DNA 部分去除掉。

注意:照胶一定要快,长时间的紫外照射会引起序列的突变。切胶质量比较小时,对回收效率影响不大;但是切胶质量比较大时,将明显降低胶的回收效率,所以割胶定要割得尽可能小一般控制在 0.15～0.1 g。

3. 溶胶

胶块称重后,将胶切碎装入 1.5 mL 离心管中,按说明书比例要求,加入一定体积的溶胶液,例如,如果凝胶重为 0.1 g,其体积可视为 100 μL,则加入 100 μL 溶胶液,颠倒混匀。56℃水浴约 10 min,直至胶完全溶解,每隔 2～3 min 取出颠倒混匀 3～4 次,加速琼脂糖凝胶溶解。

注意:切下来的胶可以放在干净的不吸水的 PE 手套上,使用无污染的干净刀片进行切割处理。

4. 沉淀 DNA

每 100 mg 凝胶加入 150 μL 的异丙醇,颠倒混匀。加入异丙醇可提高回收率。回收大于 4 kb 的片段不必加异丙醇。12 000 r/min 离心 1 min。

5. 吸附 DNA

将融化的胶液转移至插入收集管的吸附柱内,室温放置 1 min,18 000 r/min,离心 1 min,弃去收集管内废液,再将离心柱插入收集管。如果体积较大,DNA 纯化柱内容纳不下,可以把部分样品加入纯化柱内,经离心处理后,再加入剩余的样品继续处理。

注意:这一步离心力一定要达到 16 000 g,较低离心速度会导致回收效率下降。

6. 漂洗 DNA

加入含无水乙醇漂洗液 700 μL,室温放置 1 min,12 000 r/min 离心 1 min,弃去收集管内废液,将吸附柱插入收集管。加入漂洗液 500 μL,12 000 r/min 离心 1 min,弃去收集管内废液,将吸附柱插入收集管。12 000 r/min 离心 2 min,以尽量除去漂洗液,并让残留的乙醇充分挥发,以免漂洗液中的残留乙醇抑制下游反应。

7. 洗脱 DNA

将吸附柱插入一个新的 1.5 mL 离心管中,在吸附膜中心位置加入 30 μL 洗脱液,不要触及硅胶膜。室温放置 2 min。12 000 r/min 离心 1 min。

注意:洗脱液需要直接加至管内柱面中央,使液体被纯化柱吸收。如果不慎将洗脱液沾在管壁上,一定要震动管子,使液体滑落到管底,以便被纯化柱吸收。洗脱液要预热,大片段 DNA 可适当延长放置时间,例如 3～5 min,可以提高回收率。纯化后的 DNA 样品 -20℃

保存。

二、从 PCR 反应液或酶切反应液中回收 DNA

1. 柱平衡步骤

吸附柱放入收集管中,向吸附柱中加入 500 μL 的平衡液,12 000 r/min 离心 1 min,倒掉收集管中的废液,将吸附柱重新放回收集管中,处理过的柱子当天使用。

2. 沉淀 DNA

估计 PCR 反应液或酶切反应液的体积,向其中加入等倍体积溶液,充分混匀。

注意:对于回收<150 bp 的小片段可将溶液的体积增加到 3 倍以提高回收率;溶液混匀后应呈现黄色,即可进行后续操作。如果溶液的颜色为橘红色或紫色,请使用 10 μL 3 mol/L 乙酸钠(pH 5.0)将溶液的颜色调为黄色后再进行后续操作。

3. 吸附 DNA

将上一步所得溶液加入一个放入收集管中的吸附柱中,室温放 2 min,12 000 r/min 离心 1 min,倒掉收集管中的废液,将吸附柱放入收集管中。

注意:吸附柱容积为 800 μL,若样品体积大于 800 μL 可分批加入。

4. 漂洗 DNA

向吸附柱中加入已加入无水乙醇的漂洗液 600 μL,12 000 r/min 离心 1 min,倒掉收集管中的废液,将吸附柱放入收集管中。重复操作步骤 4,将吸附柱放回收集管中,12 000 r/min 离心 2 min,尽量除去漂洗液。将吸附柱置于室温放置数分钟,彻底地晾干。

注意:如果纯化的 DNA 是用于盐敏感的实验,例如平末端连接实验或直接测序,建议漂流液加入后静置 2~5 min 再离心。漂洗液中乙醇的残留会影响后续的酶反应(酶切、PCR 等)实验。

5. 洗脱 DNA

将吸附柱放入一个干净的离心管中,向吸附膜中间位置悬空滴加适量的洗脱缓冲液,如果回收的目的片段≥4 kb,则洗脱缓冲液应置于 65~70℃水浴预热,室温放置 2 min。12 000 r/min 离心 2 min 收集 DNA 溶液。

注意:洗脱液的体积不应少于 30 μL,体积过少会影响回收的效率。洗脱液的 pH 对于洗脱效率有较大影响。若后续做测序,需使用 ddH$_2$O 做洗脱液,并保证其 pH 在 7.0~8.5 范围内,且 DNA 产物应保存在−20℃,以防 DNA 降解。为了提高 DNA 的回收量,可将离心得到的溶液重新加回离心吸附柱中,室温放置 2 min,12 000 r/min 离心 2 min,将 DNA 溶液收集到离心管中。

【注意事项】

1. 进行分离 DNA 片段的电泳时,应先清洗电泳槽,并使用新的电泳液。电泳时尽可能采用低电压,如 50 V。

2. 电泳缓冲液 pH 太高,硅基质膜在高盐低 pH(pH≤7.5)时可结合 DNA,在低盐及高 pH(pH≥8)条件下洗脱。如果电泳缓冲液 pH 太高,会导致 DNA 无法结合或降低结合率。可在溶胶后加入 10 μL pH 5.0 的 KAc,将 pH 调至 7.5 以下;最好使用新鲜配制的电泳缓冲液,效果更好。

3. DNA 酶污染可能引起回收片段部分降解,甚至一无所获。因此回收片段接触的试剂与器皿等都应进行灭菌(酶)处理,即使是不能用干热或湿热法灭菌的器皿也要用乙醇浸泡以灭杀活菌与 DNA 酶。否则可能发生回收片段部分降解的现象,有时甚至一无所获。或者会导致严重的连接困难。

4. 虽然用 254 mm 波长的紫外线进行观察的效果比 300～360 mm 更好,但是切带时应采用 300～360 nm 长波长的紫外灯,254 nm 短波紫外线会引起 DNA 的断裂或是形成 TT 二聚。DNA 断裂会使后续的连接与转化等操作失败,二聚体可能造成基因突变,给克隆工作带来麻烦。即使使用长波长紫外照射,应尽量把切胶时间控制在 30 s 以内,减少紫外线对 DNA 造成的损伤,并避免因紫外灯长时间照射伤害操作者眼睛。

5. 过柱前,凝胶必须完全熔化,否则会堵塞柱子,还会严重影响 DNA 的回收率。如果胶块溶解不充分,可再补加一些溶胶液或延长水浴时间并增加上下颠倒次数帮助溶胶;应尽量切除胶块多余部分,并将其切为小碎块;用温度计检测水浴温度是否达到规定温度 65℃。线型 DNA 长时间暴露在高温条件下易于水解,所以将凝胶切成细小的碎块可大大缩短凝胶熔化时间,从而提高回收率。

6. 在常规的 DNA 纯化实验中可选择任何的 DNA 纯化试剂盒。如果 PCR 产物是单一的条带可直接用试剂盒进行纯化,去除多余的小片段和离子,以便于和载体连接。也就是说,质粒或 PCR 产物经酶切后,不需要电泳割胶,直接进行过柱就可以将酶切后的小于 100 bp 的片段除去。

7. 第一次使用前应在漂洗液中加入无水乙醇。漂洗液每次用后应拧紧瓶盖,以免乙醇挥发,降低回收率。

8. DNA 只在低盐溶液中才能被洗脱,洗脱效率取决于 pH。最大洗脱效率在 pH 7.0～8.5。当用水洗脱时确保其 pH 在此范围内。洗脱缓冲液未加在离心柱中间尤其使用较少量洗脱缓冲液时,应加在离心柱正中间,并放置 1～2 min,再离心。洗脱前,预先 65℃预热洗脱液、延长室温静置时间、增加洗脱次数可以有效提高回收率。

DNA 片段的
分离纯化

9. 处理较大片段时应防止机械性剪切作用破坏 DNA,在吸取液体、转动离心管等操作均宜缓慢、轻柔。

🔖【相关知识】

由于回收纯化 DNA 的质量和数量直接影响后继的一系列实验,所以这一步的操作非常重要。多年来人们提出了许多从琼脂糖和聚丙烯酰胺凝胶中回收 DNA 的方法,如透析袋电洗脱法、收集孔法、机械破碎法、低熔点琼脂糖凝胶电泳法、酶处理法、氯化铯-溴化乙锭连续梯度离心法、离子交换层析法、柱纯化等,为推进分子生物学发展都做出了重大贡献,现多采用 PCR 纯化试剂盒(PCR purification kit)和 DNA 凝胶回收试剂盒(DNA gel extraction kit)来回收目的片段。如果要胶回收,最好还是用试剂盒,比较方便,回收率也较高。目前,硅基质膜吸附法已经成为目前核酸分离纯化的主流技术。通过该技术纯化的 DNA 片段可直接用于酶切、连接、测序、标记和杂交等各种常规分子生物学操作。下面我们介绍几种 DNA 回收的方法。

一、纯化 DNA 的方法

(一)透析袋法

透析袋法可以回收大于 5 kb 的 DNA 片段,也可以回收聚丙烯酰胺凝胶中的 DNA 片段,但该法必须将凝胶切片单独放入透析袋,操作相当麻烦。

(二)流动电洗脱法

流动电洗脱法回收片段大小为 4～50 kb,且回收效率高达 94%～100%,甚至可回收大于 550 kb 的片段。适用于小剂量 DNA 纯化和酶切 DNA 片段回收,经济节省。缺点是操作繁琐,需特定的流动电洗脱槽。纯化方法是将电泳分离后含目的 DNA 片段的凝胶切割下来,装于透析袋中,继续在高电压下电泳,目的 DNA 会从凝胶中电泳出来进入透析袋中,由于 DNA 分子量大,不能透过透析袋,从而保留于透析袋中。取出透析袋中含 DNA 的溶液,进一步用酚-氯仿抽提纯化。

(三)DEAE 膜法

利用 DEAE 膜代替透析膜而建立 DEAE 膜法是通过将 DNA 电泳至带正电荷的 DEAE 纤维素膜上完成。将 DEAE 纤维素膜裁成小条活化处理。电泳后在目的条带前切一刀,将比条带略宽的 DEAE 纤维素膜插入切口,不留气泡,继续电泳使条带上的 DNA 被膜片截留。取出膜片冲洗后转移到离心管中加缓冲液 65℃保温洗脱,直到膜上没有 DNA,将溶液用酚-氯仿抽提沉淀。DEAE 膜法可以同时回收几种样品,对于 500 bp～5 kp 的 DNA 片段有着稳定的高回收率。随着分子质量的变大,DNA 片段从膜上洗脱下来的效率逐渐降低,因此,此种方法不适合大于 10 kb 的 DNA 片段的回收;同时因单链 DNA 与膜结合得非常牢固,也不能用于单链 DNA 的回收。

(四)蔗糖收集孔法

蔗糖收集孔法回收小片段效率较高,并且回收中能将较宽的条带浓缩于收集孔中。但回收中制作收集孔较麻烦,同时因收集孔中要加入蔗糖,获得的 DNA 样品不能直接用于后续实验。

(五)机械破碎法

机械破碎法是用机械力将凝胶压碎后再行回收 DNA 片段的方法,有冻挤法、冻融法、压碎浸泡法、单层滤膜过滤法及双层亲和膜过滤法。冻挤法是将胶条割下置于塞有玻璃棉的吸嘴或管底刺有小孔的 EP 管中,冰冻 30 min 后高速离心 5 min,收集上清液,其中含有目的 DNA,再经酚抽提、乙醇沉淀等纯化浓缩处理。冻挤法从胶浓度为 1% 琼脂糖中回收 650 bp 的片段,回收率可达 90%。冻融法是将割下的胶条放置于管 EP 中,将之捣碎并放于 -80℃ 冰冻 5～10 min,取出后迅速放置于 37℃ 保温 10 min,如此反复 3 次能使 DNA 从胶中游离出来,离心获得上清中即含有目的 DNA,然后通过沉淀浓缩获得高浓度 DNA。压碎浸泡法用于从聚丙烯酰胺凝胶中回收 DNA,这种方法回收的 DNA 通常不含有酶抑制物,也没有对转染细胞或是微注射细胞产生毒性效应的污染物,回收率为 30%～90% 或更低,视 DNA 片段大小而定。压碎浸泡法可用于分别从中性或变性聚丙烯酰胺凝胶中分离单、双链 DNA;也被广泛用于从变性聚丙烯酰胺凝胶中分离合成的寡核苷酸。通过压碎和浸泡法从聚丙烯酰胺凝胶中回收的 DNA,可用作杂交探针、PCR 引物、酶促反应的底物。

(六)酶处理法

酶处理法是利用琼脂糖酶降解琼脂糖,能较温和地裂解琼脂糖,最终成功回收 DNA 片段。可回收大片段,如回收酵母人工染色体克隆实验的 2 000 kb DNA 片段。

(七)熔胶法

熔胶法包括低融点胶法和化学融胶法两种。低融点胶法对大小在 $0.5 \sim 5.0$ kb 的 DNA 片段效果最好,若 DNA 片段的大小超过此范围,回收效率往往下降,但仍然能满足实验需求。该法适用于从脉冲场琼脂糖凝胶中回收高分子质量的 DNA,也可从恒强电场琼脂糖凝胶中回收小分子 DNA。由于低熔点琼脂在 37℃仍保持液态,某些酶促反应,例如 DNA 片段的限制酶酶切、DNA 片段的连接等,可以直接在熔化的低熔点凝胶中进行。然而,DNA 聚合酶、连接酶及限制性内切核酸酶在液胶状态下比在常规的缓冲液中工作效率要低,同时因需要特殊的低熔点凝胶,成本较高,且回收量不太稳定。低熔点胶法还可以用于核酸的细菌转化实验。化学融胶法是将琼脂糖能溶解于一些盐溶液中($NaI、KI、NaClO_4$),然后可用特殊的纯化柱将 DNA 样品溶液纯化。现在广泛使用的 DNA 凝胶回收试剂盒便是采用了此种原理,在短时间内获得目的 DNA 片段,成本也较低。

从低熔点凝胶回收 DNA 具体操作为:纯化 DNA 片段加与凝胶体积相等的 TE(10 mmol/L Tris-HCl pH 8.0,0.1 mmol/L EDTA),置 65℃水浴 5 min 保温,使凝胶完全溶解。待放至室温,加等量酚(TE 饱和,TE 封在上层,取下层酚),轻轻混匀,12 000 r/min,3 min 离心。反复 $1 \sim 2$ 次。取上层液,加 0.1 体积 3 mol/L 醋酸钠(pH 5.2)和 2.5 倍体积无水乙醇,进行乙醇沉淀。将纯化的 DNA 加适量 TE 溶解,测定含量,回收的 DNA 可用于靶基因结构分析、探针制备等。

如果 PCR 扩增特异性好,只是简单的 PCR 产物纯化回收,可以在 PCR 产物中加入 50 μg/mL 的蛋白酶 K,37℃保温 1 h,酚-氯仿抽提一次,氯仿抽提一次,上清加入 0.1 体积的醋酸钠,2.5 体积的无水乙醇沉淀回收即可。

二、纯化 DNA 的质量要求

DNA 回收的质量直接影响后继实验的成功与否。理想的 DNA 片段回收方法应满足以下要求。

(一)回收片段应有非常高的纯度

从普通级别的琼脂糖凝胶中洗脱出来的 DNA 中常含有带电多糖抑制剂,这些物质是分子克隆中许多常用酶的强烈抑制剂,会明显抑制酶活力,从而影响后续 DNA 片段用于连接、酶切分析、或者标记、扩增等实验。近年来,随着琼脂糖质量的不断提高,此类问题已经大为减少,但仍会出现回收的 DNA 难以连接、消化和放射性标记的现象。

(二)回收全过程均应避免 DNA 酶污染

污染的 DNA 酶可能引起回收的目的 DNA 片段降解,当降解作用仅发生在黏性末端时,被降解的 DNA 片段在凝胶电泳中无任何异常现象,但会导致严重的 DNA 连接困难,而影响后续的克隆。

(三)能有效回收不同大小的 DNA 片段

对于大片断 DNA 回收,质量还包括产物的完整性。多数方法对于大于 5 kb DNA 片段,回收效率不高,随着 DNA 片段长度的增加,回收产量递减。好的回收方法应能避免大片段断裂,可以有效地回收大片段。而对于较小片段回收,质量还包括回收产物的浓度;此外,极微量的纯化介质或者是某些试剂混入回收产物中也会对结果产生致命的影响。一般而言,回收长度小于 5 kb 的 DNA 片段,回收率大于 50% 为宜。

(四)能有效回收少量 DNA

由于上电泳样品量通常都很少,电泳过程本身也会导致样品的分散和损失,因而尽可能多的回收电泳凝胶条带中的目的片段,提高产物得率,对于后继实验来说是非常重要的。回收率的多少通常和回收产物的大小以及量的多少有关,比如 DNA 片段越大,和固相基质的结合力越强,就越难洗脱,回收率就低;又如,DNA 的量越少,相对损失越大,回收率越低。因此,根据情况选择不同的方法是很重要的。在凝胶条带中 DNA 越少,纯化的效率越低,在某些方法中,由于材料损失较大,以至于少于 500 ng DNA 的条带无法回收。因此,好的目的片段回收方法,应具有较高的回收效率,即使对于非常微量的 DNA 样品也能有效回收。

(五)回收过程简单快捷

回收过程中一般不需特殊的实验设备,也不需要昂贵的试剂,以操作简单、快捷为宜,如试剂盒回收的整个回收过程只需 30 min 左右时间,并且样品回收率可达 50% 以上。操作简单、快速,应用方便的方法或产品自然比较受欢迎。如溶胶的缓冲液中添加指示剂,可以指示溶胶的溶液 pH 就是很方便的设计;离心过柱就比离心沉淀要简单方便。还有要注意载量问题,因为对于纯化柱或者一定量的纯化介质都有一定的吸附限度,过量的产物吸附不了即被损失掉。

三、纯化 DNA 常见问题

(一)回收率低

常见原因及解决方法有:①有琼脂糖凝胶残留,切胶时尽可能去除不含目的片段的多余琼脂糖,确保熔胶剂的正确用量。②目的片段丢失,将凝胶切成细小的碎块以提高回收率;在熔胶过程中可以间隔性的对样品进行摇晃促进凝胶充分熔化,防止未熔化凝胶在后续洗涤过程带走目的片段,或者堵塞制备管。③目的片段结合量低,对于小于 400 bp 的片段确保已加入 1 倍凝胶体积的异丙醇;电泳缓冲液 pH 过高时,建议加入 10 μL 3 mol/LNaAC 进行中和。④结合的 DNA 片段过早被洗脱,此时也会导致回收率降低,检查冲洗缓冲液中是否加入乙醇或者是否有乙醇挥发现象,应保持冲洗缓冲液中乙醇的含量。⑤洗脱效率低,选用合适浓度的琼脂糖凝胶电泳,上样量不超过制备管的最大结合量(8 μg)。洗脱液或者去离子水 65℃ 预热以及增加洗脱前静置时间至 5 min,都可提高洗脱效率。

(二)后续酶促反应效果不佳

原因有:①可能有琼脂糖残留。②可能存在盐污染,确保用冲洗缓冲液洗涤 2 次。③可能有乙醇污染,在最后一次洗脱缓冲液洗涤后可将制备管离心时间由原来的 1 min 延长至 2 min。④洗涤产物中含有 ssDNA 会导致后续酶促反应失败,可以将洗脱产物 95℃ 加热 2 min,慢慢冷却至室温,使单链 DNA 重新退火。

项目二　制备载体

　　一般情况下,外源基因片段难以直接进入宿主细胞内,即使采用特定的理化方法将其导入宿主细胞,也很难在宿主细胞内维持完整性,更不用说大量复制或表达。外源基因需要借助某种运载工具将其引入宿主细胞中进行克隆、保存或表达。载体在基因工程中占有十分重要的地位。外源靶基因能否有效转入宿主细胞,并在其中复制或高效表达,在很大程度上取决于载体。基因工程正是在载体系统的基础上建立和发展起来的。

　　载体是一种具有特定功能的 DNA 分子,它们能携带外源 DNA 片段进入宿主细胞,并在宿主细胞中得以维持或表达。载体可以根据需要自行构建,或利用他人构建成功的载体。质粒、噬菌体和动植物病毒的发现及其深入的研究,使人们找到一种将外源基因片段导入宿主细胞,并在宿主细胞内大量复制或表达的方法。质粒、噬菌体或动植物病毒 DNA 分子具有自主复制功能,经过改造之后,它们能使外源基因片段在宿主细胞内稳定存在和复制;有显著的筛选或选择标记,便于区分和获得阳性克隆子;含有限制性内切核酸酶的特有识别位点,利于外源基因的插入或重组。构建新的载体是基因工程基础研究的核心内容之一。成功构建的载体可以申请专利保护或商业化。

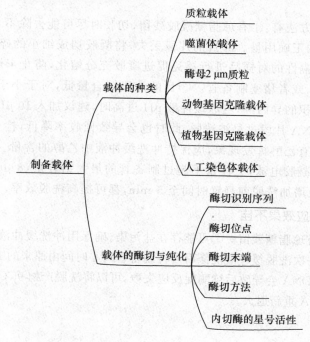

目前构建并得以应用的载体数以千计,根据构建载体的 DNA 来源不同分为质粒载体、噬菌体载体、黏粒载体、动物病毒载体、植物病毒载体、人工染色体载体等;也可以根据应用范围的不同分为克隆型载体和表达型载体等;由于不同生物类型的细胞中控制 DNA 复制和基因表达的机制有所不同,还可以根据应用对象的不同将载体分为原核生物载体、真核生物载体和穿梭载体等。

一般的实验室或生产需要使用载体时,可以从生物试剂公司购买商业化的载体。商业化的载体一般在菌体内保存并销售,购买后需要复苏并扩增含有载体菌种,并提取载体,酶切并纯化后用于连接反应。

限制性内切核酸酶能在识别序列上使每条链的一个磷酸二酯键断开,可产生黏性末端和平末端两种形式。常用的酶切方法有单酶切、双酶切和部分酶切等。

任务一　　提取质粒载体

【任务原理】

质粒(plasmid)主要发现于细菌、放线菌和真菌细胞中,具有自主复制和转录能力,能在子细胞中保持恒定的拷贝数,并表达所携带的遗传信息。质粒的复制和转录依赖于宿主细胞编码的某些酶和蛋白质,离开宿主细胞则不能复制。质粒的存在使宿主细胞具有些额外的特性,如抗生素的抗性等。

质粒载体一般保存于宿主菌中。将菌种处于低温、干燥、无氧和缺乏营养的条件下,使菌种处于休眠状态,有利于长期存放含有质粒和重组子的菌株。常采用甘油冷冻保存法,可以把菌株的优良性状保存下来,防止退化、死亡或杂菌污染。密封好的冻干管在 4℃ 或 −18℃ 下保藏,存活时间长、效果好,一般菌种可保存 5 年以上,有的可保藏 15 年以上不发生变异,还具有体积小、不易污染、便于运输等优点。

当要使用载体时,需要复苏并扩增含有载体的菌种。微生物生长要求适宜的温度和营养物质等。适于基因工程宿主菌生长的培养基种类很多,包括 LB、TB、M9 及 M9ZB 等。LB 培养基是微生物学实验中最常用的培养基,用于培养大肠杆菌等细菌。对于含有质粒的菌种可以在活化培养后,接种到含有抗生素的平板上,进行筛选,再扩增培养。

在宿主细胞内,质粒能稳定地独立存在于染色体外,呈环状双链 DNA 分子,以超螺旋状态存在于宿主细胞中,多数质粒 DNA 分子在 10 kb 左右,小的不足 2 kb,大的可达 100 kb 以上,表 2-1-1 列出了部分质粒 DNA 分子的大小。

在细菌细胞内,大多数质粒以超螺旋 DNA(supercoiled DNA,scDNA)或共价闭合环状分子(covalently closed circular DNA,cccDNA)的形式存在。在体外,则可以成为开环 DNA 分子(open circle DNA,ocDNA)和线形 DNA 分子(linear DNA,lDNA)。提取的质粒用琼脂糖凝胶电泳检测时,凝胶上经常可以同时观察到 cccDNA、ocDNA 和 lDNA。在提取质粒过程中,应该尽量避免产生开环 DNA 以及线状 DNA,以保证质粒质量。常用的提取质粒的方法有碱裂解法和试剂盒法。质粒 DNA 提取的原理是基于环状质粒 DNA 团相对分子质量小易复性的特点,在热或碱条件下 DNA 分子双链解开,若此时将溶液置于复性条件,变性的质粒能在较短时间内复性而染色体 DNA 不易复性。

表 2-1-1　部分质粒 DNA 分子大小

质粒	宿主	分子大小/kb
pPbS	蓝藻	1.5
ColE1	大肠杆菌	6.4
ColV2	大肠杆菌	140
Ti	致癌农杆菌	330
PV21	三叶草根瘤菌	700
F	大肠杆菌	94

碱裂解法是根据在 pH 12.0～12.6 碱性环境中,细菌内大分子量的线性染色体 DNA 变性,而共价闭环的质粒 DNA 虽变性但仍处于拓扑缠绕状态。将 pH 调至中性,在高盐、低温的条件下,大部分染色体 DNA、大分子量的 RNA 和蛋白质在去污剂 SDS 的作用下形成沉淀,而质粒 DNA 仍然为可溶状态。通过离心,可除去大部分细胞碎片、染色体 DNA、RNA 及蛋白质,质粒 DNA 保留在上清中,然后用酚、氯仿抽提进一步纯化质粒 DNA。

碱裂解法提取质粒时用到的试剂及主要用途:①溶菌酶在 pH>8 的碱性条件下能水解菌体细胞壁的主要化学成分肽聚糖。②葡萄糖增加溶液的黏度,维持渗透压,防止 DNA 受机械力震荡的作用而降解。③EDTA 是 Mg^{2+}、Ca^{2+} 的螯合剂,可抑制 DNA 酶的活性,防止 DNA 被酶降解。④NaOH 强碱,提供 pH>12 的碱性条件,使 DNA 双链变性。⑤SDS 可以和蛋白质结合成复合物,使蛋白质(包括 DNA 酶)变性沉淀。⑥高浓度的醋酸钠有利于变性的大分子蛋白质、DNA、RNA 等沉淀。冰醋酸则可以把醋酸钠溶液的 pH 调到 4.8,用来中和 NaOH 变性液,使 DNA 复性。⑦Rnase 降解 RNA,避免提取后的 DNA 中含有小分子的 RNA。⑧乙醇用于沉淀抽提的质粒。⑨TE 缓冲液是 DNA 保存液,由 Tris-HCl 和 EDTA 配制而成。⑩酚/氯仿是蛋白变性剂,可以进一步抽提 DNA 溶液中的蛋白质,使蛋白质沉淀。但苯酚会残留在 DNA 溶液中,现多用各种商品化的层析柱纯化 DNA。

质粒 DNA 提取试剂盒采用改进的 SDS 碱裂解法,结合 DNA 制备膜选择性吸附 DNA 的方法,达到快速纯化质粒 DNA 的目的。适合于从 1～4 mL 细菌培养物中提取多至 20 μg 高纯的质粒 DNA。用于测序、体外转录与翻译、限制性内切酶消化、细菌转化等分子生物学实验。试剂盒的主要组成有 Rnase A、细菌悬浮液、细菌裂解液(含 SDS/NaOH)、中和液、洗涤液、去盐液和洗脱液。

质粒 DNA 的提取包括 3 个基本步骤:①培养细胞使质粒大量扩增;②收集和裂解细菌并除蛋白质和染色体 DNA;③分离和纯化质粒 DNA。

🎤【准备材料】

用具:试管、接种环、EP 管、低温离心机、微量移液器、吸头、制冰机、冰盒、超净工作台、恒温水浴锅、高压蒸汽灭菌器。

试剂:含质粒的大肠杆菌菌株 pET22b/DH5α、LB 培养基、氨苄青霉素、溶液Ⅰ、溶液Ⅱ(需要新鲜配制)、溶液Ⅲ、TE 缓冲液(pH 8.0)、3 mol/L 乙酸(pH 5.2)、苯酚/氯仿/异戊醇、无水乙醇、质粒提取试剂盒。

【操作步骤】

一、菌种的复苏

1. 制备含抗生素的平板

超净工作台中,向灭菌后冷却到 60℃ 左右的 LB 固体培养基,加入氨苄青霉素溶液,使终浓度为 100 μg/mL,倒入灭菌培养皿中,每皿约 15 mL 培养基,轻轻晃动平板使均匀分布,冷却凝固,4℃ 冰箱保存备用。

2. 复苏菌种

用灭菌枪头吸取菌种 100 μL,接种至 5 mL 的 LB 液体培养基中,于 37℃ 摇床中振荡培养 12 h。将剩下的未融化的培养物重新放回 -80℃ 冰箱。

二、碱变性法提取质粒

1. 扩增菌种

将 pET22b/DH5α 菌种复苏活化后,接种在含 100 μg/mL Amp 的 LB 固体培养基中,37℃ 培养 12～24 h。用无菌牙签或吸头挑取单菌落接种到 5 mL 含 100 μg/mL 的 Amp 的 LB 培养液中,37℃ 振养过夜(8～18 h),OD$_{600}$ 达到 0.6～0.8。

2. 收集菌体

吸取 1.5～3 mL 培养液于离心管中,在 4℃ 条件下 12 000 r/min 离心 1 min,弃上清液,收集菌体。

3. 裂解细菌,DNA 变性

加入 100 μL 溶液 I,在漩涡混合器上剧烈振荡,使菌体充分悬浮,室温条件下静置 5 min。加入 200 μL 新配制的溶液 II,温和地上下颠倒离心管 2～3 次以混匀内容物(千万不要剧烈振荡),冰浴条件下静置 5 min。

4. 质粒 DNA 复性,去除杂质

加入 150 μL 溶液 III,上下颠倒混匀数次(不可振荡),冰浴条件下静置 5 min。4℃ 条件下 12 000 r/min 离心 10 min,将上清液移至新离心管。

5. 抽提质粒 DNA

加入等体积的苯酚/氯仿/异戊醇,充分振荡混匀,室温条件下 12 000 r/min 离心,吸取上层水相移至新离心管中,尽可能用 200 μL 移液器进行转移,注意不要吸入中间的变性蛋白质层。

6. 沉淀质粒 DNA

加入 1/10 体积量的 3 mol 乙酸钠(pH 5.2),再加入 2.5 倍体积(约 1 mL)的预冷无水乙醇,上下颠倒混匀。放入 -20℃ 冰箱中静置 30 min,然后在 4℃ 条件下 12 000 r/min 离心 15 min。

7. 漂洗质粒 DNA

弃上清液,加入 1 mL 预冷 70% 乙醇,上下颠倒混匀数次,在 4℃ 条件 12 000 r/min 离心 5 min,洗涤沉淀,以除去盐离子。小心弃上清液,倒置于滤纸上,使所有液体流尽,沉淀物在室温下或真空干燥器上自然干燥。

8. 溶解检测与保存

加入 50 μLTE 缓冲液溶解沉淀。加入 2 μL 的 RNase A,37℃保温 20 min。取 5 μL 质粒与 2 μL 6×上样缓冲液混合后,在 7 g/L 琼脂糖凝胶上电泳检测。将所获得的其余质粒 DNA 样品置于－20℃冰箱中保存备用。

三、试剂盒提取质粒

1. 收集菌体

取 1～4 mL 在 LB 培养基中培养过夜的菌液,12 000 r/min 离心 1 min,弃尽上清液。

2. 裂解细菌,DNA 变性

加 250 μL 菌体悬浮液(确认其中已加入 RNaseA)悬浮细菌沉淀,悬浮需均匀,不应留有小的菌块。加 250 μL 细菌裂解液,温和并充分地上下翻转 4～6 次混合均匀使菌体充分裂解,直到形成透亮的溶液。注意:此步骤不宜超过 5 min。细菌裂解液使用后立即盖紧瓶盖,以免空气中的二氧化碳中和其中的氢氧化钠,降低溶菌效率。避免剧烈摇晃,否则将导致基因组 DNA 污染。

3. 质粒 DNA 复性

加 350 μL 中和液,温和并充分地上下翻转混合 6～8 次,12 000 r/min 离心 10 min。避免剧烈摇晃,否则将导致基因组 DNA 污染。

4. 吸附质粒 DNA

吸取全部离心上清并转移到制备管中的吸附柱上,盖上盖子,室温放置 2 min,12 000 r/min 离心 1 min,弃滤液。

5. 漂洗质粒 DNA

将吸附柱放回离心管,加 500 μL 漂洗液,12 000 r/min 离心 1 min,弃滤液。将吸附柱再放回离心管,加 500 μL 漂洗液,12 000 r/min 离心 1 min,弃滤液。将吸附柱放回离心管中,12 000 r/min 离心 1 min。

6. 洗脱质粒 DNA

将吸附柱移入新的离心管中,在吸附柱膜中央滴加 60～80 μL 洗脱液或去离子水(加热至 65℃,可提高洗脱效率),室温静置 1 min,12 000 r/min 离心 1 min。

7. 检测并保存

用琼脂糖凝胶电泳法进行检测提取结果,并保存于－20℃。

◀》【注意事项】

1. 含有质粒的菌株不要频繁转接,每次接种应挑单菌落。尽量选择高拷贝质粒的菌株。含有质粒的宿主细胞培养时应给予一定的筛选压力,否则菌体易污染,质粒也易丢失。应使用处于稳定期的新鲜菌体,老化菌体导致开环与线性质粒增加。

2. 在加入溶液Ⅱ与溶液Ⅲ后混合一定要轻柔,采用上下颠倒的方法,千万不能在漩涡混合器上剧烈振荡,并且尽可能按规定的时间进行操作。变性的时间不宜过长,否则质粒易被打断;复性时间也不宜过长,否则会有基因组 DNA 的污染。

3. 乙醇会夺取核酸周围的水分子,使其失水而易于聚合。在乙醇沉淀核酸的过程中加入乙酸钠盐类的目的是中和核酸所带的电荷,减少核酸分子之间的静电排斥作用,使核酸易于形成沉淀。除了用乙醇沉淀 DNA 外,还可用 0.6~1 倍体积的异丙醇沉淀 DNA。但异丙醇沉淀 DNA 时,盐等杂质易沉下,所以沉淀要在室温下进行,并且时间不宜过长,限于 20 min 以内。沉淀离心后,还要用 70％乙醇洗涤,以除去盐类及挥发性较小的异丙醇。

4. 用试剂盒提取质粒时,在第一次使用漂洗液前应加入一定体积的无水乙醇,加入量见瓶上标识。如果未加入无水乙醇,会使质粒从吸附柱上溶出。

5. 苯酚是一种强烈的蛋白质变性剂,可有效地去除蛋白质。其变性作用比氯仿大,但苯酚和水有一定(0~15％)的互溶。为了减少 DNA 损失,须用 pH 8.0 的 Tris-HCl 水溶液充分饱和苯酚并利用 Tris-HCl 溶液隔绝空气。氯仿具有强烈的脂溶性倾向,对溶解细胞膜、去除蛋白质和脂特别有效,还能加速蛋白质与核酸的解聚。异戊醇具有降低表面张力、消泡的作用。

6. 质粒有三种不同的构型,基因工程中有用的质粒是超螺旋 cccDNA,操作时应谨慎,尽量提高 cccDNA 的含量。如果出现的大部分是超螺旋的带型,说明提取的质粒质量较好。并且每次实验所提质粒的超螺旋带型的电泳图位置都会有所不同。

质粒的提取

7. 试剂盒第一次使用前,细菌裂解液中加入指定体积的无水乙醇。使用前,检查细菌裂解液是否出现沉淀,应于 37℃温浴加热溶解并冷却至室温后使用。

8. 细菌裂解液含有刺激性化合物,操作时要戴乳胶手套和眼镜,避免沾染皮肤、眼睛和衣服,谨防吸入口鼻。若沾染皮肤、眼睛时,要立即用大量清水或生理盐水冲洗,必要时寻求医疗咨询。

【相关知识】

基因工程载体 DNA 分子必须具备以下基本条件。①针对宿主细胞的可转移性,载体能携带外源基因片段进入宿主细胞,并稳定存在。②自主复制功能,载体上存在复制起始区,能在细胞质中自主复制,或整合到染色体 DNA 上随其复制而同步复制。③显著的筛选标记,常见的筛选标记是利于检测的遗传表型,如抗药性或显色反应等,便于克隆子的筛选。④特定的多克隆位点。多克隆位点就是限制性核酸内切酶的单一识别位点,在克隆载体的合适位置上至少有一个多克隆位点,利于外源基因片段的插入或重组。⑤安全性,载体必须安全,不含有对宿主细胞有害的基因,不会任意转入除宿主细胞以外的其他生物细胞,尤其是人细胞。如果是构建表达载体,还应该包括基因表达的调控元件,如启动子、转录终止子和核糖体结合位点等。此外载体的大小、容量和拷贝数等也需要加以考虑。

最早建立的克隆载体系统是针对原核生物的,这是原核生物基因工程起步早、发展快的重要原因,常见的载体类型有质粒载体、噬菌体载体等。目前采用的克隆载体是在天然质粒基础上构建的相对分子质量小、高拷贝、多选择标记并与适当宿主菌配套的质粒,其大小在 27~10 kb,如克隆质粒 pUC 系列、pGEM 系列、pBluescript 系列和 pET 系列等。用于酵母转基因的有酵母 2 μm 质粒。适用于动物基因克隆的载体有 SV40 载体、反转录病毒载体、腺病毒载体、痘苗病毒载体和杆状病毒载体等。人工染色体载体包括酵母人工染色体载体和细菌人工染色体载体。

一、质粒载体

(一)质粒的特性

质粒载体是以细菌质粒 DNA 分子为基础构建的克隆载体,主要用于外源基因片段的转移、贮存、表达及基因文库的构建等。质粒在宿主细胞内能稳定维持,并不会随着细胞的分裂而消失,表明质粒本身具有自我复制和正确分配到子细胞的功能。质粒本身决定了复制后新生 DNA 分子的核苷酸序列,并且提供复制起始位点和决定拷贝数的一些基因。在质粒复制过程中,*cop* 基因指令宿主细胞合成阻遏物。当质粒复制到一定拷贝数时,同时合成的阻遏物的量也积累到足以阻止质粒的继续复制。因此,质粒在宿主细胞内能自我复制,但不会像某些病毒那样进行无限制的复制并导致宿主细胞的死亡。

1. 严紧型质粒和松弛型质粒

拷贝数是指细胞内某种质粒的数量与染色体的数量之比。每种质粒在相应的宿主细胞内保持相对稳定的拷贝数,但在不同的宿主细胞内质粒的拷贝数并非一成不变。拷贝数少(1 至数个拷贝)的质粒称为严紧型质粒(stringent plasmid),而拷贝数较多(10 个拷贝以上)的质粒称为松弛型质粒(relaxed plasmid),一般而言,小质粒多为松弛型的,大质粒多为严紧型的,但无严格界限。通常构建的质粒载体是松弛型质粒,应含有松弛型质粒的复制起始位点和调控复制拷贝数的基因。

严紧型质粒只在细胞周期的一定阶段进行复制,当染色体不复制时,它也不能复制,通常每个细胞内只含有 1 个或几个质粒分子,如 F 因子。松弛型的质粒在整个细胞周期中随时可以复制,在每个细胞中有许多拷贝,一般在 20 个拷贝以上。在含有适量氯霉素的培养基中培养细菌时,可使松弛型质粒大量扩增,例如,用氯霉素处理含松弛型质粒 ColE1 的大肠杆菌,可使大肠杆菌细胞内 ColE1 的拷贝数达到 3 000 个,几乎占细胞 DNA 总量的 50%。这对质粒制备及靶基因的高效表达十分有利。

2. 质粒的亲和性

两种质粒可能共存于同一宿主细胞之中,有的则不行。能在同一宿主细胞中共存的不同质粒称为亲和性质粒,而不能在同一宿主细胞中共存的质粒称为不亲和性质粒或不相容性质粒,因此作为宿主细胞最好不含内源质粒。

3. 接合质粒和非接合质粒

自然条件下,某些质粒能在细胞间发生转移。有些质粒含有 *tra* 基因,该基因能指令宿主细胞(如大肠杆菌)产生菌毛,合成细胞表面物质,促使宿主细胞与宿主细胞接合,导致质粒甚至部分染色体从一个细胞到另一个细胞中,含 *tra* 基因的质粒称为接合质粒(conjugative plasmid)。接合质粒的分子一般比较大,拷贝数比较少,并且宿主广,使用时应特别注意其安全性。F、Ti、ColV2 质粒等均属于接合质粒,相反,不含 *tra* 基因的质粒称为非接合质粒(non-conjugative plasmid),该类质粒的分子较小,拷贝数较多,不会自行接合转移,比较安全。因此,构建克隆载体的质粒一般是非接合质粒,如 ColE1 和 pPbS 等。

4. 显性质粒和隐蔽质粒

质粒除了含有与自身复制和转移相关的基因外,还可能携带其他的一些功能基因,宿主细胞呈现出新的性状,该类质粒称为显性质粒或表达型质粒。相反,有些质粒并不予宿主细胞新的性状,该类质粒称为隐蔽质粒。已发现的显性质粒有抗生素的抗性质粒(R 质粒),产大肠杆菌毒素(colicines)的 Col 质粒,引起细胞接合的育性质粒(F 质粒),降解金属有机物、芳香烃和农药等毒物的质粒,以及诱导植物形成冠瘿瘤的 Ti 质粒等。不同的 R 质粒分别含有对氨苄青霉素(Ap 或 Amp)、氯霉素(Cm 或 Cap)、卡那霉素(Km 或 Kan)、四环素(Tc 或 Tet)和链霉素(Sm)等药物的抗性基因,其产物使相应的药物失效。R 质粒的抗性基因可作为筛选克隆子的选择标记,广泛用于克隆载体的构建。

5. 构建质粒载体的策略

根据克隆载体的基本要求,构建质粒克隆载体的一般策略如下:①能在宿主细胞中进行有效的复制,并有较多的拷贝数。为此,构建的质粒载体含有能在宿主细胞内有效复制的质粒复制起始位点(ori),最好是松弛型质粒的复制的位点。②含有外源 DNA 片段克隆的位点,并且克隆位点越多越好。为了便于多种末端类型的 DNA 片段的克隆,质粒载体中可以组装一个含多种限制性内切核酸酶识别序列的多克隆位点 MCS 连杆。③含有供选择克隆子的标记基因,一个质粒载体最好有两种选择标记基因,并且在选择标记基因区内存在合适的克隆位点。当外源 DNA 片段插入克隆位点后,标记基因失活,成为选择克隆子的依据。常用的选择标记基因主要有根据克隆子抗药性提高进行筛选的 Ap^r 或 Amp^r、Cm^r 或 Cmp^r、Km^r 或 Kan^r、Sm^r 或 Str^r、Tc^r 或 Tet^r 等抗性基因,或根据克隆子蓝/白颜色进行筛选的 $lacZ'$ 基因等。④载体 DNA 分子应尽可能小。质粒载体越小,转化效率越高,并可承载较大的外源 DNA 片段。质粒载体大于 15 kb 时,转化效率明显下降。⑤构建不同用途的质粒载体时,可以根据特殊需要组装各种元件(小 DNA 片段)。如果在克隆位点的上游组装强启动子,下游组装相应的终止子,载体就成为强表达质粒载体。如果在质粒载体的合适位置组入宿主细胞染色体 DNA 的同源序列,该载体就变成基因整合平台。

(二)pBR322 载体及其衍生载体

在设计和构建 pBR322 时,选用由质粒 ColE1 衍生的 pMB1 作为出发质粒。pMB1 含有 ColE1 的松弛型复制起始位点,但缺乏较好的选择标记基因和克隆位点。为克服这些缺点通过一系列处理,将质粒 pSF2124 中含 Ap^r 基因的 DNA 片段和质粒 pSC101 中含 Tc^r 基因的 DNA 片段同含 ColE1 复制起始位点的 DNA 片段重组,构建质粒载体 pBR322(图 2-1-1)。

pBR322 含有松弛型质粒 ColE1 的复制起始位点,可以在大肠杆菌 HB101 和大肠杆菌 C600 宿主细胞中进行高拷贝复制,在选择标记基因 Ap^r 基因区有限制性内切核酸酶 Psr Ⅰ 和 Sca Ⅰ 和 Pvu Ⅰ 的识别序列,在另一选择标记基因 Tet^r 基因区有限制性核酸内切酶 Bam H、Sal Ⅰ 和 Eco RV、Sph Ⅰ、Nhe Ⅰ、Eol Ⅺ 和 Nru Ⅰ 的识别序列,在 Tc^r 基因的启动子区还有 Cla Ⅰ 和 $Hind$ Ⅲ 的识别序列。这些限制性内切核酸酶识别序列在 pBR322 质粒载体上具有唯一性,均可作为接纳外源 DNA 片段的克隆位点,一旦外源 DNA 片段插入克隆位点,就会导致 Tc^r 基因或 Ap^r 基因的失活,利用该特性可以筛选含重组 DNA 分子的克隆子。pBR322 分子大小为 4 363 bp,可以克隆 10 kb 以下的外源 DNA 片段,主要用于基因克隆,也可作为构建新克隆载体的骨架,或提供相应的基因元件。

在 pBR322 构建过程中,缺失了迁移蛋白基因(mob),故该质粒载体不能直接迁移,比较安全。但是 pBR322 仍保留着 mob 蛋白的作用位点(bom),如果与 ColV2 等接合质粒共存于同一个宿主细胞时,接合质粒指令宿主细胞产生的迁移蛋白可作用于 pBR322 的 bom 位点,使 pBR322 发生被动迁移,有一定安全隐患。因此,通过进一步缺失 pBR322 的 bom 位点,可以构建不含 bom 位点的衍生质粒载体 pBR327 和 pAT153 等,安全性得以提高。

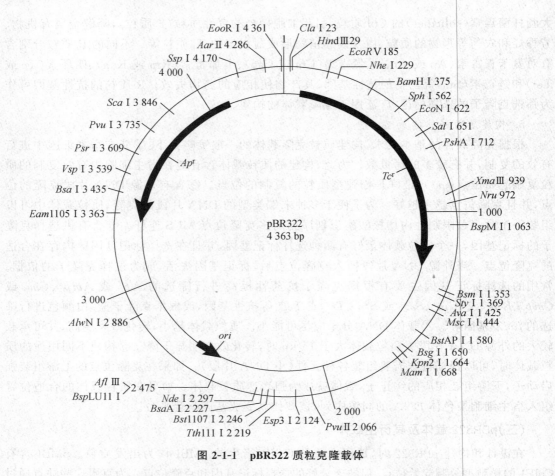

图 2-1-1　pBR322 质粒克隆载体

　　pBR322 可以利用选择标记基因 Tc^r 或 Ap^r 插入失活的性质来筛选含重组 DNA 分子的克隆子,但这种筛选属于负筛选法,比较麻烦。为了便于直接筛选,可以进一步由 pBR322 衍生构建成 pUC18/19(图 2-1-2)等系列质粒载体。该系列质粒载体与 pBR322 的主要差别是用乳糖操纵子的一个 DNA 片段(446 bp)替换了 pBR322 选择标记 Tc^r 基因,该 DNA 片段含有乳糖操纵子的启动子、调节因子和 β-半乳糖苷酶的 α 肽基因($lacZ'$)。将 pUC18/19 质粒载体转入 $lacZ'$ 互补的大肠杆菌中,并在含 IPTG(异丙基-β-D 硫代半乳糖苷)和 X-gal (5-溴-4-氯-3-吲哚-β-D 半乳糖)的诱导培养基中培养时,菌落呈蓝色。在 pUC18/19 的 $lacZ'$ 基因区还组装了一个不影响 $lacZ'$ 基因功能的多克隆位点(MCS)连杆,如果在多克隆位点插入外源 DNA 片段,就会使 $lacZ'$ 基因失活,结果使含有重组载体分子的 $lacZ$ 互补菌在含有 IPTG 和 X-gal 的培养基中长成白色菌落。根据该性质可以筛选出含有外源 DNA 片段的克隆子(白色菌落)。为了避免野生型大肠杆菌和其他杂菌长成的白色菌落的干扰,可在培养基中加入适量的 Ap。$lacZ'$ 互补的大肠杆菌菌株有 JM101、JM103、JM105、JM109 和 NM522 等。

　　pUC18 和 pUC19 两种质粒载体的区别只是多克隆位点连杆上各个克隆位点的走向相反。设计这样一对质粒载体,便于外源 DNA 片段以正、反两个方向组入质粒载体,保证 DNA 片段中基因信息链与质粒载体信息链的正常连接以进行有效表达。

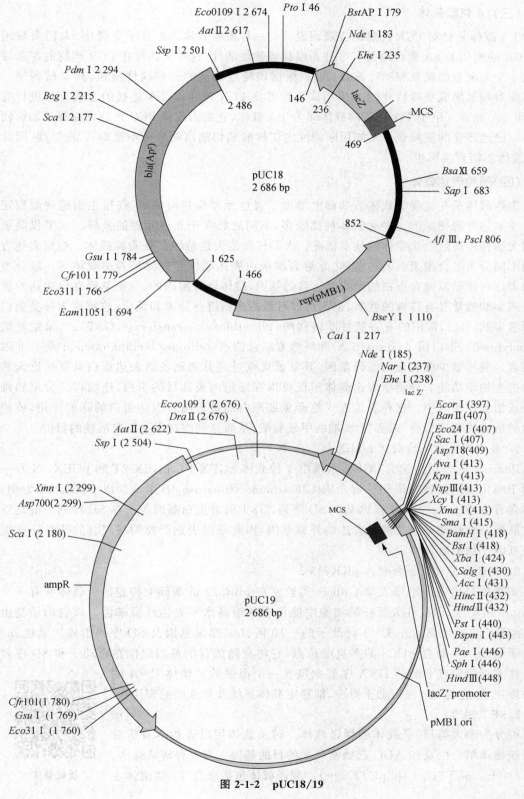

图 2-1-2 pUC18/19

(三)TA 克隆载体

TA 载体是针对 PCR 产物的克隆而设计的一种质粒载体。在分子克隆中,人们发现用于 PCR 的耐热 DNA 聚合酶具有一种非模板依赖性活性,这种活性可在 PCR 产物的 3′末端加上一个非配对的脱氧腺嘌呤核苷(A)。根据该特点研制的一种线性质粒,其 5′端各带一个不配对脱氧胸腺嘧啶核苷(T),采用该质粒可将 PCR 产物以 TA 连接的方式直接进行克隆,即 TA 克隆。用于 TA 克隆的载体即为 TA 载体,它的出现使 PCR 产物的克隆更加简便快捷。已经环化的质粒载体不能用限制性内切核酸酶切割出两个带不配对 T 的 5′端,因此 TA 载体不能直接再生。

(四)质粒表达载体

表达载体是在克隆型载体的基础上增加了表达元件构建而成的,在宿主细胞内能稳定维持并表达外源靶基因。表达载体种类繁多,不同之处在于表达元件的差异。这里仅简要介绍大肠杆菌质粒表达载体的基本概况。大肠杆菌的表达载体都是质粒载体。根据表达方式的不同分为融合型蛋白表达载体、非融合型蛋白表达载体和分泌型表达载体等。融合型蛋白表达载体是以融合蛋白的形式表达目的基因,载体自身编码的、与靶基因融合表达的蛋白质或多肽通常具有特殊的性质,据此可以对目的蛋白进行分离和纯化,故被称为标签蛋白或标签多肽(tag),常用的有谷胱甘肽转移酶(glutathione S-transferase,GST)、六聚组氨酸肽(polyhis-6)、蛋白质 A(protein A)和纤维素结合位点(cellulose binding domain)等。非融合型表达载体缺少标签蛋白编码基因,其显著优点是经分离制备的表达蛋白具有接近天然蛋白的生物学功能。分泌型表达载体不仅可以在细胞内表达目的蛋白,还能将其分泌到细胞外或细胞周质区中。这种表达方式能避免细胞内的蛋白酶对表达蛋白的降解作用,或使表达的蛋白质正确折叠,或去除 N 端的甲硫氨酸,从而达到维持表达蛋白活性的目的。

1. 融合型蛋白表达载体 pGEX

Pharmacia 公司构建的 pGEX 系统由 3 种载体 pGEX-1T,pGEX-2T 和 pGEX-3X 及一种用于纯化表达蛋白的亲和层析介质 Glutathione sepharose 4B 组成。以 pGEX-3X 为例,载体含有启动于 tac 及 lac 操纵基因 SD 序列、lac I 阻遏蛋白基因等。在 SD 序列下游是谷胱甘肽巯基转移酶基因及需要表达的外源基因,因此基因表达产物为谷胱甘肽巯基转移酶和靶基因产物的融合体。

2. 非融合型表达蛋白载体 pKK223-3

该载体是由美国哈佛大学 Gilbert 实验室在 pBR322 的基础上构建的。载体含有一个强的 tac 启动子,因此在大肠杆菌细胞中能极有效地高水平表达外源基因。该启动子是由 trp 启动子的－35 区、lac UV5 启动子的－10 区、lac 操纵基因及 SD 序列组成。紧接 tac 启动子的是一个源自 pUC8 的多克隆位点,它将克隆的目的基因定位在启动子和 SD 序列后。在多克隆位点下游的 DNA 序列中包含一个很强的核糖体 RNA 的转录终止子,它与 tac 强启动子对应,能稳定载体系统及靶基因的表达。

3. pET 载体

可分为两大类:转录载体和翻译载体。转录载体用以表达本身带有原核核糖体结合位点和 AUG 起始密码子的目的基因。有 3 种转录载体:pET21(＋)、pET24(＋)和 pET23(＋)。翻译载体包括来自 T7 噬菌体主

质粒载体

要衣壳蛋白的高效核糖体结合位点,用于表达那些不带有核糖体结合位点的目的基因。翻译载体在命名上与转录载体不同,多一个字母后缀,例如 pET21a(＋),表示相对于 *Bam*H Ⅰ克隆位点识别序列 GGATCC 的阅读框。所有带后缀 a 的载体从 GGA 三联密码子开始表达,带 b 的从 GAT 开始,带 c 的从 *Bam*H Ⅰ识别序列 ATC 三联密码子开始。带 d 后缀的载体阅读框和带 c 的一样,不同的是它们有一个上游 *Nco* Ⅰ克隆位点而非 *Nde* Ⅰ位点以便直接将目的基因克隆到 AUG 起始密码子。

pET-22b(+)sequence landmarks	
T7 promoter	361~377
T7 transcription start	360
pelB coding sequence	224~289
Multiple cloning sites	
(Nco Ⅰ-*Xho* Ⅰ)	158~25
His·Tag coding sequence	140~57
T7 terminator	26~72
lac Ⅰ coding sequence	764~1 843
pBR322 origin	3 277
bla coding sequence	4 038~4 895
f1 origin	5 027~5 482

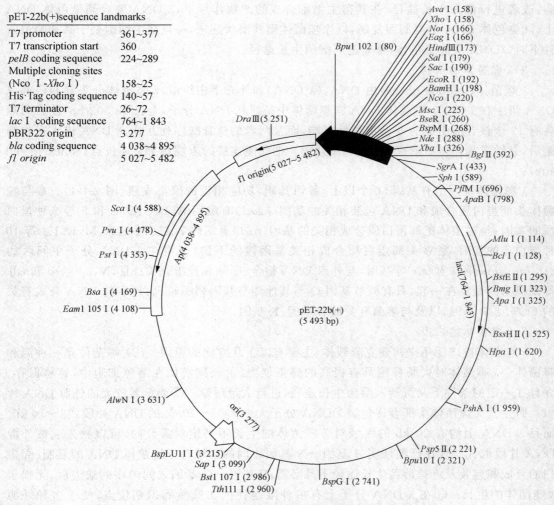

图 2-1-3　pET22b(＋)表达型质粒载体

二、噬菌体载体

　　能感染细菌的病毒统称为噬菌体。噬菌体颗粒通过感染进入宿主细胞,并利用宿主细胞的合成系统进行 DNA(或 RNA)的复制和衣壳蛋白的合成,实现噬菌体的增殖。利用噬菌体的特性,构建了不同类型的噬菌体载体,其中最常用的是 λ 噬菌体载体和 M13 噬菌体载体。

(一)λ 噬菌体载体

1. λ 噬菌体的生长途径

λ 噬菌体有溶菌和溶源两条生长途径。λ 噬菌体感染大肠杆菌后,线形 λDNA 注入细胞内,或者进行溶菌生长途径,即黏性末端连接,成为环状 DNA 分子。指令宿主细胞合成与包装相关的系列衣壳蛋白和酶,复制新的 λ DNA,包装成子代噬菌体,且在 λ DNA 指令宿主细胞合成的 R 蛋白和 S 蛋白作用下,宿主细胞破裂,释放出大量子代噬菌体颗粒,感染新的细胞;或者进行溶源生长途径,在其宿主细胞合成的产物作用下,λ DNA 整合到染色体 DNA 上,随染色体 DNA 的复制而复制,以原噬菌体形式潜伏起来,一旦宿主细胞处于某种胁迫条件下时,λDNA 脱离染色体,重新进入溶菌生长途径。

2. λ 噬菌体的结构

λ 噬菌体(lambda phage)由 DNA、(λ DNA)和外壳蛋白组成,λ 噬菌体分头部和尾部,λ DNA 集中在头部。λ 噬菌体 DNA 在噬菌体中是线状 DNA 分子,全长 48 502 bp,左右两端各有 12 个核苷酸组成的 5′凸出黏性末端,而且两者的核苷酸序列互补,λ DNA 进入宿主细胞后,黏性末端连接后形成环状 DNA 分子。把此能连接的末端称为 cos 位点(cohesive end site)。

λ 噬菌体基因组有基因 50 个以上,各司其职,功能相近的聚集成簇(图 2-1-4)。参与噬菌体头部蛋白质合成和 DNA 包装相关的基因(head)有编码 A、B、C、D、E 和 F 等 7 种蛋白质的基因;与噬菌体尾部蛋白质合成相关的基因(tail)有编码 Z、U、V、G、H、M、K、I、J 等 10 种蛋白质的基因,紧靠头部蛋白质合成相关基因簇的下游;聚集在 λ DNA 分子中间区的 att、int、gam、red 和 xis 等基因,与外源 DNA 整合、删除和重组有关;cⅢ、N、cⅠ、cro 和 cⅡ 等调节基因聚集在一起,只有调节基因 Q 与其他调节基因相距较远;还有与 DNA 合成有关的 O 基因、P 基因,以及与溶菌有关的 S 基因、R 基因。

3. λ 噬菌体的应用

λ 噬菌体被广泛用来构建克隆载体,主要有以下几方面的原因。①λ 噬菌体是一种温和噬菌体。λ 噬菌体对大肠杆菌具有很高的感染能力,可长期潜伏在溶源细胞中,容易保存。并且在一定的条件下又可转入溶菌生长途径,进行大量增殖。②能承载较大的外源 DNA 片段。野生型 λ 噬菌体头部容许包装 λ DNA 分子大小 75%～105% 的 DNA 片段,38～54 kb。而且 λ DNA 上约有 20 kb 的区域对 λ 噬菌体的生长不是绝对需要的,可以缺失或被外源 DNA 片段取代。现在已经证实,J 基因→N 基因之间的区域对于噬菌体 DNA 的复制、壳蛋白的合成和包装及维持溶菌生长途径不是必需;P 基因→Q 基因之间的序列缺失后,无损于 λ 噬菌体的生长。③在 λ DNA 分子上有多种限制性内切核酸酶识别位点,便于多种外源 DNA 酶切的克隆。

λ 噬菌体载体主要用于建立 cDNA 基因文库。某种生物的一系列 cDNA 分子先通过置换或插入的方法与合适的噬菌体克隆载体重组,然后或经体外包装成噬菌体颗粒后转导受体菌细胞,或不经体外包装直接转染受体菌细胞。转导的效率比转染的效率高得多,用转导的方法可使 1 μg 重组 λ DNA 分子获得 10^6 个以上的噬菌斑,而用转染法,1 μg 重组 λ DNA 分子能获得 10^4～10^5 个噬菌斑。

λ 噬菌体载体也可用于克隆外源靶基因。应用 λ 噬菌体载体已使大肠杆菌的 DNA 连接酶、DNA 聚合酶Ⅰ和 DNA 聚合酶Ⅲ γ 亚基等基因在受体菌细胞中有效表达,为了使外

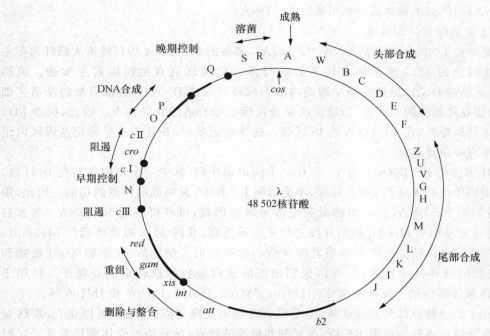

图 2-1-4 野生型噬菌体 DNA 上主要基因分布图

源基因能有效转录,应将其插入 λ DNA 的 P_L 启动子或 P_R 启动子的有效转录区内。

(二)M13 噬菌体载体

M13 噬菌体是一种丝状噬菌体,内有一个环状单链 DNA 分子,长 6 407 个核苷酸,从第 5 489 个核苷酸到第 6 005 个核苷酸之间是一个长 507 个核苷酸的基因间隔区(IS 区), M13DNA 的复制起始位点就定位在基因间隔区内。基因间隔区的有些核苷酸序列即使发生突变、缺失或插入外源 DNA 片段,也不会影响 M13DNA 的复制,这为 M13DNA 构建克隆载体提供了条件。

1. M13 噬菌体的复制

M13 噬菌体感染雄性大肠杆菌后,M13 的"＋"链 DNA 进入细胞内,以其为模板复制互补的"－"链 DNA。由此产生的双链 M13DNA 称为复制型 DNA(RF-DNA)。RF-DNA 按一般环状双链 DNA 进行复制。同时,以"＋"链 DNA 为信息链转译出一系列与包装相关的蛋白质。当细胞内的 RF-DNA 达到近 200 个拷贝时,RF-DNA 中的"＋"DNA 被单链特异的 DNA 结合蛋白结合,阻断"－"链 DNA 的复制合成。其结果是,细胞内只能以"－"链为模板不断复制合成新的"＋"链 DNA。而新合成的"＋"链 DNA 即被积累在细胞内的壳蛋白包装成新的噬菌体颗粒,并且不断挤出宿主细胞,因此,如 M13 菌体的增殖过程不会导致宿主细胞的溶菌生长。被感染的细胞一个世代可释放出约 1 000 个子代噬菌体颗粒。M13 噬菌体包装 DNA 分子的能力可达 M13DNA 长度的 6 倍。

虽然 M13 噬菌体只含环状单链 DNA,但是在复制过程中仍以双链 DNA 为中间媒介,可以如同质粒 DNA 一样进行操作。在宿主细胞内,M13DNA 主要以 RF-DNA 的形式存在,而释放到细胞外的噬菌体颗粒中的 M13DNA 则以"＋"链 DNA 的形式存在。所以雄性大肠杆菌被 M13 噬菌体感染和扩大培养后,培养物经高速离心,上清液中含噬菌体可制备

"+"链 DNA;而沉淀的菌体破碎后可提取 RF-DNA。

2.M13 噬菌体载体的构建

无论是单链 DNA 还是双链 DNA(RF-DNA),制备的 M13DNA 均可转染大肠杆菌宿主细胞,所以构建的 M13 噬菌体载体不必进行体外包装就可直接转染宿主细胞。虽然M13DNA 是单链 DNA,但是在宿主细胞内能形成环状双链 DNA,并且能有效转染宿主细胞,具有构建克隆载体的可能性,所缺少的是选择标记和合适的克隆位点。因此,构建 M13噬菌体载体的策略是,在 RF-DNA 的 IS 区插入选择标记基因,并且在选择标记基因区内组装合适的多克隆位点连杆。

M13 噬菌体的 RF-DNA 上有 10 个 *Bsu* I 的识别序列,其中一个识别序列在 IS 区内,并且在该识别序列插入外源 DNA 片段,不会影响 RF-DNA 复制起始位点的功能。因此,用*Bsu* I 部分切割 RF-DNA,经琼脂糖凝胶电泳分带和回收,可获得线形 RF-DNA。与含有*lac Z'* 选择标记基因的 *Hind* II 切割片段进行平末端连接,获得 M13 噬菌体载体 M13mp1。由此构建的克隆载体转染可产生 β-半乳糖苷酶 α-肽链的宿主细胞后,在添加 X-gal 底物和IPTG 诱导物的培养基中培养时,可以根据菌落的蓝白颜色筛选转染的克隆子。可用于M13 噬菌体载体转染的大肠杆菌菌株有 JM101、JM103、JM105、JM107 和 JM109 等。

M13mp1 是一种有效的克隆载体,但是没有合适的克隆位点。因此,可以在 *lacZ'* 区设计插入多克隆位点连杆。根据 RF-DNA 复制和包装的特点,被转染的受体菌培养到一定时间后,只合成和包装"+"链 DNA,所以当外源 DNA 片段克隆到 RF-DNA 时,只有与"+"链DNA 连接的 DNA 链才能被大量复制和包装,可以便利地用于单链外源 DNA 片段的制备。但是在新生的子代噬菌体颗粒中随"+"链 DNA 一起复制和包装的外源 DNA 链未必是信息链,因此可以构建成对的 M13 载体,使外源 DNA 的两条链都能随"+"链 DNA 一起复制和包装。成对的 M13 载体具有相同的一系列克隆位点,仅各克隆位点的排列顺序相反。

根据 *lacZ'* 区插入的连杆上克隆位点的多少和排列方向不同,构建了多种成对的 M13克隆载体,如 M13mp8/9、M13mp10/11、M13mp18/19 等。

3.M13 噬菌体载体的应用

M13 载体主要应用于克隆和分离单链外源 DNA 片段。为了同时克隆和分离外源双链DNA 片段中的两条单链 DNA,可以根据一对 M13 克隆载体上的系列克隆位点,选用两种限制性内切核酸酶,分别切割克隆载体 DNA 和外源 DNA,经琼脂糖凝胶电泳分带,回收切割后的克隆载体大片段,分别与外源 DNA 片段连接,获得正反向克隆的两种重组 DNA 分子,这样获得的两种重组 DNA 分子分别转染宿主细胞,从它们的子代噬菌体中以提取到各含双链外源 DNA 中一条链的"+"链 DNA。该"+"链 DNA 可以直接用于单链外源 DNA片段的测序,并且可以从正反两个方向同时测定外源 DNA 两条链的核苷酸序列,测定结果彼此可以印证。

(三)Cosmid 载体

研究发现,如果保留 λ DNA 片段两端不少于 280 bp,并含有 *cos* 位点及与包装相关位点的核苷酸序列,当插入一定大小的外源 DNA 片段后,重组 λ DNA 分子仍旧能进行有效包装和转导宿主细胞。但是这种很小的 λ DNA 片段本身不能进行体外包装和增殖,不能直接为克隆载体使用。另一方面,质粒载体不仅可以转化合适的宿主细胞,而且可以在受体细胞内自行复制和维持,但是克隆能力一般不超过 10 kb。根据 λ 噬菌体载体和质粒载体的这些性质,设计出由质粒和含有 *cos* 位点的小 λ DNA 片段组装而成的一类新克隆载体,即 Cosmid 克隆载体。

Cosmid 载体综合了质粒载体和 λ 噬菌体载体的优点,具有如下基本特征:①Cosmid 载体是一种环状双链 DNA 分子,大小不超过 36.4 kb,一般在 10 kb 下。②具有质粒的性质,可以像质粒载体一样承载外源 DNA 片段,转化大肠杆菌宿主细胞并在其中自行复制和增殖。③含有一个 *cos* 位点。在 A 蛋白作用下,*cos* 位点被切开,提供体外包装必需的 *cos* 末端。但是由于 Cosmid 载体不具有 λ 噬菌体溶菌生长途径、溶源生长途径和 DNA 复制系统,所以不会产生子代噬菌体。④能承载比较大的外源 DNA 片段。如果 Cosmid 载体的大小为 6.5 kb,按 λ 噬菌体容许包装的量计算,能承载的外源 DNA 片段最大可达 45 kb,最小的也有 30 kb。由于用 Cosmid 载体一般可以克隆 40 kb 左右的大片段,所以被广泛地用于构建基因组文库。

Cosmid 载体具有 λ 噬菌体载体的部分性质,但是使用程序有所不同。作为 λ 噬菌体载体,线形重组 λ DNA 分子两端各有一个 *cos* 末端。而 Cosmid 载体只有一个 *cos* 位点,因此必须先对 Cosmid 载体进行适当处理,构成具有两个 *cos* 位点的二联体线形 DNA 分子。当外源 DNA 片段组入二联体线形 DNA 分子,并且两个 *cos* 位点之间的 DNA 核苷酸序列达到足够长时,两个 *cos* 位点可被 A 蛋白切割,产生具有两个 *cos* 末端的重组 λDNA 分子,才能进行有效的体外包装。因此,使用 Cosmid 载体的基本程序是,先用一种限制性内切核酸酶切割 Cosmid 载体,再用 DNA 连接酶连接,出现具有两个 *cos* 位点的二联体线形 DNA 分子;选用在两个 *cos* 位点之间有识别序列的限制性内切核酸酶切割二联体线形 DNA 分子,与经部分切割的外源 DNA 片段混合,连接成为可用于体外包装的样品。使用 Cosmid 载体也可以先用两种限制性内切核酸酶分别切割 Cosmid 载体,获得各含有一个 *cos* 位点的线形 DNA 片段;为防止自行连接,分别用碱性磷酸酶处理,使其 5' 端脱去磷酸基团;然后用另一种限制性内切核酸酶切割两种线形 DNA 片段和部分切割待克隆的外源 DNA 片段,将三者混合,用 DNA 连接酶连接,即可用于体外包装。第二种操作程序较为复杂,但是克隆效率较高。但无论是哪一种程序,最后获得的重组 DNA 分子必须保留质粒的复制起始位点(*ori*)和选择标记基因,以保证重组的线形 DNA 分子导入宿主细胞后,*cos* 末端能自行连接环化,按质粒的性质进行自主复制,并且有效地表达选择标记基因,供筛选阳性克隆子。

(四)噬菌粒载体

噬菌粒(phagemid)是一类人工构建的含有单链噬菌体的包装序列、复制子和质粒复制子、克隆位点、标记基因的特殊类型的载体。它是包含了丝状噬菌体大间隔区域的质粒,是一种双链质粒,含噬菌体来源的复制子,在细菌的细胞中出现有辅助噬菌体的情况下,可被诱导成单链 DNA 噬菌粒,同时具有噬菌体和质粒的特征,可以像噬菌体或质粒一样复制。它兼具丝状噬菌体与质粒载体的优点。

噬菌粒具有以下令人瞩目的特征:双链 DNA 既稳定又高产,具有常规质粒的特征;免除了将外源 DNA 片段从质粒克隆于噬菌体载体这一烦琐又费时的步骤;噬菌粒比 M13 小,约为 3 000 bp,易于体外操作,可克隆得到长达 10 kb 的外源 DNA 区段的单链。

噬菌粒载体 pUC118 和 pUC119,是在 pUC18 和 19 的 *Nde* I 位点上插入来源于 M13 的 IG 区,长度 476 bp,含有 M13 的复制起点。其含有质粒的特点为含有质粒的复制起点,形成大量的双链 DNA 分子,多拷贝,每个宿主可达 500 拷贝;具有多克隆位点,可以进行蓝白筛选。在 pUC118 和 pUC119 这两个载体中,多克隆位点区的核苷酸序列取向是彼此相反的,于是它们当中的一个可转录克隆基因的正链 DNA,另一个则可转录出负链 DNA。其噬菌体的特点是带有一个 M13 噬菌体的复制起点,在有辅助噬菌体感染的寄主细胞中,可以合成出单 DNA 拷贝,并包装成噬菌体颗粒分泌到培养基。

噬菌粒载体 pBluescript(图 2-1-5)在多克隆位点的两侧,有一对 T3 和 T7 噬菌体的启动子,可以定向指导外源基因的转录活动;同时具有一个单链噬菌体 M13 或 $f1$ 的复制起点和一个来自 ColE1 质粒的复制起点,在不同的情况下,可以采取不同的复制形式,分别合成单链或双链的 DNA;编码有一个氨苄青霉素抗性基因,供作转化子记号;含有 $lacZ'$ 基因,可用 X-gal 和 IPTG 组织显色反应法筛选噬菌粒载体。

噬菌体载体

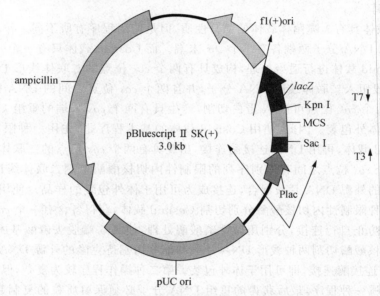

图 2-1-5　噬菌粒载体 pBluescript

三、酵母 2 μm 质粒

几乎所有的酿酒酵母菌中都存在一种质粒,即 2 μm 质粒,可利用它构建系列用于酵母转基因的质粒载体。酵母 2 μm 质粒是一种环状 DNA 分子,每个细胞内含有 20~80 个拷贝。它是真核生物染色体外遗传因子中研究得最多、最深入的一种质粒。2 μm 质粒含有复制起始位点 ori,能在酵母细胞内进行染色体外自主复制。在细胞有丝分裂时质粒拷贝数非常稳定,在单倍体细胞中质粒的自发丢失率约为每代 10^{-4}。在细胞减数分裂时,质粒可分配到 4 个孢子中。含有 2 μm 质粒的菌株称为 cir^+,否则称为 cir^0。

YEp24(酵母游离型质粒)载体是将含 2 μm 质粒复制起始位点的 2.2 kb 片段和含酵母染色体基因组 $UR A3$ 基因的 1.1 kb 片段,分别插入 pBR322 质粒的 $EcoR$ Ⅰ 和 $Hind$ Ⅲ 位点构建而成。由于 YEp24 含有酵母 2 μm 质粒的复制起始位点和大肠杆菌 pMB1 质粒的复制起始位点,因此,既可以在酵母菌中复制,也可以在大肠杆菌中复制,是一种穿梭质粒载体。当酵母细胞有丝分裂时,该质粒载体在 cir^+ 菌株中较为稳定,每个细胞含约 20 个拷贝;

在 cir⁰ 菌株中稳定性较差。YEp24 载体保留了 pBR322 的 Ap^r 和 Tc^r 标记基因,供筛选大肠杆菌克隆子;同时含有 URA3 标记,供筛选酵母菌克隆子。URA3 基因可以补偿酵母菌 ura3 突变。含有 2 μm 质粒序列的 YEp24 质粒载体具有很高的转化效率,1 μgDNA 可获得 $10^4 \sim 10^5$ 个克隆子。由于这种质粒载体在有丝分裂和减数分裂时能相对稳定地进行高拷贝复制,所用常用于酵母菌高水平表达外源靶基因。

四、动物基因克隆载体

利用动物病毒侵染动物细胞或组织的分子生物学特性,构建了一系列动物基因克隆载体。常用的病毒有 SV40 病毒、反转录病毒、腺病毒、痘苗病毒和杆状病毒等,对应的克隆载体分别为 SV40 载体、反转录病毒载体、腺病毒载体、痘苗病毒载体和杆状病毒载体等。

(一)SV40 克隆载体

猿猴空泡病毒 40(Simian Virus 40,SV40)是一种能感染猿猴等哺乳动物的 DNA 病毒。它是少数几种用于构建哺乳动物基因载体的病毒之一。

SV40 DNA 是双链闭环 DNA 分子,全长 5 243 bp,与宿主细胞合成的组蛋白结合,组成念珠状核小体,称为微型染色体。根据转录的先后和方向,可将 SV40 DNA 分为两个转录区,即早期转录区和晚期转录区。

SV40 DNA 进入敏感的动物细胞后,首先启动逆时针方向的转录,与病毒感染相关 t 抗原基因和 T 抗原基因得以表达,并转译出 t 抗原和 T 抗原,该过程为早期转录。其后启动顺时针方向的转录,与病毒壳蛋白合成相关的基因得以表达,并转译出壳蛋白 VP1、VP2 和 VP3,该过程称为晚期转录。早期转录和晚期转录,均始于 DNA 复制起始位点 ori 周围的启动区(约 0.4 kb)。

SV40 感染敏感的猿猴细胞后,经过 8～12 h 潜伏期,脱去外壳,DNA 进入细胞核。在核内,SV40 DNA 首先启动早期转录,并在细胞质中转译 t 抗原和 T 抗原。当两种抗原细胞内积累到足够量时,DNA 开始复制,同时启动晚期转录,转译壳蛋白,将 DNA 包成病毒颗粒。当一个细胞内病毒颗粒累计达 10 个时,细胞破裂,释放出病毒颗粒。对 SV40 敏感的猿猴细胞称为受纳细胞,若 SV40 感染啮齿动物(仓鼠或小鼠),SV40 DNA 会插入染色体 DNA,并可能导致细胞癌变,但不会产生病毒颗粒,被感染的细胞称为非受纳细胞。如果人被 SV40 感染,只有 1%～2% 被感染的细胞有可能产生病毒颗粒,而且 SV40 DNA 不会插入染色体 DNA,因此,SV40 导致人类细胞癌变的可能性极低,对人较为安全。

(二)反转录病毒基因载体

反转录病毒(retrovirus)是一类含 RNA 的病毒,可感染人和多种无脊椎动物和脊椎动物。被感染的动物细胞内,病毒 RNA 经反转录产生双链 DNA 分子,然后整合到染色体 DNA 上成为原病毒,随染色体 DNA 进行复制、转录和翻译,所以反转录病毒虽是 RNA 病毒,仍可用来构建基因载体。各种反转录病毒的基因组、增殖途径和原病毒 DNA 转译等性质十分相似。

由于反转录病毒是一类 RNA 病毒,不能直接构建基因载体,因此必须从被感染的细胞中首先分离出原病毒 DNA,然后根据不同需求删去部分序列,组入选择标记基因、目的基因和一些调控元件,最后与含大肠杆菌源质粒复制起点的基因载体连接重组,成为不同类型的反转录病毒基因载体。已构建的反转录病毒基因载体有以下两种类型。

1. 反转录病毒-质粒载体系统

单纯的质粒载体系统具有更高的转化效率,基因转移的成功率几乎达100%。重组反转录病毒颗粒感染动物宿主细胞后,重组DNA可以整合到染色体DNA上,而且每个基因组中一般只有一个拷贝的原病毒,可避免多重插入引起的麻烦。但是该基因载体系统必须有相应的辅助反转录病毒,而这种辅助病毒可能是致病的,影响了其使用价值。反转录病毒质粒载体系统对动物宿主细胞要求严格,限制了其应用性。由于病毒的宿主范围主要取决于病毒表面蛋白,因此在构建的反转录病毒基因载体中组入能感染多种动物细胞的反转录病毒 *env* 基因,则成为广泛宿主的反转录病毒基因载体。

2. 反转录病毒表达载体

可以将外源基因直接置于病毒原有的 5′LTR 区启动子控制之下,或者在外源基因上游组装上在动物细胞内有效的强启动子。反转录病毒原病毒 DNA 中即使插入 6 kb 左右的外源 DNA 片段,转录出的 RNA 仍能被包装和增殖。通过删减原病毒 DNA 的长度,承载的外源 DNA 片段可长达 20 kb,因此反转录病毒载体具有相当大的克隆能力。

(三)腺病毒基因载体

腺病毒(adenovirus,Ad)是一类无囊膜的 20 面体病毒,在人、猴、牛等哺乳动物及禽类中发现了 80 多种血清型腺病毒。腺病毒含一个线形双链 DNA 分子(Ad DNA)。从成熟的病毒颗粒中分离的 DNA 具有传染性。

人类腺病毒具有易感染性、宿主范围广、毒性低、使用安全、容纳量大及非整合性等特性,使腺病毒基因载体成为基因转移中应用广泛的基因载体之一。人类腺病毒共有 51 个血清型,常用的是 Ad5 型与 Ad2 型。腺病毒基因组为 36 kb 长线形双链 DNA。基因组两端各有长 100~150 bp 的末端反向重复序列(ITR),它们不仅是病毒 DNA 复制的起始点,也是复制包装必需的顺式作用元件,病毒体进入细胞后,基因组以病毒 DNA 是否开始复制为界限,分为早期表达和晚期表达两个部分。早期基因编码不同的调节因子,调控病毒基因表达。晚期基因编码病毒结构蛋白。腺病毒基因载体可广泛用于肿瘤的基因治疗、真核基因的表达及疫苗的研发生产等。

(四)痘苗病毒基因载体

痘苗病毒基因组是两端为倒置重复序列的线形双链 DNA 分子,因毒株不同其长度变化为 180~200 kb,编码 200 多种蛋白。

痘苗病毒基因载体已广泛地用于表达外源基因,其特点是:①表达的产物具有与天然产物相近的生物活性和理化性质,较原核及酵母系统表达产物更接近于天然;②重组痘苗病毒具有较好的免疫原性;③外源基因的插入量大;④宿主细胞广泛;⑤表达产物可以进行各种翻译后修饰、无需佐剂就可刺激机体产生体液免疫和细胞免疫、纯化过程相对简单、产物对外界环境相对稳定及易于保存运输;⑥利用痘苗病毒系统表达的外源靶基因可为实验动物提供保护性免疫反应。

(六)杆状病毒表达载体

杆状病毒可寄生的昆虫达 600 多种,主要为昆虫纲中的鳞翅目、双翅目、膜翅目、毛翅目、鞘翅目。杆状病毒是一类双链闭合环状 DNA 病毒,基因组为 88 160 kb,病毒颗粒呈杆状,专一寄生无脊椎动物。由于杆状病毒颗粒有多角体蛋白保护,故在环境中很稳定。该病毒的致病性及安全性都很稳定,具有很好的应用前景。杆状病毒的主要代表为苜蓿银纹夜蛾核型多角体病毒和家蚕核型多角体病毒。

由于杆状病毒基因组很大,所以需要通过转移基因载体与病毒 DNA 在细胞内的同源重组。目前已构建了用于不同目的和需要的转移基因载体。利用苜蓿银纹夜蛾核型多角体病毒基因载体,在昆虫细胞中进行外源基因表达,已成功表达多种蛋白质分子。这类表达系统表达量高、性能稳定、操作简单,已发展成为最佳的表达系统之一。

五、植物基因克隆载体

(一)农杆菌 Ti 质粒载体

致癌农杆菌(*Agrobacterium tumefaciens*)含有一种内源质粒,当农杆菌同植物接触时,这种质粒会引发植物产生冠瘿瘤,所以称此质粒为 Ti 质粒(tumor inducing plasmid)。Ti 质粒是一种双链环状 DNA 分子,其大小因种类而异,为 200~800 kb。Ti 质粒可分为 T-DNA 区、Vir 区、Con 区和 Ori 区 4 个功能区。质粒能进入植物细胞的只是一小部分,约 25 kb,这种能转移到植物细胞内的 DNA 片段称为 T-DNA(transfer DNA)。在 Ti 质粒 T-DNA 区的上游有一组基因,其表达产物可激活 T-DNA 向植物细胞转移,诱发植物肿瘤,呈现出农杆菌的致病性,因此称为 Vir 区。Con 区含有与农杆菌之间接合转移有关的基因(*tra*)。这种基因受宿主细胞合成的冠瘿碱激活,使 Ti 质粒在细菌间转移,所以也称接合转移基因编码区。*Ori* 区的基因能调控 Ti 质粒的自我复制,称为复制起始区。

Ti 质粒是一种天然的质粒载体,只要外源基因能组装到 T-DNA 上的特定位点,就有可能转入植物细胞,达到转基因的目的。不过这种转基因的植物细胞只能分裂,不能再分化成植株,难以达到选育转基因植物的目的。因此,野生型 Ti 质粒不能直接作为植物转基因的载体。用大肠杆菌质粒载体取代野生型 Ti 质粒的全部或部分 T-DNA 核苷酸序列,构建成取代型 Ti 质粒载体,与大肠杆菌和蓝藻的质粒载体不同,Ti 质粒载体并非用于农杆菌,而是用于转化植物,农杆菌只起着中间介导的作用。

(二)CaMV 克隆载体

花椰菜花叶病病毒(cauliflower mosaic virus,CaMV)是一种能感染十字花科和少数非十字花科,如茄科,植物的病毒。CaMV 颗粒是直径约为 50 nm 的球状结构,由外壳蛋白、核心蛋白等多种多肽和一个环状双链 DNA 分子组成。

在自然条件下,CaMV 感染敏感的宿主后,其 DNA 可以侵入植物细胞,并且在细胞内进行复制、转录和翻译,称得上是天然的植物基因工程基因载体,但其结果是导致植物的病害。因此,利用 CaMV DNA 能侵入植物细胞的特性,通过对 CaMV DNA 的改造,使其能携带人们需要的目的基因导入植物细胞,并且消除 CaMV 对植物的致病性,构建了 CaMV 互补基因载体、CaMV 置换型基因载体和 CaMV 融合基因基因载体等。

(三)TMV 克隆载体

烟草花叶病毒(tobacco mosaic virus,TMV)能在侵染植物细胞中大量积累,具有作为表达基因载体的潜力。TMV 病毒粒子为短杆状,长的 300 nm。其基因组为单链正义 RNA,共有 6 395 个核苷酸,包括 4 个开放阅读框,分别编码 126 ku(含 1 116 个氨基酸)、183 ku(含 1 616 个氨基酸)、30 ku(含 268 个氨基酸)和 17.5 ku 的蛋白(含 159 个氨基酸)。TMV 是一种复制量和外壳蛋白质的表达量很高的病毒,它具有寄主范围广,并且能在整株植物上快速扩散的特点。多年来,人们一直尝试用它作为植物表达基因载体,建立细胞的外源基因表达体系,提出了利用 TMV 表达外源基因的多种策略。

六、人工染色体载体

人工染色体载体是在人类基因组计划实施过程中构建的一类大容量基因载体。可以满足真核生物基因组文库的构建及真核基因的克隆、表达等研究。常见的人工染色体载体有酵母人工染色体载体、细菌人工染色体载体和 P1 人工染色体载体等。人工染色体载体是一种穿梭基因载体,不仅含有质粒载体所必备的第一受体大肠杆菌源质粒复制起始位点(ori),而且含有第二受体如酵母菌染色体 DNA 着丝点、端粒和复制起始位点的序列,以及合适的选择标记基因。该类载体在第一宿主细胞内可以按质粒复制形式进行高拷贝复制,而在体外与外源 DNA 片段重组后,可以转化第二宿主细胞,并在转化的细胞内按染色体 DNA 复制的形式进行复制和传递。一般采用抗生素抗性选择标记筛选第一受体的克隆子,而利用与受体互补的营养缺陷型筛选第二受体的克隆子。人工染色体载体的显著特点是外源 DNA 片段的容纳能力大幅度增加,一般为数百 kb,甚至可达 3 000 kb 以上。

(一)酵母人工染色体载体

酵母人工染色体(yeast artificial chromosomes,YAC)载体是最早构建成功的人工染色体载体。YAC 载体突出的优点是可容纳比其他基因载体大得多的外源 DNA 片段,用于构建人类和高等生物的基因组文库时,可以减少克隆子的数目。构建的 YAC 文库比 Cosmid 文库等有更高的覆盖率,可以使不能连接的重叠群连接起来,有利于基因的克隆。目前,利用 YAC 载体已相继建立了人类基因组的一系列 YAC 文库,以及玉米、大麦、番茄、水稻等植物的 YAC 文库。YAC 载体容纳的大片段 DNA 中,不仅包含基因编码区,还可包含内含子和调控区并且克隆的基因也可以与各种酶类、转录因子等作用,其基因表达和复制机制在理论上与正常染色体上的基因相似。因此,利用 YAC 载体有助于基因功能的鉴定。

虽然 YAC 能容纳较大的 DNA 片段,但是 YAC 克隆子的稳定性较差,操作难度大,极大地制约了以 YAC 为基础的基因克隆和功能研究。YAC 载体的主要局限性如下:①存在嵌合现象,即一个 YAC 克隆子中的插入序列可能来自两个或多个不同的片段。嵌合体的比例可以达到 10%～50%,这使得染色体步移和基因分离的难度增大。②YAC 克隆子的稳定性差,在继代培养时插入片段可能出现重排和丢失等现象,这对染色体物理图谱的构建和基因分离十分不利。③插入片段的分离和纯化等操作难度大,难以维持其完整性。④重组子的转化效率低。

(二)细菌人工染色体载体

细菌人工染色体(bacterial artificial chromosome,BAC)载体是在大肠杆菌 F 因子的基础上发展而来的。F 因子是大肠杆菌内的严紧型质粒,在每个细胞中仅有 1 个或 2 个拷贝,具有稳定遗传的特点,几乎无缺失、重组和嵌合现象发生,减小了克隆片段发生重组的概率。F 因子能够携带 1 Mb 的外源片段,但实际构建的 BAC 载体克隆容量通常不超过 350 kb。

BAC 载体以大肠杆菌细胞为宿主,转化效率较高,常规质粒制备方法即可分离 BAC。蓝白斑、抗生素、菌落原位杂交等均可用于靶基因的筛选,克隆的 DNA 片段可直接用于测序等。这些特点使得 BAC 载体系统应用广泛,成为目前基因组学和功能基因组研究的热点之一。

1992 年,在 F 因子载体 pMBO131 的基础上,科学家分别引入了 T7 启动子、SP 启动子序列,含 cos N 及 lox P 位点的 λ 噬菌体和 P1 噬菌体片段,成功构建了 DNA 插入片段达 300 bp 以上的 BAC 载体 pBAC108L。该载体含有与复制和调节拷贝数有关的基因,能稳定遗传 100 代,未检出缺失、重组、嵌合现象,并可用于体外转录研究。pBAC108L 载体以氯霉素抗性基因作为转化选择标记,但无重组子选择标记,重组子的选择必须通过杂交进行验证。为了提高 BAC 克隆子的筛选效果,lacZ′ 基因被引入 pBAC108L 的克隆位点中,构建了 pBeloBAC11 载体,其重组子可以通过蓝白斑进行筛选,简化了操作流程。pBeloBAC11 载体是第二代 BAC 载体的代表,也是构建其他一些 BAC 载体的基础,其大小约 7.5 kb。

BAC 载体的容纳能力一般为 100～350 kb,容量比 YAC 载体小,但也具有 YAC 载体无可比拟的优点:①BAC 的复制子来源于 F 因子,可稳定遗传,缺失、嵌合及重组现象少。②以大肠杆菌为宿主,对宿主细胞的毒副作用小,转化率高。③从大肠杆菌中提取制备及其体外操作等更方便。④构建 BAC 文库比 YAC 文库更容易。⑤可以通过菌落原位杂交来筛选靶基因,方便快捷。⑥BAC 载体在克隆位点的两侧具有 T7 和 SP6 聚合酶启动子,可以用于转录获得 RNA 探针或直接用于插入片段的末端测序。基于上述优越性,BAC 载体成为大片段基因组文库的主要载体,也是基因组测序和基因组遗传图谱和物理图谱构建的主要工具。

人工染色体载体

任务二　酶切与纯化质粒载体

🎓【任务原理】

限制性内切核酸酶同其他酶类一样,反应系统需要有酶、底物和反应缓冲液,并且还需要合适的反应温度。

Ⅱ型限制性内切核酸酶是一种多肽,通常以同源二聚体形式存在。其相对分子质量较小,仅需要 Mg^{2+} 作为催化反应的辅助因子。它们能识别与切割 DNA 链上同一特异性核苷酸序列,产生特异性的 DNA 片段,在 DNA 重组中有着广泛的用途。

Ⅱ型限制性内切核酸酶 Xho Ⅰ(10 U/μL)来源于含有编码的 Xho Ⅰ 基因质粒的重组大肠杆菌菌株,识别序列和切割位点为 C↓TCGAG,包装规格一般为 5 000 U。内切酶 Nde Ⅰ(10 U/μL)来源于重组大肠杆菌菌株,包含有从 Neisseria denitrificans(NRCC31009)克隆的 Nde Ⅰ 基因,其识别序列和切割位点为 CA↓TATG,包装规格一般为 400 U。

绝大多数Ⅱ型限制性内切核酸酶对基本缓冲液的组分要求相同,唯一区别是各种酶对盐浓度的需求不同,据此可将所的Ⅱ型限制酶的缓冲液分为 3 大类:①高盐缓冲液(H buffer):100 mmol/L NaCl,50 mmol/L Tris-HCl;②中盐缓冲液(M buffer):50 mmol/L NaCl,10 mmol/L Tris-HCl;③低盐缓冲液(L buffer)无 NaCl,10 mmol/L Tris-HCl。盐浓度过高或过低均大幅度影响酶的活性,最低可使酶活性降低 10 倍。不管采用何种反应缓冲液,反应缓冲液的 pH 对酶的催化活性起着十分重要的作用,多数限制性内切核酸酶酶切反应的最适 pH 为 8.0。

每种限制性内切核酸酶只有在适宜的反应缓冲液中才具最强的催化活性。限制性内切核酸酶的反应缓冲液中一般含有 50~100 mmol/L NaCl、10~50 mmol/L Tris-HCl(pH 7.4)、10 mmol/L $MgCl_2$、1 mmol/L 二硫苏糖醇(DTT)和 0.1 mg/mL 牛血清白蛋白(BSA)。通常厂商在出售限制酶时配带有不同类型的 10× 的酶切缓冲液,使用时只需加反应总体积的 1/10 即可。各种不同缓冲液中相对酶活性是不同的,使用时应注意选择相对酶活性。

各种限制性内切核酸酶都有其最佳的反应条件,主要的影响因素是反应温度和缓冲液的组成。最佳反应温度一般是 37℃,但也有 25℃、30℃,还有 50~65℃。

限制性内切核酸酶的反应规模主要取决于需要酶切的 DNA 量。内切核酸酶一个标准酶单位(U)的定义为在最佳缓冲液系统中,37℃条件下,在 20 μL 反应体系中反应 1 h,使 1 μg pBR322 DNA 完全消化所需要的酶量。因此,标准的酶切反应设计为:DNA5 μL(内含 DNA1 μg)、10× 缓冲液 2 μL、限制酶 1 μL、无菌双蒸水 12 μL,反应总体积为 20 μL。进行酶切的 DNA 浓度应为 50 μg/mL 以下、最高不超过 200 μg/mL。为了防止甘油对酶活性及特异性的影响,酶的加入体积不要超过反应总体积的 1/10。

纯化后的人干扰素 α2b 靶基因的 PCR 产物采用限制性内酶切 *Nde* I、*Xho* I 双酶切,形成具有 *Nde* I、*Xho* I 识别序列的黏性末端。pET22b(+)质粒载体也含有 *Nde* I、*Xho* I 识别序列,并使用 *Nde* I、*Xho* I 双酶切产生与靶基因互补的黏性末端,这样靶基因才能与质粒通过互补的黏性末端进行连接。由于质粒 DNA 具有超螺旋结构,而限制性内切酶切割超螺旋 DNA 的效率要低于线状 DNA,所以进行质粒 DNA 双酶切时,可以增加酶的用量或延长酶切时间来提高酶切效率,但要控制好增加量和延时量,防止酶的星号活性。

pET22b(+)载体双酶切后,通过电泳将不同大小的 DNA 限制性酶切片段在琼脂糖凝胶上进行电泳分离,采用 DNA 凝胶回收试剂盒纯化回收 DNA。纯化的 DNA 片段可直接用于后续的连接操作。

🔧【准备材料】

用具:离心管、恒温水浴锅、微量移液器、吸头、制冰机、冰盒、电泳仪、电泳槽、凝胶成像仪、护目镜、微波炉。

双酶切试剂:pET22b(+)质粒载体、纯化后的人干扰素 α2b 靶基因的 PCR 产物、限制性核酸内切酶 *Nde* I 和 *Xho* I、10× 缓冲液、6× 上样缓冲液、琼脂糖、DNA 标准样品、苯酚/氯仿/异戊醇、冷无水乙醇、70%冷乙醇、TE 缓冲液。

胶回收试剂:酶切后的 DNA 样品、DNA 标准样品、琼脂糖、TBE 缓冲液、核酸染料、苯酚/氯仿/异戊醇、乙酸钠(pH 5.2)、无水乙醇、70%乙醇、TE 缓冲液;DNA 凝胶回收试剂盒。

🌱【操作步骤】

一、双酶切 PCR 产物、质粒和重组克隆质粒

1. 制备酶切反应体系（表 2-2-1 至表 2-2-3）

在 1.5 mL 离心管中分别加入下列成分，注意防止错加、漏加。

表 2-2-1　双酶切 PCR 产物

试剂	体积
ddH$_2$O	2 μL
PCR 产物	30 μL（5 μg）
10×通用缓冲液	4 μL
Nde I（10 U/μL）	2 μL
Xho I（10 U/μL）	2 μL
总体积	40 μL

表 2-2-2　双酶切 pET22b（＋）质粒

试剂	体积
ddH$_2$O	2 μL
pET22b（＋）质粒（0.5 μg/μL）	30 μL
10×通用缓冲液	4μL
Nde I（10 U/μL）	2 μL
Xho I（10 U/μL）	2 μL
总体积	40 μL

表 2-2-3　双酶切重组克隆质粒

试剂	体积
ddH$_2$O	2 μL
构建的重组 pET22b（＋）克隆质粒	30 μL（5～10 μg）
10×通用缓冲液	4μL
Nde I（10 U/μL）	2 μL
Xho I（10 U/μL）	2 μL
总体积	40 μL

2. 酶切反应

用手指轻弹管壁使溶液混匀，用微量离心机甩一下，使溶液集中在管底。混匀反应体系后，将离心管置于适当的支持物上，在 37℃条件下反应 1～2 h，如果是 PCR 产物，则需酶切过夜，使酶切反应完全。

3. 检测酶切反应产物

取 5 μL 反应液与 2 μL 6×上样缓冲液混合，然后进行琼脂糖凝胶电泳预检。

4. 纯化酶切产物

用 DNA 凝胶回收试剂盒分离纯化 DNA,或用苯酚/氯仿/异戊醇抽提,乙醇沉淀后,样品直接用连接酶进行连接。

5. 保存酶切产物

酶切样品的一部分用于连接,另一部分保存在-20℃冰箱中,用于鉴定。

二、靶 DNA 片段的分离纯化

1. 电泳分离

酶切 2 h 后,取 4 μL 样品预电泳,检测酶切效果。确定酶切完全后,取 5 μL 的 6×上样缓冲液,直接加入酶切样品的离心管中,混匀,把全部样品加入大孔胶的上样孔中。加入 DNA 标准样品后,在 50~100 V 电压条件下进行电泳。

2. 融化吸附 DNA

在长波长紫外线下判定 DNA 位置,用干净的手术刀割下含有要回收 DNA 的琼脂糖胶块。尽量切除多余的凝胶,放入预先称重的 1.5 mL 离心管中后称重,计算胶块的重量。按照 100 mg 胶块加 500 μL 溶胶液的比例,55℃溶胶,期间偶尔摇动,以加速胶体的溶解,直至胶完全融化。将吸附柱放入 2 mL 收集管中,将融化的胶溶液转移到吸附柱中,12 000 r/min 离心 30 s;倒掉收集管中的废液,将吸附柱放入同一收集管中。

3. 漂洗 DNA

加入 500 μL 漂洗液,12 000 r/min 离心 30 s。重复漂洗一次。弃废液后,将柱子放回收集管,空管再于 12 000 r/min 离心 1 min。漂洗液含有乙醇,漂洗后再次离心,尽量去除多余溶液。

4. 洗脱 DNA

将吸附柱放入新的 1.5 mL 离心管中。在柱子的膜中央加洗脱液 25 μL,室温放置 1~2 min,12 000 r/min 离心 1 min,然后去掉柱子,收集管内即为纯化产物。电泳确认后,可立即用于 DNA 的连接实验或保存于-20℃备用。

◁≫【注意事项】

1. 注意酶切加样的顺序,一般先加重蒸水,其次加缓冲液和 DNA,最后加酶。前几步要把样品加到管底的侧壁上,加完后用力将其甩到管底,而酶液要在加入前从-20℃冰箱取出,酶管放置在冰上,取酶液时吸头应从表面吸取,防止由于插入过深而使吸头外壁沾染过多的酶液,取出的酶液应立即加入反应混合液的液面以下,并充分混匀。酶液使用完毕后立即放回冰箱,防止酶的失活。

2. 限制性内切核酸酶的酶切反应属于微量操作技术,无论是 DNA 样品还是酶的用量都极少,必须严格注意吸样量的准确性,并确保样品和酶全部加入反应体系。如果酶切的目的是为了回收酶切片段,应扩大反应体系的总体积,如 200 μL,相应增加反应体系各组分。

3. 对于那些最适反应温度较高的限制性内切核酸酶,终止酶切反应不宜采用热处理的方法。热处理不一定使酶完全失活,而需要用苯酚/氯仿/乙醇方法除去酶蛋白;电泳回收酶切片段也是一种常用的除酶手段。

4. 作为酶切底物的 DNA 样品中不能含有干扰限制性内切核酸酶活性的污染物,如制备 DNA 样品时采用的苯酚、乙醇等有机溶剂，这些物质会使酶变性或产生星号活性。如果 DNA 样品是用含 EDTA 的 TE 缓冲液溶解的，则在反应体系中所加 DNA 样品的体积不能太大，否则 DNA 溶液中的 EDTA 会干扰酶切反应。

5. 如果反应体系中 DNA 浓度过高，使溶液黏度过大，会影响酶的有效扩散，导致酶切效果不好；相反，当反应体系中 DNA 浓度过低，也会影响酶活性。对于 DNA 浓度过高者，应该在 DNA 样品使用前先用无菌蒸馏水稀释；对于 DNA 浓度过低者，应该在 DNA 样品使用前先进行浓缩。

6. 普通质粒的酶切反应一般 1～2 h 即可完成，如果是 PCR 产物的酶切，且酶切位点在端点最好是酶切过夜。

7. 酶切反应的所有塑料制品（Eppendorf 管、吸头等）必须是新的，并经过高温灭菌，操作时打开使用，操作过程不要求无菌，但要注意手和空气中杂酶的污染，因此要求环境干净，戴手套操作，尽量减少走动，缩短 EP 管的开盖时间。

8. 当塑料小管在一定温度下水浴进行酶切反应时，盖子必须盖得严密，防止水汽出入，影响总体积。

9. 双酶切时应注意避免选择酶切位点相毗邻的 DNA 片段，防止限制性核酸内切酶之间相互干扰。

10. 不完全酶切的原因包括反应时间不够、酶量不够、DNA 质量太差、DNA 样品量太大、样品含有苯酚或乙醇等杂质以及缓冲液选错等。

11. 利用单酶进行质粒消化后，须对酶切后的质粒进行脱磷酸处理，防止载体的自身环化（自连）作用。两种酶同时处理 DNA（double digestion）时，应注意选择通用缓冲液或者选择使两种酶的相对酶活性都尽可能高（>50% 活性）的缓冲液。

12. 重组实验中，载体质粒酶切后不需要割胶回收，酶切后小于 100 bp 的片段可以通过过柱纯化的方法直接除去。对于单一条带的 PCR 产物，酶切后也不需要割胶回收。

【相关知识】

酶切技术是用限制性内切酶切割 DNA 片断，由于某些限制性内切酶具有专一性，即一种酶只能识别一种特定的脱氧核苷酸序列，所以可以用特定的限制性内切酶去切割相应的 DNA 片断，进而达到定向切割 DNA 的目的。

一、酶切的识别序列与切割位点

限制性内切核酸酶在双链 DNA 上识别的特殊核苷酸序列称为识别序列。绝大多数的 Ⅱ 型限制性内切核酸酶都能够识别由 4～8 个核苷酸组成的特定的核苷酸序列。识别序列有连续的（如 GATC）和间断的（如 GANTC）两种，它们都呈回文结构。回文结构有两个特点，一是以某一对核苷酸为中轴，左右同数目的核苷酸彼此呈碱基互补。二是这两股 DNA 链若按同方向阅读（如 $5' \rightarrow 3'$），其核苷酸顺序相同（图 2-2-1）。

DNA 在限制性内切核酸酶的作用下，使多聚核苷酸链上磷酸二酯键断开的位置称为切割位点，用 ↓ 表示，如 CTGCA↓G、AG↓CT 表示。一般载体上会有一段很短的 DNA 序列，包含多个限制性酶切位点，称为多

DNA 的酶切反应

克隆位点(multiple cloning site，MCS)。在 MCS 处，不同酶的酶切位点可有重叠。限制性内切核酸酶在 DNA 上切割的位点一般在识别序列内部，例如：*Xho* Ⅰ识别位点从 5′端 CT 之间切割：5′…C↓TCGAG…3′，3′…GAGCT↓C…5′。*Nde* Ⅰ识别位点为从 5′端 AT 之间切割：5′…CA↓TATG…3′，3′…GTAT↓AC…5′。又如 G↓GATCC、AT↓CGAT，GTC↓GAC、CCGC↓GG、AGCC↓T 等；少数在识别序列的两侧，如↓GATC、CATG↓、↓CCAGG 等。在一个环状 DNA 分子上，若某种限制性内切核酸酶只有一个识别序列，用这种酶酶切后产生一个线形 DNA 片段，依此类推，若某种限制性内切核酸酶有 n 个识别序列，经过完全酶切后就可以得到 n 个 DNA 片段。在一个线形 DNA 分子上若某种限制性内切核酸酶有 n 个识别序列，经过完全酶切后可得 $n+1$ 个 DNA 片段。

```
5′…GAA │ TTC…3′        5′…GTNAC…3′
3′…CTT │ AAG…5′        3′…CANTG…5′
```

图 2-2-1　限制性内切核酸酶
识别的回文结构

　　限制性内切核酸酶的切割位点与识别序列两侧的核苷酸序列有关，它不会切割仅含有识别序列的寡核苷酸，识别序列两端必须要有若干个核苷酸才能切割。并且某些限制性内切核酸酶对不同位置的同一个识别序列表现出不同的切割效率，例如 *Eco*R Ⅰ每 5 kb 就有一个识别位点，而 *Spe* Ⅰ每 60 kb 才有一个识别位点出现。

二、酶切后的末端

　　DNA 分子(片段)经限制性内切核酸酶酶切产生的 DNA 片段末端，因所用限制性的核酸酶的不同而不同，通常有黏性末端和平末端两种形式。其一，两条 DNA 链上磷酸二酯键断开的位置是交错的，酶切结果使 DNA 片段末端的一条链多出 1 至几个核苷酸，可同另一 DNA 片段互补核苷酸末端连接，这样的 DNA 片段末端称为黏性末端。如果 DNA 片段末端的 3′端比 5′端长的称为 3′黏性末端，如 *Pst* Ⅰ等产生的 3′黏性末端(图 2-2-2)。同样，DNA 片段 5′端比 3′端长的称为 5′黏性末端，如 *Eco*R Ⅰ等产生的 5′黏性末端(图 2-2-3)。其二，两条 DNA 链上磷酸二酯键断开的位置处在识别序列的对称结构中心，酶切割产生的 DNA 片段末端是平齐的，称之为平末端，如 *Pvu* Ⅱ等产生的平头末端(图 2-2-4)。核苷酸对为奇数的识别序列被相应的限制性内切核酸酶切割后，产生的末端都是黏性末端。

```
5′…C-T-G-C-A-G…3′              5′…G-C-T-G-A-A-T-T-C-G-A-G…3′
3′…G-A-C-G-T-C…5′              3′…C-G-A-C-T-T-A-A-G-C-T-C…5′
        ↑                                        ↑
Pst Ⅰ 37℃  ⇓                   EcoR Ⅰ 37℃           ⇓

5′…C-T-G-C-A-OH    P-G…3′      5′…G-C-T-G-OH    P-A-A-T-T-C-G-A-G…3′
3′…G-P    OH-A-C-G-T-C…5′      3′…C-G-A-C-T-T-A-A-P    OH-G-C-T-C…5′
```

图 2-2-2　*Pst* Ⅰ酶切产生的
3′黏性末端

图 2-2-3　*Eco* R Ⅰ酶切产生的 5′黏性末端

　　有些限制性内切核酸酶来源不同，识别的靶序列也不相同，但是酶切 DNA 分子所得的 DNA 片段具有相同的黏性末端，这样的一组限制性内切核酸酶称为同尾酶。例如，*Taq* Ⅰ、*Cla* Ⅰ和 *Acc* Ⅰ为一组同尾酶，它们的识别序列和切割位点分别是 T↓CGA、AT↓CGAT 和 GT↓CGAC，这 3 种限制性内切核酸酶分别酶切各自识别序列的 DNA 分子，均产生 5′CG 黏性末端。同尾酶在基因重组操作中有特殊的用途，当两种准备连接重组的 DNA 分子中没有相同的限制性内切核酸酶识别序列时，或者虽然有相同的识别序列，但不宜采用时，

$$5'\cdots G\text{-}C\text{-}T\text{-}C\text{-}A\text{-}G\text{-}C\text{-}T\text{-}G\text{-}G\text{-}A\text{-}G\cdots3'$$
$$3'\cdots C\text{-}G\text{-}A\text{-}G\text{-}T\text{-}C\text{-}G\text{-}A\text{-}C\text{-}C\text{-}T\text{-}C\cdots5'$$

PvuⅡ37℃

$$5'\cdots G\text{-}C\text{-}T\text{-}C\text{-}A\text{-}G\text{-}OH \quad P\text{-}C\text{-}T\text{-}G\text{-}G\text{-}A\text{-}G\cdots3'$$
$$3'\cdots C\text{-}G\text{-}A\text{-}G\text{-}T\text{-}C\text{-}P \quad OH\text{-}G\text{-}A\text{-}C\text{-}C\text{-}T\text{-}C\cdots5'$$

图 2-2-4 *Pvu* Ⅱ酶切产生的平头末端

如果分别在这两种 DNA 分子的合适部位存在同尾酶的识别序列,就可以采用同尾酶酶切,会产生互补的黏性末端,同样可以连接重组。同尾酶的黏性末端互相结合后形成的新位点一般不能再被原来的酶识别。

来源不同的限制酶,识别相同的核苷酸靶序列,切割位点相同或不同,称为同裂酶。如 *Hind* Ⅲ 和 *Hsu* Ⅰ识别位点和切点完全相同称为完全同裂酶(图 2-2-5)。*Sma* Ⅰ和 *Xma* Ⅰ均可识别 CCCGGG 序列,但是切点不同,为不完全同裂酶(图 2-2-6)。

Hind Ⅲ　5'-A↓AGCTT-3'
　　　　　3'-TTCGA↑A-5'

Xma Ⅰ　5'-C↓CCGGG-3'
　　　　3'-GGGCC↑C-5'

Hsu Ⅰ　5'-A↓AGCTT-3'
　　　　3'-TTCGA↑A-5'

Sma Ⅰ　5'-CCC↓GGG-3'
　　　　3'-GGG↑CCC-5'

图 2-2-5 *Hind*Ⅲ和 *Hsu* Ⅰ
为完全同裂酶

图 2-2-6 *Sma* Ⅰ和 *Xma* Ⅰ
为不完全同裂酶

三、酶切方法

无论是用生物材料制备的天然 DNA,还是化学合成的 DNA,往往需要用限制性内切核酸酶进行酶切,使其成为可用的 DNA 片段,即 DNA 分子的片段化。常用的酶切方法有单酶切、双酶切和部分酶切等。

(一)单酶切法

目的 DNA 片段只有一种限制性内切核酸酶的识别位点,并且靶基因内部没有相应的识别序列,只能用识别位点相应的限制性内切核酸酶酶切,目的 DNA 只产生一种黏性末端。用一种限制性内切核酸酶酶切 DNA 样品是 DNA 片段化最常用的方法。若 DNA 样品是环状 DNA 分子,完全酶切后,产生与识别序列数(n)相同的 DNA 片段,并且 DNA 片段的两末端相同。若 DNA 样品本来就是线形 DNA 分子(片段),完全酶切产生 $n+1$ 个 DNA 片段,其中有两个片段的一端仍保留原来的末端。

单酶切后的靶基因片段两端产生相同的黏性末端或者平末端。选择具有同样限制性核酸内切酶识别位点的合适载体,在构建重组分子时,可能会出现靶基因的 DNA 片段以相反方向插入载体分子中,目的 DNA 串联后插入载体分子中和载体分子重新环化的现象,造成重组效率较低。

(二)双酶切法

用两种不同的限制性内切核酸酶酶切同一种 DNA 分子的方法。DNA 分子无论是环状 DNA 分子,还是线形 DNA 片段,酶切产生的 DNA 片段的两个末端是不同的(用同尾酶酶切除外)。环状 DNA 分子完全酶切的结果是产生的 DNA 片段数是两种限制性内切核酸酶识别序列数之和。线形 DNA 片段完全酶切的结果是产生的 DNA 片段数是两种限制性内切核酸酶识别序列数加 1。

双酶切的两种限制性内切核酸酶可以先后分别在不同的反应系统中酶切 DNA 样品。采用这种方法,可以先用需要较低浓度缓冲液的酶进行酶切,然后调节缓冲液的盐浓度,再加入需要较高盐浓度缓冲液的酶进行酶切。如果两种限制性内切核酸酶的最适反应温度不同,则应先用最适反应温度较低的酶进行酶切,升温后再加入第二种酶进行酶切。若两种限制性内切核酸酶的反应系统相差很大,会明显影响双酶切结果,则可以在第一种酶酶切后,经过凝胶电泳回收需要的 DNA 片段,再选用合适的反应系统进行第二种限制性核酸内切酶的酶切。

双酶切时任何时候 2 种酶的总量不能超过反应体系的 1/10 体积。双酶切时如果两种酶反应温度一致而缓冲液不同时,可查阅内切酶供应商在目录后的附录中提供的各种酶在不同缓冲液中的活力表,如果有一种缓冲液能同时使 2 种酶的活力都超过 70% 的话,就可以用这种缓冲液作为反应缓冲液。如果两种酶厂家不同,无法查时可比较其缓冲液成分,相似的话可以考虑各取一半中和。

由于内切酶在非最佳缓冲液条件下的切割速率会减缓,因此使用时可根据每种酶在非最优缓冲液中的具体活性相应调整酶量和反应时间。如果 2 种酶的缓冲液成分相差较大或 2 种酶的反应温度不同则必须分别做酶切。第一个酶切反应完成后,可以用等体积酚/氯仿抽提,加 0.1 倍体积 3 mol/L NaAc 和 2 倍体积无水乙醇,混匀后置 −70℃ 低温冰箱 30 min,离心、干燥并重新溶于缓冲液,电泳确证酶切完全后进行第二个酶切反应。第一次酶切后也可通过电泳确证酶切完全后,从胶中回收 DNA 片段再进行下次酶切。

需要特别注意在双酶切载体时如果 2 个酶切位点离得很近,必须注意酶切顺序。因为有的限制性内切酶要求其识别序列的两端至少保留有若干个碱基才能保证酶的有效切割。

如果目的 DNA 二端具有不同的限制性内切核酸酶的识别位点,并且靶基因内部没有相应的识别序列,可用这 2 种识别位点相应的限制性内切核酸酶酶切,则目的 DNA 可产生 2 种不同的黏性末端。选择同样具有这两种限制性核酸内切酶识别位点的合适载体,酶切后,同样产生 2 个不同的黏性末端,当构建重组分子时,目的 DNA 以一定的方向插入载体中,这样可以有效避免自身环化,利于重组子构建。

(三)部分酶切法

指选用的限制性内切核酸酶对其在 DNA 分子上的全部识别序列进行不完全酶切。导致部分酶切的原因有底物 DNA 的纯度低、识别序列的甲基化、酶用量的不足及反应缓冲液和温度不适宜等。反应时间不足也会导致酶切不完全。部分酶切会影响获得需要的 DNA 片段的得率。但是从另一方面说,根据 DNA 重组设计的需要,专门创造部分酶切的条件,可以获得需要的 DNA 片段。当某种限制性内切核酸酶在待切割的 DNA 分子上有多个识别序列,并且其中一个识别序列正好在切割后需要回收待用的 DNA 片段上,若完全酶切,势必将此待用的 DNA 片段从中切断。在此情况下,对 DNA 样品进行部分酶切,经过凝胶电泳,根据待用 DNA 片段的大小,可回收待用的 DNA 片段。

多数限制性内切核酸酶的最适反应温度是 37℃,酶切反应到预定的时间后,将离心管转移到 65℃ 的水浴中处理 10 min,可以终止酶切反应;或者在反应体系中加入 1/10 体积 0.5 mol/L 的 EDTA 溶液(pH 8.0)也可以终止酶反应。此外,终止酶切反应也可采用乙醇沉淀处理,或者先用酚处理后再用乙醇沉淀处理,除去酶蛋白。终止酶切反应后把离心管置于冰箱中保存备用。酶切反应结束后,为了了解酶切效果,一般采用琼脂糖凝胶电泳检测酶切是否完全,产生的 DNA 片段大小是否与预知的一致。

四、限制性内切核酸酶的影响因素

限制性内切核酸酶的底物是双链 DNA 分子(或片段),但是其对 DNA 分子(或片段)上识别序列的酶切效率与 DNA 样品纯度、DNA 分子构型、识别序列两侧序列长短及识别序列碱基是否甲基化等密切相关。

(一)DNA 样品的杂质

在 DNA 样品中若含有蛋白质,或者没有去干净制备过程中所用的乙醇、EDTA、SDS、酚、氯仿和某些金属离子均会降低限制性内切核酸酶的催化活性,甚至使其不起作用。

(二)底物的构型

限制性内切核酸酶酶切线形 DNA 分子的效率明显高于酶切超螺旋质粒 DNA 和环状病毒 DNA 的效率。消化结构复杂 DNA 需要的酶量要比线性 DNA 高出许多倍。

(三)识别序列两侧是否含有核苷酸

大多数限制性内切核酸酶对只含识别序列的寡核苷酸链是不具催化活性的,如仅含 GAATTC 的寡核苷酸链不会被 EcoR I 酶切,只有在 GAATTC 寡核苷酸链两侧各延长一个或几个核苷酸后,才能被 EcoR I 有效酶切。因此人工设计合成的 EcoR I 连杆不是 GAATTC,而是 GGAATTCC。然而在这种情况下,完成酶切反应仍需要较多的酶量和较长的反应时间。只有当两侧序列增加到一定长度后,才能达到正常的酶切效率。

(四)识别序列两侧核苷酸长度

不仅两侧序列长短与限制性内切核酸酶的酶切效率有关,而且发现两侧序列的核苷酸组成与切割效率也有关系。例如,在 pBR322 DNA 分上有限制性核酸内切酶 Nae I 的 4 个识别序列,两个识别序列可迅速被 Nae I 酶切,第 3 个识别序列稍缓酶切,而第 4 识别序列,酶切的效率只有其他识别序列的 1/15。这意味着,在反应系统中作用一定时间后,位于前 3 个位置的识别序列完全被 Nae I 酶切时,第 4 位置的识序列只是部分被酶切。Eae I、Nar I、Sac II 和 Xma III 也存在类似的"低效"切割识别序列。这种现象被认为与识别序列两侧的核苷酸组成有关,称为位点偏爱。

(五)核苷酸的甲基化

用生物材料制备的 DNA 样品,有些核苷酸的碱基往往被甲基化。但在识别序列中的核苷酸被甲基化,就会影响限制性核酸内切酶的酶切效率。如果 DAN 底物纯度较低,可以采取扩大反应体积、增加酶量至理论量的 10 倍左右和延长反应时间等措施。

(六)限制性内切核酸酶的星号活性

某些限制性核酸内切酶在特定条件下,可以在不是原来的识别序列处酶切 DNA,这种现象称为星号活性(Star 活性),Star 活性出现的频率,因采用的限制性内切核酸酶底物 DNA 和反应条件的不同而不同,几乎所有限制性核酸内切酶都具有 Star 活性,容易产生 Star 活性的限制性内切核酸酶列于表 2-2-4。

表 2-2-4   部分限制性内切核酸酶产生星号活性的原因

限制性内切核酸酶	产生星号活性原因
Ava Ⅰ、Ava Ⅱ、Hae Ⅲ、Hha Ⅰ、Hpa Ⅰ、Mbo Ⅰ、Nco Ⅰ、Pst Ⅰ、Pvu Ⅱ、Sac Ⅰ、Sal Ⅰ、$Sau3A$ Ⅰ	高浓度甘油
Avi Ⅱ、Mst Ⅰ、Fsp Ⅰ	碱性 pH(8.0 以上)
Psh B Ⅰ	低 pH
Bgl Ⅰ、Spe Ⅰ、Sse8387 Ⅰ、Swa Ⅰ	低离子强度(<25mmoL/L)
$Bst7$ 107 Ⅰ、Sna Ⅰ	低盐浓度
$Hind$ Ⅲ、Sfi Ⅰ	存在 Mn^{2+}
Taq Ⅰ、Tth HB8 Ⅰ	碱性 pH、低离子强度
Ban Ⅱ、Bst E Ⅱ、Eco O65 Ⅰ、Hgi J Ⅱ、Mfe Ⅰ、Mun Ⅰ	高浓度甘油,低离子强度
Tth Ⅲ	碱性 pH、存在 Mn^{2+}
Eco T22 Ⅰ、Ava Ⅲ	存在基乙醇、低离子强度
Bcl Ⅰ、$Eam1$ 105 Ⅰ、Fba Ⅰ、Ssp Ⅰ	高浓度甘油、碱性 pH、低离子强度
$EcoR$ Ⅰ	高浓度甘油、存在 Mn^{2+},低离子强度
Sca Ⅰ	存在 Mn^{2+} 碱性 pH、低离子强度

由于限制性内切核酸酶的 Star 活性,会导致在 DNA 的切割反应过程中出现非特异性 DNA 片段,甚至不能获得预计的 DNA 片段,影响进一步的 DNA 连接重组。

限制性内切核酸酶的反应条件不同,对于底物 DNA 的特异性会有所降低,会出现星号活性。如当离子强度降低、pH 升高或酶浓度过高时,$EcoR$ Ⅰ除了切割 G↓AATTC 外,还随机地切割 N↓AATTN 序列。引起星号活性的因素很多,如甘油浓度过高(>5%)、酶过量(>100UL)、离子浓度过低(<25 mmol)、pH 过高(>8.0)、酶反应时间过长等。为了避免产生 Star 活性,即使降低酶的切割效率,也要尽可能排除产生 Star 活性的原因,例如可降低反应系统中甘油含量,控制在 pH 中性和高盐浓度下进行酶切反应。

项目三　基因重组与转化筛选

　　靶基因与载体分子的体外连接反应,即 DNA 分子体外重组技术,主要是依赖于 DNA 连接酶的作用。连接时,要考虑到实验步骤尽可能简单易行;靶基因 DNA 片段与载体分子

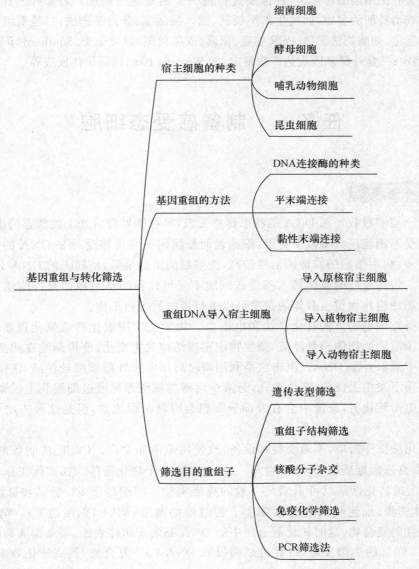

的连接序列能被一定的限制性内切核酸酶重新切割,便于回收靶基因 DNA 片段;不能影响靶基因阅读框架的转录和翻译。目前,在基因工程研究中广泛应用的 DNA 连接酶有大肠杆菌 DNA 连接酶、T4 DNA 连接酶和 *Taq* DNA 连接酶等。

外源基因与载体分子形成重组 DNA 分子后,需要将其导入到宿主细胞中扩增和筛选,称为外源基因的无性繁殖,或称为克隆。随着基因工程的发展,从低等原核细胞到简单的真核细胞,再到复杂的高等的动物、植物细胞都可以作为基因工程的宿主细胞。选择适宜的宿主细胞已成为重组基因高效克隆或表达的基本前提之一。

原核生物细胞作为基因工程的宿主细胞具有其他生物细胞无可比拟的优点,因而早期开展的基因工程操作,都以原核生物为宿主细胞,尤其是大肠杆菌应用最为广泛。重组基因导入原核宿主细胞的主要途径有转化、转导、转染等。

外源基因与载体连接后的连接体系是含有多种成分的混合体系,要在大量的转化子中挑选出需要的含有靶基因的转化子,还需要进行进一步的鉴定与筛选。通常有三种鉴定方法。一是重组体表型特征的鉴定,如抗生素平板法、插入失活法、蓝白筛选法;二是重组 DNA 分子结构特征的鉴定,如酶切法筛选、PCR 鉴定、菌落(或噬菌斑)原位杂交、Southern 印迹杂交法和 DNA 序列测定;三是外源基因表达产物鉴定,如 Western Blot、抗原抗体反应等。

任务一　制备感受态细胞

【任务原理】

细胞处于能够吸收外源 DNA 的状态称感受态,经特殊处理后处于此状态的细胞称感受态细胞。感受态细胞应具备以下特点:细胞表面暴露出一些可接受外来 DNA 的位点;细胞膜通透性增加;宿主细胞的修饰酶活性最高,而限制酶活性最低,使转入的 DNA 分子不易被切除或破坏。将构建好的载体转入感受态细胞不仅可以检验重组载体是否构建成功,最主要的是感受态细胞作为重组载体的宿主可以进行蛋白质表达工作。

制备感受态细胞的方法有化学法和电击法。化学法常用氯化钙或氯化锂制备。CaCl$_2$ 法是利用低渗溶液处理细胞悬浮液,微生物细胞膜结构发生变化,使得细胞在热激时变得较容易从溶液中摄取外源 DNA。电击法是利用瞬时高压电流处理细胞悬浮液,使微生物细胞膜在高压作用下发生去极化,产生微孔,悬液中溶解的核酸即可通过细胞膜上的微孔进入细胞内部。做电击转化时,悬液中会有大部分细胞会因电击而死亡,但是这种方法很直接,转化效率很高。

化学转化法操作简单,不需要特殊设备,故使用范围非常广。CaCl$_2$ 法制备的感受态细胞,可使每微克超螺旋质粒 DNA 产生 $5 \times 10^6 \sim 2 \times 10^7$ 个转化菌落。在实际工作中,每微克有 10^5 个以上的转化菌落就可以满足一般的克隆实验。细菌处于 0℃ 低温和低渗的 CaCl$_2$ 溶液中,菌体膨胀,细胞膜的通透性发生了暂时性的改变;同时 DNA 与 Ca^{2+} 结合形成对 DNase 有抗性的复合物,这时转化混合物中的 DNA 黏附于菌体表面,与细菌表面结合,经过短暂的 42℃,90 s 的热激反应,可促进细菌摄取 DNA-Ca^{2+} 复合物,提高转化效率。制备出的感受态细胞暂时不用时,加入占总体积15%的无菌甘油于−70℃冰箱中,可以保存半年。

下面介绍几种常用的宿主菌株。①DH5α菌株,克隆菌株,DH5α是一种经诱变的菌株,缺乏DNA修饰的"免疫"机制,不会对导入的外源DNA进行切割,对青霉素敏感。DH5α是一种常用于质粒克隆和高拷贝质粒的稳定复制的受体菌株。大肠杆菌DH5α在使用pUC系列质粒载体转化时,可与载体编码的β-半乳糖苷酶氨基端实现α-互补,可用蓝白斑筛选鉴别重组菌株。RecA1和endA1的突变有利于克隆DNA的稳定和高纯度质粒DNA的提取。②TOP10菌株,克隆菌株,该菌株适用于高效的DNA克隆和质粒扩增,能保证高拷贝质粒的稳定遗传。③BL21(DE3)菌株,蛋白表达宿主菌株,该菌株用于高效表达克隆于含有噬菌体T7启动子的表达载体(如pET系列)的基因。T7噬菌体RNA聚合酶基因的表达受控于λ噬菌体DE3区的acUV5启动子,该区整合于BL21的染色体上。该菌株适合于非毒性蛋白的表达。④BL21(DE3)pLysS菌株,蛋白表达菌株,该菌株含有质粒pLysS,因此具有氯霉素抗性。pLysS含有表达T7溶菌酶的基因,能够降低靶基因的背景表达水平,但不干扰目的蛋白的表达。该菌适合表达毒性蛋白和非毒性蛋白。

【准备材料】

器具:低温冷冻离心机、超净工作台、高压灭菌锅、制冰机、微量移液器、恒温摇床、可见分光光度计、比色杯、离心管、EP管等。离心管、EP管灭菌后置于−20℃预冷备用。

试剂:大肠杆菌DH5α菌种;LB液体培养基、0.1 mol/L $CaCl_2$、15%甘油的$CaCl_2$溶液、SOB培养基等。

【操作步骤】

一、$CaCl_2$法制备细菌感受态细胞

1. 扩增培养

从−80℃冰柜中,取出一支冻存菌株,在超净台中用无菌的接种环轻轻蘸取菌种后,在平板上划线,并将菌种迅速放回−80℃保存,在划线板上做好相应标记,于37℃培养过夜。从37℃培养过夜的新鲜平板上挑取一个单克隆,将单菌株接种至2 mL的LB培养液中,37℃震荡培养过夜。

2. 转接测光密度

取100 μL(1%～3%的接种量)培养液加入5 mL的LB液体培养基中,37℃下220 r/min震荡培养2～4 h,至光密度值A_{600}在0.4～0.6之间。

3. 收集菌体

取1.5 mL培养液于预冷的离心管中,马上置于冰上20 min,使其停止生长。4℃条件下,3 000 r/min,离心5 min,弃去上清液。

4. 加氯化钙诱导

向沉淀中加入1 mL预冷的$CaCl_2$溶液,用移液器轻轻吹打,使沉淀充分悬浮,动作要轻柔,置于冰上20～30 min,4℃条件下,3 000 r/min,离心5 min,尽可能地弃去上清液。

5. 分装保存

沉淀加入100 μL 0.05 mol/L $CaCl_2$和15%甘油混合溶液,轻轻吹散,即成为感受态细

胞悬液。分装 50 μL/管,贮存于 4℃。储存于 −70℃,可保存 4～6 个月。

二、制备电转化用感受态细胞

1. 复苏菌种

从 −80℃ 冰柜中,取出一支冻存菌株,在超净台中用无菌的接种环轻轻蘸取菌种后,在平板上划线,并将菌种迅速放回 −80℃ 保存,在划线板上做好相应标记,于 37℃ 培养过夜 16～18 h。

2. 扩增培养

将新鲜的单菌落接种于 5 mL SOB 培养基试管中,37℃下 180 r/min 振荡培养过夜。取培养物 500 μL(1% 接种量)转接入含有 50 mL SOB 培养基摇瓶中,37℃下 200 r/min 震荡培养至 OD_{600} 在 0.4～0.6,将细菌培养物置于冰水混合物中骤冷 30 min,使其停止生长。

3. 收集菌体

取 50 mL 培养液于预冷的离心管中,4℃条件下,5 000 r/min,离心 5 min,弃去上清液。用预冷的无菌去离子水轻轻重悬菌体,4℃条件下,5 000 r/min,离心 5 min,弃去上清液。

4. 用 10% 的甘油冻存

按步骤 3 中无菌去离子水重悬菌体的方法进行两次,最后一次倒尽上清液后,用 10% 的甘油悬浮细胞。以每管 100 μL 分装至预冷的离心管中,放入液氮中速冻,保存于 −80℃ 冰箱中。

📢【注意事项】

1. 不要用经过多次转接或储存于 4℃ 的培养菌,最好从 −80℃ 甘油保存的菌种中直接转接用于制备感受态细胞的菌液。

2. 感受态是由受体菌的遗传性状所决定的,同时也受菌龄、外界环境因子的影响。细胞的感受态一般出现在对数生长期,新鲜幼嫩的细胞是制备感受态细胞和进行成功转化的关键。OD_{600} 为 0.4～0.6 时,细胞密度比较合适。密度过高或不足均会影响转化效率。

3. 划线接种时,为了防止发生污染最好多划一块平板和多接一支试管,划线接种和转接过程均要严格按照无菌操作。

4. 悬浮细胞时动作要轻柔,以免造成菌体破裂,影响转化。

5. 操作过程中低温有助于感受态的形成,感受态细胞必须快速在冰上操作。所用液体和试管必须在冰上预冷并严防污染。

感受态细胞的制备

📖【相关知识】

外源靶基因在体外与载体形成重组 DNA 分子必须导入适宜的宿主细胞中才能使外源靶基因得以大量扩增或表达。将外源基因导入到宿主细胞中主要有两个目的:一是大量产生重组 DNA 分子。因为在完成连接反应后,重组 DNA 分子往往只能达到纳克级,不易操作和进行下一步分析,而把重组 DNA 导入到宿主细胞中,随着宿主细胞进行多次分裂,且在每一个宿主细胞中也会有多拷贝的重组子,从而使重组 DNA 得以扩增。二是对重组子进行纯化,在构建重组 DNA 分子的连接体系中,会有很多分子存在,如没有连接上的载体分子,没有连接上的 DNA 片段,自身环化的载体分子和 DNA 分子,即使进入了宿主细胞,也会因其不能复制,很快被宿主细胞中的酶降解掉,而自身环化的分子及污染了的重组分子也会通过进一步的筛选得以去除,从而得到大量单一的重组体分子。

宿主细胞(receptor cell),又称受体细胞或寄主细胞(host cell),是能摄取外源 DNA 并使其稳定维持的细胞。作为基因工程用的宿主细胞一般必须具备以下特性:①便于重组 DNA 分子的导入,例如制备成感受态便是为了利于外源 DNA 分子的导入。②能使重组 DNA 分子稳定存在于细胞中,通常可以选用某些限制内切核酸酶缺陷型的细胞作为宿主细胞。③便于重组体的筛选,为了满足这一点,需要选择与载体的选择性标记相匹配的宿主细胞基因型。如在大肠杆菌系统中,重组质粒载体上多含有 Amp 抗性标记基因,则所选用的宿主细胞应对这种抗生素敏感。当重组 DNA 分子转入宿主细胞后,载体上的标记基因赋予宿主细胞抗生素的抗性特征,据此可以区分转化子与非转化子。④遗传稳定性高,易于发酵培养,培养成本低。⑤有利于外源基因蛋白表达产物在细胞内的积累,或促进外源基因的高效分泌表达,产物的产量高、生物活性高;产物容易提取纯化。⑥安全性高,无致病性,不会对外界环境造成生物污染。

基因工程中常用的宿主细胞类型有原核生物细胞和真核生物细胞两大类。原核生物细胞包括大肠杆菌、枯草芽孢杆菌、假单胞菌等。真核生物细胞有酵母细胞、哺乳动物细胞和昆虫细胞等。

一、原核宿主细胞

原核生物细胞作为基因工程受体细胞有以下优点:大部分原核生物细胞无纤维素组成的坚硬细胞壁,便于外源 DNA 的进入。细胞没有核膜,染色体 DNA 也没有固定结合的蛋白质,外源 DNA 与裸露的染色体 DNA 易于重组;原核生物多为单细胞生物,结构简单,并且基因组小,遗传背景简单,生理代谢途径及表达调控机制相对清楚,易于遗传操作及转化,便于表达调控;原核生物易于培养,生长迅速,要求条件低,易于大规模培养。

作为基因工程宿主细胞原核生物细胞也有不足之处:不能识别剪切内含子,不能表达基因组 DNA,只能表达 cDNA;缺乏真核生物的蛋白质加工修饰系统,不能进行蛋白酶解、糖基化、磷酸化、乙酰化、硫酸化、酰胺化等修饰作用;而蛋白酶解作用可以从蛋白前体中切去一段氨基酸序列,从而获得功能性分子;糖基化意义是赋予蛋白独特的结合性并增强稳定性的重要步骤;不具备真核生物的蛋白质复性系统(如蛋白二硫键异构酶),不能进行真核蛋白的正确折叠;原核细胞内源性蛋白酶易降解异源蛋白,造成表达产物不稳定。

宿主菌的选择对外源基因的表达是至关重要的,因为外源基因特别是真核基因在细菌中的表达往往不够稳定,常常被细菌中的蛋白酶降解,因此有必要对细菌菌株进行改造,使其蛋白酶的合成受阻,从而使表达的蛋白得到保护。

(一)大肠杆菌

大肠杆菌是目前为止研究得最为详尽、应用最为广泛的原核生物种类之一,也是基因工程研究和应用中发展最为完善和成熟的载体受体系统。

大肠杆菌是革兰氏阴性杆菌,大小(2~4)μm×(0.4~0.1)μm;无芽孢;一般无荚膜,二分裂繁殖,37℃条件下,17 min 繁殖一代。作为基因工程的宿主细胞其优点是载体受体系统完备;外源基因表达水平高,可达总蛋白的 5%～30%;下游技术成熟。不足表现为胞内表达蛋白易形成无活性的包含体,需进行复性操作;可溶性表达的胞内真核蛋白易被细菌蛋白酶水解;蛋白分泌机制不健全,外源真核基因很难实现分泌表达,且分泌产物大多只能分泌到细胞周质(细胞质与外膜之见的间隙);少数分泌表达的蛋白表达效率比包含体形式低很多;胞内表达产物蛋白质 N 端多余一个甲硫氨酸残基(由起始密码 ATG 编码),影响活性或容易引起免疫反应;细胞壁含脂多糖,增加了分离纯化的难度。

大肠杆菌在基因工程中主要用于扩增外源双链或单链 DNA;构建基因组文库和 cDNA 文库的基因文库;高效表达原核生物基因;表达不需翻译后加工、修饰的真核蛋白。实验室常用的大肠杆菌有易于接受质粒的 HB101、JM83、JM101、JM109、TOP10、DH5α 和 BL21 等。用于接受 λ-DNA 的 LE392、ED8654 等。

(二)枯草杆菌

枯草杆菌又称枯草芽孢杆菌,是一类革兰氏阳性菌,大小$(0.7\sim0.8)\times(2\sim3)\mu m$,能产生芽孢。枯草杆菌具有胞外酶分泌和调节基因,能将具有表达的产物高效分泌到培养基中,大大简化了蛋白表达产物的提取和加工处理等,而且在大多数情况下,真核生物的异源重组蛋白经枯草杆菌分泌后便具有天然的构象和生物活性。枯草杆菌不产生内毒素,无致病性,是一种安全的基因工程菌。枯草杆菌具有芽孢形成的能力,易于保存和培养。枯草杆菌也具有类似大肠杆菌生长迅速、代谢易于调控、分子遗传学背景清楚等优点。其不足表现为载体受体系统不完备;常规方法不易转化;野生型芽孢杆菌合成和分泌大量的胞外蛋白酶,直接影响表达产物的稳定性;发酵技术不如大肠杆菌成熟。

基因工程制药目前普遍使用的芽孢菌表达系统有蛋白分泌能力强,同时至少分泌 6 种蛋白酶的枯草芽孢杆菌和可分泌蛋白酶抑制剂的短小芽孢杆菌。胞外蛋白分泌水平较高的短小芽孢杆菌野生株有芽孢杆菌 47 株和 HPD31 株,在合适培养条件下,每升培养液可积累30 g 蛋白产物。芽孢杆菌使用的表达载体有 pNU210、pUB18 等。在基因工程制药中,枯草杆菌主要用于重组蛋白多肽药物的分泌表达,如白细胞介素-2、白细胞介素-3、表皮生长因子(EGF)、人 β 干扰素和乙肝病毒核心抗原。还用于动物口蹄疫病毒 VPI 抗原的分泌表达。

二、酵母宿主细胞

酵母是一类最简单的真核生物,其生长代谢与原核生物(如大肠杆菌等)很相似,但在基因的表达与调控方面类似于高等的真核生物,目前,作为表达外源基因的宿主菌主要包括酿酒酵母、巴斯德毕赤酵母、乳酸克努维酵母和多型汉森酵母等。酿酒酵母是最早应用于酵母基因克隆和表达的宿主菌。目前,以酿酒酵母为宿主系统表达了多种外源基因产物,如乙型肝炎疫苗、人胰岛素、人粒细胞集落刺激因子等。

酵母作为基因工程宿主细胞主要优点是:全基因组测序,基因表达调控机理比较清楚,遗传操作简便;具有原核生物无法比拟的对外源基因表达蛋白进行加工和修饰的功能,如二硫键的正确形成、前体蛋白的水解加工及糖基化、磷酸化等修饰作用;安全,不含特异病毒、不产生毒素,与高等真核生物相似,酵母还能移除外源基因表达产物的起始甲硫氨酸,避免了基因表达产物作为药物使用时引起的免疫反应;酵母能够在廉价的培养基上生长,可进行高密度发酵,繁殖迅速,倍增期约 2 h,要求条件低,大规模发酵工艺简单,成本低廉;能外分泌,使外源基因表达产物分泌至培养基中,便于产物的提取和加工。

(一)酿酒酵母

酿酒酵母有 17 条染色体,基因组为 12 068 kb,阅读开放框架 5 887 个,编码约 6 000 个基因,比单细胞的原核生物和古细菌高一个数量级。但是酿酒酵母外源基因表达水平不高,主要是因为密码子使用的偏向性(tRNA 与外源基因密码子不匹配);乙醇发酵途径活跃导致生物大分子合成普遍受到抑制;质粒的不稳定性和重组异源蛋白超糖基化修饰。1981 年酿酒酵母表达了第一个外源基因人干扰素基因,随后又有一系列外源基因在该系统得到表达。FDA 批准的第一个基因工程疫苗就是酿酒酵母表达的乙肝疫苗产品,还有人胰岛素和人粒细胞集落刺激因子等。

但酿酒酵母在表达外源基因的过程中会产生乙醇,而乙醇在培养基中累积会影响酵母的生长代谢和基因产物的表达,尤其是进行高密度发酵时该效应更明显;蛋白质的加工会发生过度糖基化作用;酿酒酵母的分泌表达能力有待提高。酵母细胞生长相对细菌缓慢;对有些生物活性蛋白仍无法表达或正确修饰,比如蛋白超糖基化。

(二)巴斯德毕赤酵母

巴斯德毕赤酵母是近年来发展最为迅速,应用最为广泛的酵母细胞。巴斯德毕赤酵母是一种甲醇营养菌,能在相对较为廉价的甲醇培养基中生长。培养基中的甲醇可诱导与甲醇代谢相关酶的高效表达,其代谢过程的乙醇氧化酶基因表达产物可在细胞中积累到很高的水平,表达蛋白质的总量可达细胞总蛋白的 30%。相对于酿酒酵母来说,毕赤酵母的分泌表达能力更强,即使外源基因在细胞中为单拷贝,其表达效果也较为理想,但由于人们对毕赤酵母的遗传背景了解较少,对其进行遗传改造的困难相对较大,并且利用毕赤酵母发酵周期较长。常用毕赤酵母菌有 KM71 和 GS115 菌株,为组氨醇脱氢酶缺陷株,都具有 HIS4 营养缺陷标记。GS115 菌株具有乙醇氧化酶基因,是 Mut^+,即甲醇利用正常型;KM71 菌株的乙醇氧化酶基因位点被其他基因插入,表型为 Mut^s,即甲醇利用缓慢型。目前已有数十种重组异源蛋白在毕赤酵母中得到表达,如乙型肝炎表面抗原、人肿瘤坏死因子、人表皮生长因子和链激酶等。

(三)乳酸克努维酵母

乳酸克努维酵母也是一种长期被人类利用的酵母菌,在工业上用它来发酵生产半乳糖苷酶,其遗传背景比较清楚。某些载体可在该酵母中稳定地保存下来,即使在没有选择压力的情况下大部分质粒载体也不会丢失。乳酸克努维酵母具有可稳定存在的附加体型质粒 pKD1 载体及高拷贝整合型质粒 pMIRK1。乳酸克努维酵母可表达分泌型和非分泌型重组异源蛋白,并且其表达水平和效果高于酿酒酵母系统。由于乳酸克努维酵母在分泌表达外源重组蛋白的过程中能形成正确的蛋白质构象,因而利用该系统表达高等哺乳动物蛋白时具有一定的优越性。目前已有多种外源蛋白在乳酸克努维酵母系统中得到表达,如人白细胞介素-1β 和牛凝乳酶等。外源基因表达水平比酿酒酵母高,如由重组乳酸克努维酵母合成的人 IL-1β 是重组酿酒酵母的 80～100 倍。

三、哺乳动物宿主细胞

哺乳动物宿主细胞是表达哺乳动物基因(如人基因)的最好宿主细胞。哺乳动物宿主细胞能识别和剪切内含子并加工为成熟的 mRNA,既可表达 cDNA 又可表达基因组 DNA;表达产物具有正确地高级结构和糖基化、磷酸化等修饰;表达产物可分泌到培养液中,纯化容易。但是哺乳动物作为宿主细胞生长慢,培养条件苛刻,大规模培养工艺复杂、费用高;培养液中产物浓度较小;转化细胞不易筛选,如培养和筛选转化子的 CHO 细胞,通常需要数月之久,难度较大。

选择哺乳动物基因表达宿主细胞的原则是来源丰富、转化效率高、表达效果好,因此,能在培养基中无限生长的哺乳动物细胞常被用作基因表达的宿主细胞。能在培养基中无限生长的哺乳动物细胞系一般为与正常细胞生理特性基本接近、无接触抑制特性的肿瘤细胞系或异倍体连续细胞系。主要包括:①有限细胞系。正常细胞经过多次传代后,一般可连续培养 30～50 代,就会逐渐失去增殖能力,也就是说它们只能生长有限的时间,经过若干传代培养后将老化死亡,把这类细胞称为有限细胞系。②无限细胞系或连续细胞系。当细胞经过自然或人为的因素转化为异倍体后,能变为无限细胞系,没有分裂次数的限制。大多数动物组织细胞具有表面接触抑制作用,只有肿瘤组织的细胞系才表现为无限生长,而且生长速度快,但肿瘤细胞的生理特性与正常细胞存在较大的差异。因此,在哺乳动物基因表达过程中,与正常细胞生理特征接近的肿瘤细胞常被选择为基因转移的宿主细胞。

常用的哺乳动物宿主细胞有非洲绿猴肾细胞(COS)、中国仓鼠卵巢细胞-K1(Chinese hamster ovary cells,CHO)、小仓鼠肾细胞(BHK)、人胚胎肾细胞(HEK-239)、C127。其中用于基因瞬时表达的有 COS、BHK、HEK-239。用于基因稳定表达是 CHO。

(一)CHO-K1 细胞

CHO-K1 细胞是从中国仓鼠卵巢中分离的一株上皮细胞,目前被用于基因表达的工程细胞是一株缺乏二氢叶酸还原酶($dhfr^-$)的营养缺陷突变株,它可在氨甲蝶呤选择压力下使外源基因的拷贝数扩增并得到较高水平的表达,表达量可达 10 $\mu g/mL$ 以上。该宿主细胞的特点是:外源基因被整合到宿主染色体上后,在没有选择压力的情况下能稳定保持;适合多种蛋白质的分泌表达和胞内表达;对培养基的要求较低,可在无血清培养基中培养;细胞可进行贴壁培养也可进行悬浮培养;可大量培养,进行较大规模生产时其培养量可放大到 500L 以上。该细胞株是目前应用最广泛的哺乳动物基因表达宿主细胞之一,目前采用二氢叶酸还原酶的缺陷株表达的药物有人组织性纤溶酶原激活剂(tPA)、IFN-α、IFN-β、EPO、HBsAg 疫苗、G-CSF、凝血因子Ⅷ等已投放市场。可在在氨甲酰蝶呤存在下,增加外源基因的拷贝数,提高蛋白的表达水平,使外源基因高效表达。

(二)COS 细胞

COS 细胞源于非洲绿猴肾细胞系(CV-1),CV-1 细胞经复制起始区缺陷的 SV40 病毒基因组转化后,产生能组成性表达 SV40 的大 T 抗原的 COS 细胞株。COS 细胞具有如下特点:细胞来源丰富,易于培养和转染;能使转染到该细胞中的带有 SV40 复制子的质粒载体快速扩增;能瞬时大量表达外源基因的产物。由于转染质粒在 COS 细胞中无节制地复制,细胞最终无法忍受如此大量的染色体外 DNA 复制而死亡。COS 细胞作为外源基因瞬时表达的宿主细胞广泛用于哺乳动物基因的表达与调控、蛋白质结构与功能分析等研究。

(三)鼠骨髓瘤细胞

鼠骨髓瘤细胞是指从小鼠脾细胞与骨髓瘤细胞的融合细胞中分离获得杂交瘤细胞系,悬浮生长型,容易转染和培养,能在无血清培养基中高密度悬浮生长。常用作基因表达的细胞系有 SP2/0、J558L 和 NS0 等。鼠骨髓瘤细胞易于培养和转染,可以在无血清培养基中进行高密度悬浮培养;能进行分泌表达,并且表达量高;能对蛋白质进行糖基化修饰。目前有免疫球蛋白、tPA 等多种外源基因在鼠骨髓瘤细胞中得到表达。

(四)BHK 细胞

BHK 细胞分离自幼仓鼠的肾脏(baby hamster kidney,BHK),成纤维样细胞。主要用于增殖病毒、制备疫苗和重组蛋白。拜耳公司(Bayer)的两种重组凝血因子Ⅷ分别于 1989 年和 1994 年被 FDA 获准上市,1999 年 FDA 批准诺和诺德生物技术有限公司(Novo Nordisk)的重组凝血因子Ⅶa 上市,用于治疗血友病。

(五)C127 细胞

C127 细胞分离自小鼠乳腺肿瘤,上皮样细胞,贴壁型生长。被牛乳头瘤病毒 DNA 载体转染后,细胞形态发生明显变化。常用细胞系有 LT 细胞系,其生长密度高,表达组成型大 T 抗原。C127 细胞适合于牛乳头瘤病毒 DNA 载体的转化。目前已应用 C127 细胞表达多种外源基因,如塞罗诺(Serono)公司生产 rhGH 于 1996 年被 FDA 批准进入市场。

(六)Vero 细胞

Vero 细胞分离自成年非洲绿猴肾,成纤维细胞,贴壁依赖性,为连续细胞系。常用细胞有 VeroE6。常用于增殖多种病毒,生产疫苗,如脊髓灰质炎、狂犬病毒、乙脑病毒等。也用于表达蛋白质药物和病毒的检测等。

四、昆虫宿主细胞

自从 20 世纪 80 年代发现杆状病毒多角体蛋白基因的强启动子以来,利用重组杆状病毒在家蚕等昆虫细胞中表达蛋白已成为基因表达的方式之一。果蝇则是另一新型的昆虫细胞表达系统,它在稳定性和表达效率方面有着更为突出的优点。

受体细胞——基因表达的加工厂

昆虫细胞 Sf21 和 Sf9 来源于秋黏虫的卵巢细胞,容易繁殖,倍增时间 18~24 h,可高效表达外源基因。TN-5B1-4 细胞株来源于粉纹夜蛾的卵细胞,培养要求条件低,可用无血清培养基培养,快速倍增,能适应悬浮培养。可分泌表达重组蛋白的能力比 Sf9 细胞系高 20 多倍。

任务二　DNA 片段的连接

【任务原理】

质粒与外源靶基因被限制性内切核酸酶切割后其末端有 3 种形式:①带有自身不能互补的黏性末端,由两种以上不同的限制性内切核酸酶进行消化后产生;②带有相同的黏性末端,由相同的酶或同尾酶处理所致;③带有平末端,是由产生平末端的限制酶或内切核酸酶消化产生的,或 DNA 聚合酶补平所致。在限制酶作用下产生的 DNA 片段,虽然可通过氢键使黏性末端互补配对而结合在一起,但这些氢键不足以维持稳定的结合。DNA连接酶(ligase)可以催化双链DNA中相邻碱基的5′-磷酸和3′-羟基间形成稳定的磷酸二酯键,利用DNA连接酶可以将适当切割的载体DNA与靶基因DNA进行共价连接。

DNA连接酶的作用是填补双链DNA上相邻核苷酸之间的单链缺口,使之形成磷酸二酯键。DNA连接酶因所需的辅助因子不同,可以分为两种:T4噬菌体DNA连接酶和大肠杆菌DNA连接酶。T4 DNA连接酶以ATP为能源,大肠杆菌DNA连接酶则以NAD$^+$为能源。常用的是T4 DNA连接酶。T4 DNA连接酶来自T4噬菌体感染的大肠杆菌,具有连接相互匹配的黏性末端DNA以及平末端DNA的作用,但平末端DNA的连接反应效率低于黏性末端。

Taq DNA聚合酶在4种dNTP存在下可以向非特性的PCR产物的3′末端特异性的添加一个A。带有A黏性末端的PCR产物可以高效地和带有黏性T末端的线性载体DNA分子,即T载体进行连接反应,称为T-载体克隆。T-载体克隆不需使用含限制酶序列的引物,不需将PCR产物进行优化,不需把PCR产物做平端处理,不需在PCR扩增产物上加接头,即可直接进行克隆,是目前克隆PCR产物最简便、快捷的方法。

影响连接反应的因素主要有反应温度、连接酶的用量、DNA浓度及两种DNA分子数的比例、外源DNA末端的性质等。①连接酶的用量。通常酶浓度高,反应速度也快;但连接酶浓度过高,也会影响连接效果。②作用的时间与温度。虽然DNA连接酶的最适温度是37℃,但在37℃时黏性末端之间的氢键结合是不稳定的,它不足以抗御热破裂作用。通常采用的温度介于酶作用速率与末端结合速率之间,即一般采用16℃连接12~16 h,这样既可以最大限度地发挥连接酶的活性,又有助于短暂配对结构的稳定。③底物浓度。载体与靶基因最好采用等物质的量进行连接。为了防止线型质粒DNA自身环化,对于单一酶切处理、提纯的质粒DNA,在连接前常用碱性磷酸酶处理,选择性地除去5′端的磷酸基。这样载体的环化作用只有在插入一个未用碱性磷酸酶处理的外源DNA片段后才可进行,因为每个连接点仍提供一个5′端的磷酸基。此时还存在一个未连接的切口,待细胞转化后,可在细胞体内进行切口修复,形成完整的双链DNA。

🎤 【准备材料】

仪器:恒温摇床,台式高速离心机,恒温水浴锅,琼脂糖凝胶电泳装置,电热恒温培养箱,微量移液枪,微量离心管、离心机、微量移吸头,制冰机。

试剂:载体DNA、外源DNA、T4 DNA连接酶、酶切且纯化后的靶基因DNA片段与载体DNA片段、T4 DNA连接酶,10×连接缓冲液,DNA纯化试剂盒。

🤲 【操作步骤】

一、T-A克隆

应用试剂盒进行的快速连接,取两个灭菌的离心管,按照表3-2-1的内容在离心管中加入各种成分。

1. 目的PCR片段连接载体的样品管,依次加入以下试剂,轻轻弹动离心管以混匀内容物,短暂离心3~5 s。做好标记。

表 3-2-1　目的 PCR 片段连接载体的样品管

试剂	用量/μL
pGM-T 载体(50 ng/μL)	1
目的 PCR 片段	2
连接酶混合物(2×)	5
灭菌双蒸水 ddH$_2$O	2

2. 对照插入片段连接载体的对照管,表 3-2-2 依次加入以下试剂,轻轻弹动离心管以混匀内容物,短暂离心 3～5 s。做好标记。

表 3-2-2　对照插入片段连接载体的对照管

试剂	用量/μL
pGM-T 载体(50 ng/μL)	1
对照 DNA 片段 Control Insert DNA	1
连接酶混合物(2×)	5
灭菌双蒸水 ddH$_2$O	3

3. 反应条件将混合反应液置于室温(22℃),反应 5 min。反应结束后,将离心管置于冰上,进行后续的转化反应。

📢【注意事项】

1. 载体与片段的摩尔比控制在 1:(3～10),请根据紫外分光光度计检测后的浓度和片段长度来计算其摩尔比。

2. 连接用试剂可于−20℃,保存 1 年,避免反复冻融。载体和连接试剂可以适当分装成小份,防止反复冻融,以保证质量。

二、DNA 片段的连接

1. DNA 脱磷酸

适当限制性内切核酸酶消化后的载体 DNA,用试剂盒或苯酚-氯仿抽提、乙醇沉淀进行纯化将 DNA 溶于 30 μL TE 缓冲液中。如果是单酶切的情况,需要进行脱磷酸化处理。

表 3-2-3　脱磷酸化处理

试剂	体积/μL
DNA	30
ddH$_2$O	14
10×CIAP 缓冲液	5
碱性磷酸酶 10 U/μL	1
总体积	50

37℃条件下保温 1 h 后,DNA 过柱纯化,溶于适量的 TE 缓冲液中,−20℃保存备用。

2. DNA 连接

取 5 mL 离心管中加入 2 μL 酶切后的载体 DNA 与 6 μL 外源 DNA 片段。加入 1 μL

（1/10 体积）10×DNA 连接缓冲液以及 1 μL，DNA 连接酶。见表 3-2-4。

表 3-2-4　靶基因与质粒载体连接反应体系

试剂	体积/μL
酶切的靶基因	6
酶切质粒	2
10×连接缓冲液	1
T4 DNA 连接酶	1
总体积	10

混匀后用离心机将液体全部甩到管底。16℃条件下保温过夜。利用宿主的感受态细胞进行转化实验，或者将连接产物置于 4℃或−80℃条件下保存备用。

【注意事项】

1. 一般载体 DNA 与靶基因进行连接时采用 1:（1～3）物质的量的比。
2. 连接反应液可以直接用于转化，当转化 DNA 量较大或者利用电击转化时，应先纯化 DNA。
3. 如果质粒单酶切后要进行连接，需要先进行脱磷酸化处理。

【相关知识】

一、DNA 连接酶的种类

自从 1967 年发现 DNA 连接酶至今，已从各种生物中分离出多种 DNA 连接酶，可以分为两大类，一类是依赖 NAD$^+$ 的 DNA 连接酶，另一类是依赖 ATP 的 DNA 连接酶。源自细菌的 DNA 连接酶都是依赖 NAD$^+$ 的；从真核生物细胞及真核生物病毒中分离的 DNA 连接酶都是依赖 ATP 的。此外，源自噬菌体的 T4 DNA 和 T7 DNA 连接酶也是依赖 ATP 的。目前，在基因工程研究中广泛应用的 DNA 连接酶有大肠杆菌 DNA 连接酶、T4 DNA 连接酶和 Taq DNA 连接酶等。

（一）大肠杆菌 DNA 连接酶

大肠杆菌 DNA 连接酶，依赖 NAD$^+$ 的能量可催化双链 DNA 片段互补黏性末端之间的连接，而不能催化双链 DNA 片段平末端之间的连接。用于连接反应的缓冲液含 Tris-HCl（pH 8.0）、MgCl$_2$、EDTA、二硫赤藓糖醇（DTE）、NAD$^+$ 和 BSA。最适反应温度为 30℃，但为了提高 DNA 片段两互补黏性末端之间氢键的稳定性，提高连接效率，实际反应温度控制在 4～15℃，适当延长反应时间至 2 h 以上，甚至过夜。

（二）T4 DNA 连接酶

T4 DNA 连接酶（T4 DNA ligase）催化 DNA 连接反应的过程同大肠杆菌 DNA 连接酶一样。但是 T4 DNA 连接酶催化 DNA 连接反应过程中需要的能量是由 ATP 提供的，且 T4 DNA 连接酶既可催化具黏性末端的两个双链 DNA 片段之间的连接，也可催化平末端的两个双链 DNA 片

PCR 产物与 T 载体的连接

段之间的连接,不过平末端之间连接的效率比较低。T4 DNA 连接酶甚至还可以催化 DNA 与 RNA 及 RNA 与 RNA 之间的连接。T4 DNA 连接酶的活性很容易被 KCl 和精胺所抑制。用于连接反应的反应缓冲液含 Tris-HCl(pH 7.5)、$MgCl_2$、DTT 和 ATP。反应温度一般控制在 4～15℃,但双链 DNA 片段平末端之间进行连接可在较高的温度下进行,如 22℃或 30℃。

(三)Taq DNA 连接酶

Taq DNA 连接酶属于耐热性 DNA 连接酶,源自温泉菌 Thermus aquaticus。Taq DNA 连接酶同上述的大肠杆菌 DNA 连接酶一样,催化 DNA 连接反应过程所需的能量是由 NAD^+ 提供的,而不同的是在 90℃以上高温短时间处理后仍保持酶活性,能继续催化下一次的 DNA 连接反应。因此 Taq DNA 连接酶被用于连接酶链式反应,扩增模板 DNA。

二、DNA 片段的连接方法

(一)黏性末端的连接

外源 DNA 与载体分子的连接就是 DNA 重组。虽然 DNA 连接酶的连接机理相同,但是根据内切酶切割形成的 DNA 分子末端的不同,可以选择不同的连接策略。

由于待连接的 DNA 片段具不同形式的末端,因此需采用不同的连接方法。具互补黏性末端的两个 DNA 片段之间的连接比较容易,在 DNA 重组中也比较常用。连接过程中可用大肠杆菌 DNA 连接酶,也可用 T4 DNA 连接酶。待连接的两个 DNA 片段的末端如果是用同一种限制性内切核酸酶切割的,连接后仍保留原限制性内切核酸酶的识别序列。如果是用两种同尾酶酶切的,虽然产生相同的互补黏性末端,可以有效地进行连接,但是获得的重组 DNA 分子已不存在原来用于酶切的那两种限制性内切核酸酶的识别序列。

同种内切酶产生的相同黏性末端的连接,例如用 EcoR I 分别酶切靶基因和载体,产生完全相同的黏性末端,DNA 连接酶会高效地将其连接。但是由于具有完全相同的黏性末端的靶基因和载体正向连接和倒转 180°反向连接都能与载体连接上,也就是存在正连和反连两种重组子,这样就会增加筛选正确重组子的工作量。

为了克服上述弊端,可以采用两种不同的限制性内切核酸酶进行双酶切,产生相同的黏性末端后再进行连接。例如靶基因的一端用 EcoR I 酶切,另一端用 BamH 酶切,那么靶基因两端将产生不同的黏性末端,载体也用同样的两个酶进行双酶切,那么靶基因与载体的 EcoR I 酶切端相连接,BamH 酶切的末端相互连接,只有一种正确的方向,而不会发生反向连接了。

如果靶基因和载体基因用不同的内切酶酶切,会产生不同的黏性末端,DNA 连接酶无法完成连接。这时候需要先用 T4 DNA 聚合酶切平或 Klenow 酶补平,变成平头末端,再进行连接。如果靶基因与载体都是用平切酶切开的,形成两个平末端,用 T4 DNA 连接酶直接将平末端的 DNA 片段连接起来,但是连接的效率较低。为了提高连接效率,可以先在 DNA 片段末端加上化学合成的衔接物或接头,使之形成黏性末端之后,再用 T4 DNA 连接酶将它们连接起来。也可以利用末端脱氧核苷酸转移酶给具有平末端的 DNA 片段加上同聚物的尾巴之后,再用 T4 DNA 连接酶将它们连接起来。

(二)平末端的连接

某些限制性内切核酸酶酶切后产生的是具平末端的 DNA 片段,以 RNA 为模板反转录合成的 cDNA 片段具有平末端的结构,PCR 扩增也能产生平末端的 DNA 片段。不管是用限制性内切核酸酶酶切后产生的,还是用其他方法产生的平末端都可以进行连接。具平末端 DNA 片段之间的连接反应只能用 T4 DNA 连接酶,并且必须增加酶的用量。如果是用两种不同限制性内切核酸酶酶切后产生的平末端 DNA 片段之间进行连接,连接后的 DNA 分子失去了这两种限制性内切核酸酶的识别序列。如果两个 DNA 片段的末端是用同一种限制性内切核酸酶酶切后产生的,连接后的 DNA 分子仍保留这种酶的识别序列,有的还出现另一种新的限制性内切核酸酶识别序列。

(三)末端修饰的连接

待连接的两个 DNA 片段经过不同限制性核酸内切酶酶切后,产生的末端未必都是互补黏性末端,也未必都是平末端,在这种情况下,无法直接进行连接。连接前必须对两个末端或一个末端进行修饰。修饰的方式主要是将黏性末端修饰成平末端,或者将平末端修饰成互补黏性末端。有时为了避免待连接的两个 DNA 片段自行连接成环状 DNA,或自行连接成二聚体或多聚体,在连接前先将其中一种 DNA 片段 5′端的磷酸基(—P)修饰成羟基(—OH)。

1. DNA 片段末端同聚物加尾后进行连接

给平末端 DNA 片段 3′-OH 加上同聚物 poly(dC) 或 poly(dG) 或 poly(dT) 或 poly(dA),由末端脱氧核苷酸转移酶催化完成。如此获得的具互补同聚物加尾的两个 DNA 片段可按互补黏性末端片段之间的连接方法进行连接。采用这种方法,既可以使两个具平末端的 DNA 片段进行连接,也可以使具平末端的 DNA 片段与具黏性末端的 DNA 片段进行连接。虽然连接处有缺口,但是连接的 DNA 分子转化到宿主细胞后缺口会自行补齐。

2. 黏性末端修饰成平末端后进行连接

待连接的两种 DNA 片段中,当一种 DNA 片段具有平末端,而另一种 DNA 片段具有黏性末端时,就无法用 DNA 连接酶催化连接。或者虽然待连接的两种 DNA 片段都具有黏性末端,但不是互补黏性末端,同样不能用 DNA 连接酶催化连接。在这两种情况下,前者可以先把 DNA 片段的黏性末端修饰成平末端,后者将两种 DNA 片段都修饰成平末端,然后再按平末端连接方法进行连接。

3. DNA 片段 5′端脱磷酸化作用后连接

待连接的两种 DNA 片段中,如果任何一种 DNA 片段两端均为平末端,或者为互补黏性末端,则在 DNA 连接酶催化下,部分这样的 DNA 片段会自行连接环化,或连接成多聚体,影响待连接的两种 DNA 片段之间的连接效率。为避免这类现象的发生,在两种 DNA 片段连接之前,必须使其中一种 DNA 片段的 5′端由磷酸基(—P)转变为羟基(—OH)。此反应是在碱性磷酸酯酶催化下完成的。目前用于 DNA 片段 5′端脱磷酸化作用的碱性磷酸酯酶有细菌碱性磷酸酯酶(BAP)和小牛肠碱性磷酸酯酶(CIP),最常用是 CIP。经过 5′端脱磷酸化的 DNA 片段与未经过脱磷酸化的 DNA 片段仍可以按互补黏性末端进行连接,在复性条件下使两互补黏性末端的碱基通过氢键互补配对,脱磷酸化的 DNA 段的 3′-OH 同未脱磷酸化的 DNA 片段的 5′-P 形成磷酸二酯键;而对应的 5′-OH 同 3′-OH 不能形成磷酸二酯键,成为一个缺口。这样连接的重组 DNA 分子,虽然容易从缺口处断裂,但是转入宿主细胞后,会在缺口处自行形成磷酸二酯键,缺口被修复。

DNA 连接酶——基因操作的缝合针

4.DNA片段加连杆或衔接头后连接

如果要连接既不具互补黏性末端又不具平末端的两种DNA片段,除了上述用修饰一种或两种DNA片段末端后进行连接的方法外,还可以在一种或两种DNA片段末端先加上人工合成的含有一种或多种限制性内切核酸酶识别序列的寡核苷酸连杆或衔接头,然后用合适的限制性内切核酸酶切割连杆,使待连接的两种DNA片段具互补黏性末端,最后在DNA连接酶催化下使两种DNA片段连接,产生重组DNA分子。

任务三　重组质粒的转化

【任务原理】

转化(transformation)是将外源DNA分子引入宿主细胞,使之获得新的遗传性状的一种手段。转化过程所选用的宿主细胞一般是限制-修饰系统缺陷的菌株,即不含限制性内切核酸酶和甲基化酶的突变体,它可以容忍外源DNA分子进入胞内并稳定地将之遗传给后代。宿主细胞经过一些特殊方法(如$CaCl_2$等化学试剂法或电击法)的处理后,细胞膜的通透性发生了暂时性的改变,成为能允许外源DNA分子进入的感受态细胞。进入宿主细胞的DNA分子通过复制、表达实现遗传信息的转移,使宿主细胞出现新的遗传性状。常用的大肠杆菌转化方法如下。

化学转化法是利用$CaCl_2$处理感受态宿主细胞,然后置于42℃条件下热击处理60~90 s。在0℃的$CaCl_2$低渗溶液中,细菌细胞发生膨胀,同时$CaCl_2$使细胞膜磷脂层形成液晶结构,促使细胞外膜与内膜间隙中的部分核酸酶解离开来,诱导大肠杆菌形成感受态。同时,Ca^{2+}能与DNA分子结合,形成抗DNA酶的羟基-磷酸钙复合物,并黏附在细菌细胞膜的外表面上。当42℃热刺激短暂处理细菌细胞时,细胞膜的液晶结构发生剧烈扰动,并随之出现许多间隙,为DNA分子提供了进入细胞的通道。热击后,需使受体菌在不含抗生素的培养液中生长至少半小时以上使其表达足够的蛋白质,以便能在含抗生素的平板上生长菌落。Ca^{2+}诱导转化法操作简便快捷,重复性好,适用于成批制备感受态细胞。对这种感受态细胞进行转化,每微克质粒DNA可以获得$5×10^6$~$2×10^7$个转化菌落,可以满足质粒的常规克隆的需要。

电击转化法是一种电场介导的细胞膜渗透化处理技术。利用短暂、高压的电脉冲作用,在大肠杆菌细胞膜上进行电穿孔,可在宿主细胞质膜上形成纳米级大小的微孔通道,使外源DNA能直接通过微孔,或作为微孔闭合时所伴随发生的膜组分而进入细胞质中。电穿孔转化法的效率受电场强度、电脉冲时间和外源DNA浓度等参数的影响,对于大肠杆菌来说,将大约50~100 μL的细菌与DNA样品混合,置于装有电极的杯内,选用大约25 μF(微法拉第)、3kV和2 000 Ω的电场强度处理4.6 ms,即可获得理想的转化效率,转化效率可达每微克质粒DNA可以获得10^9~10^{10}个转化子。研究表明,当电场强度和脉冲时间的组合方式导致50%~70%细菌死亡时,转化水平达到最高。电穿孔转化法操作简单,而且几乎对所有含细胞壁结构的宿主细胞均有效,但转化效率差别很大。电转化法能转化大于100 kb的质粒 DNA,但其转化效率仅是小质粒(约 3 kb)的 1/1 000。

由于转化处理过程中,可能存在杂菌污染等因素,导致了假阳性转化子的出现,因此转化处理实验中须设置不同的处理。①DNA 对照处理。转化处理液中用 0.2 mL 无菌水代替 0.2 mL 感受态细胞,检验 DNA 溶液是否染菌。②感受态细胞对照处理,转化处理液中用 0.1 mL 缓冲液代替 0.1 mL DNA 溶液,检验感受态细胞是否染菌。③感受态细胞有效性对照处理。在 0.2 mL 感受态细胞中加入 0.1 mL 已知容易转化这种感受态细胞的质粒 DNA,通过以上对照处理,证实用于转化的 DNA 溶液和感受态细胞没有杂菌污染,以及感受态细胞是有效的,这样得到的转化子才有可能是非假阳性的。只要对照处理中有一项不合格,须找出原因,重新进行转化处理。

【准备材料】

用具:超净工作台、低温离心机、恒温水浴锅、小试管、牙签、恒温培养箱、培养皿、电泳仪、制冰机、冰盒、离心管、微量移液器、吸头、电转化仪。

试剂:X-gal 母液、IPTG 母液、氨苄青霉素(Amp)母液、LB 液体培养基、含 Amp 的 LB 固体培养基、连接产物、大肠杆菌感受态细胞、SOB 培养基、SOC 培养基、10% 甘油等。

【操作步骤】

一、CaCl₂ 转化法

1. 含 Amp 的 LB 培养基平板

将配好的 LB 固体培养基高压灭菌后冷却至 60℃左右,加入 Amp 储存液,使终浓度为 50 μg/mL,摇匀后铺板。

2. 热击转化

取一管大肠杆菌感受态细胞(50 μL),加入重组质粒(质粒与靶基因)的连接产物 8 μL,混匀,冰浴 20 min。42℃条件下保温 90 s,热击后迅速放入冰中,冰浴 2 min。

3. 复苏培养

加入 1 mLLB 培养基,混匀,37℃,160 r/min 振荡培养 50 min,使细胞恢复正常状态,并表达质粒携带的抗生素抗性基因。

4. 蓝白斑筛选和抗药性筛选

将上述菌液摇匀后,取 100 μL 置于含有 Amp 的 LB 培养基平板上,另加入 40 μL 20 g/L 的 X-gal 和 20 μL 100 mmol/L IPTG,均匀涂布,37℃倒置培养 16~24 h。

二、电转化法

1. 准备电击杯和宿主细胞

将电击杯放在冰上预冷,冻存的感受态细胞取出于冰上融解。

2. 混合宿主细胞和重组 DNA

取 100 μL 感受态细胞加入 1 μL 纯化的连接液,混匀后,冰上放置 20 min。

3. 电击转化

将混合液加入预冷的电击杯中,注意擦干杯外的水,防止电火花。放入电转化仪的反应槽内，接上电源。25 μF、3 kV、200 Ω 条件下电击处理，时间常数在 4.5～5 ms。（其值越大说明感受态细胞中离子去除越彻底）。

4. 复苏培养

听到蜂鸣声后，向电击杯中迅速加入 1 mL 37℃保温的 SOC 液体培养基，将混合液吸出转移到离心管中。37℃条件下 160 r/min 复苏培养 40 min 至 1 h，使其充分表达抗生素抗性基因。

5. 抗药性和蓝白斑筛选

取适量涂含有 Amp 的 LB 培养基平板、含有 X-gal 和 IPTG 的平板，将平板倒置在培养箱中，37℃培养 16～24 h。

【注意事项】

1. 用于转化的质粒 DNA 主要是超螺旋 DNA，当加入的外源 DNA 的量过多或体积过大时，转化效率就会降低。一般情况下，进行转化时质粒 DNA 的体积不应超过感受态细胞体积的 1/10。

2. IPTG 是针对具有 *lacI*^{q} 基因型的大肠杆菌进行诱导表达 *lac*Z 而添加的。*Lac* I^q 是 *lac*I 的突变型，能产生大量阻遏蛋白，抑制 *lac* 基因的转录，防止 *lac*Z 基因渗漏表达。

3. 42℃热处理时间很关键，温度要准确。所有菌液涂平板操作应避免反复来回涂布，因为感受态细胞的细胞壁发生了改变，过多的机械挤压涂布会使细胞破裂、死亡，影响转化效率。

4. 整个操作均应在无菌条件下进行，注意防止被其他试剂、DNA 酶或杂质 DNA 所污染，否则均会影响转化效率，为以后的筛选、鉴定带来不必要的麻烦。

5. 电转化法需要特殊的仪器，并需用冰冷的超纯水多次洗涤处于对数生长期的细胞，以使细胞悬浮液中含有尽量少的导电离子，否则在电击过程中会出现火花。电击时，电压选择的依据是电击杯的厚度。原核生物宿主细胞的电击 15 kV/cm 强度为最佳。

重组质粒的转化

6. 显色反应中可以将培养后的平板放置于 4℃冰箱中 1～3 h，使显色反应充分，蓝色菌落更明显。

7. 转化过程中热击反应后添加 LB 培养基进行培养，时间不宜过长，否则会出现卫星菌落。转化后的大肠杆菌在含有适当 Amp 的培养基上培养，时间不超过 18 h，否则会出现卫星菌落而影响筛选。

【相关知识】

通过连接酶的作用，靶基因可以成功装上载体这辆运输车，但是如何进入宿主细胞这座基因表达的加工厂呢？细胞为了维持自身的遗传稳定性，拒绝外源基因的进入。不同的载体有不同的策略突破这层防线，带着靶基因进入宿主细胞。

一、原核宿主细胞重组基因的导入

原核生物细胞作为基因工程的宿主细胞具有其他生物细胞无可比拟的优点，因而早期开展的基因工程操作，都以原核生物为宿主细胞，尤其是大肠杆菌应用最为广泛。重组基因导入原核宿主细胞的主要途径有转化、转导、转染等。

(一)转化

转化(transformation)是指重组质粒 DNA 分子通过与膜蛋白结合进入宿主细胞,并在宿主细胞内稳定维持与表达的过程。转化不仅适合于大肠杆菌宿主细胞,而且适合于枯草杆菌和蓝藻等其他原核生物及酵母等低等真核生物宿主细胞。

1. 转化的机制

转化现象最早是由科学家格里菲斯于 1928 年在肺炎双球菌研究中发现的,它在原核生物中广泛存在,是自然界中原核生物基因重组的一种主要方式,细菌转化的本质是受体直接吸收来自供体菌的游离 DNA 片段,即转化因子,并在细胞中通过遗传交换将之组合到自身的基因组中,从而获得供体菌的相应遗传性状的过程。

以革兰氏阳性菌为例,细菌转化的可能机制包括如下基本步骤。①细菌感受态的形成。当转化因子接近细菌细胞时,宿主细胞分泌一种小分子质量激活蛋白,与细胞表面特异受体结合,诱导细菌自溶素等特异蛋白的合成,使细菌细胞壁部分溶解,局部暴露出细胞膜上的 DNA 结合蛋白和核酸酶等。②转化因子的吸收。受体菌细胞膜上的 DNA 结合蛋白可与转化因子的双链 DNA 结构特异性结合,然后激活邻近的核酸酶,将双链 DNA 分子中的一条链逐步降解,同时另一条链逐步转移到受体菌内。③整合复合物前体的形成。进入宿主细胞的单链 DNA 与另一种游离的蛋白因子结合,形成整合复合物前体,它能有效地保护单链 DNA 免受各种胞内核酸酶的降解,并引导至受体菌染色体 DNA 处。④单链 DNA 转化因子的整合。整合复合物前体中的单链 DNA 片段可以通过同源重组,置换宿主细胞染色体 DNA 的同源区域,形成异源杂合双链 DNA 结构。⑤转化子的形成。受体菌染色体组进行复制,杂合区段也随之进行半保留复制,当细胞分裂后,该染色体发生分离,形成一个新的转化子。

大肠杆菌是一种革兰氏阴性菌,其细胞表面的结构和组成均与革兰氏阳性菌有所不同,自然条件下很难进行转化。在基因工程研究和应用中,转化受体菌细胞的是根据人们需要构建的外源重组质粒 DNA 分子,而非来自供体菌的游离 DNA 片段(转化因子),因此在大肠杆菌的重组质粒 DNA 分子的转化实验中,很少采取自然转化的方法,通常的做法是先采取人工的方法制备感受态细胞,然后进行转化处理,其中代表性的方法有 Ca^{2+} 诱导转化法和电穿孔转化法。

DNA 分子进入大肠杆菌宿主细胞的机制尚不清楚,一般认为只有双链闭环或开环的质粒 DNA 分子才能转化,而线形 DNA 分子难以获得转化子。因此,环状 DNA 分子中混杂线形 DNA 分子,会影响环状 DNA 分子的转化效率。也有人认为吸附在宿主细胞表面的是双链 DNA,但却以单链 DNA 进入细胞,这与革兰氏阳性菌的转化过程相似。

2. 转化率

转化率是指 DNA 分子转化受体菌获得转化子的效率,有两种表示方式:一是以转化数与用于转化处理的 DNA 分子数的比率表示;二是以转化子数与用于转化处理的宿主细胞数的比率表示。以用于转化处理的 DNA 分子数为基数的转化率计算方法举例。首先必须计算出用于转化处理的 DNA 分子数。因为 1 ng 1 kb DNA 的分子数约为 1×10^9 个,如果用 1 ng 1 kb DNA 进行转化处理,得到 1 000 个转化子,转化率为:$10^3/10^9 = 10^{-6}$,表示 10^6 个 DNA 分子才能获得 1 个转化子。如果用 1 ng 10 kb DNA 进行转化处理,得到 1 000 个转化子,转化率为:$10^3/10^8=10^{-5}$,则表示 10^5 个 DNA 分子才能获得 1 个转化子。

以用于转化处理的宿主细胞数为基数来计算转化率,首先必须通过菌液 OD 值测定或细菌计数,计算出用于制备感受态细胞的受体菌总数。然后计算转化子与受体菌的比率。如果用于制备感受态宿主细胞的菌液每毫升有 $5×10^7$ 个菌体,则 4 mL 菌液有 $2×10^8$ 个菌体,由此菌液制备成感受态细胞,通过转化处理,获得 1 000 个转化子,则转化率为 $10^3/(2×10^8)=5×10^{-6}$,表示每个受体菌细胞被转化的概率为 $5×10^{-6}$,或者说,要得到一个转化子,需要 $2×10^5$ 个受体菌细胞。

3. 影响转化率的因素

重组 DNA 的转化率一般在 0.1% 以下。在 DNA 分子数或受体菌细胞数相同的条件下,转化率越高,则转化过程中获得的转化子数越多;反之,转化率降低,则转化过程中获得的转化子数减少。影响转化率的因素有很多,为了提高转化效率,一般可以从以下几个方面加以考虑。

(1)宿主细胞

一般是限制-修饰系统缺陷的突变株,可容忍外源 DNA 分子进入体内并稳定遗传给后代。此外,宿主细胞生长的状态和密度也很重要,细胞生长密度以刚进入对数生长期为好,可通过监测培养液的 A_{600} 来控制。同一重组质粒 DNA 分子转化不同的受体菌细胞,有着不同的转化率。例如,每微克完整的 pBR322DNA 分子转化大肠杆菌 JM83 时,转化率不高于 $10^3/\mu g$ DNA,但若转化 ED8767 菌株,则可获得 $10^6/\mu g$ DNA 的转化率,若转化大肠杆菌 X1776 菌株,转化率更高达 $10^8/\mu g$ DNA。因此,宿主细胞的选择对于重组 DNA 分子的转化也是非常重要。

(2)重组 DNA 分子质量

不同的重组 DNA 分子对同一受体菌细胞进行转化的效率是不一样的。通常分子质量较小的重组质粒 DNA 分子转化率较高,而分子质量较大的重组质粒 DNA 分子转化率较低,对于大于 30 kb 的重组质粒则很难进行转化。

(3)重组 DNA 分子构型

组成重组 DNA 分子的载体类型及其构型也会影响转化率。与宿主细胞亲和性较强的质粒载体进行转化时,转化率要高于与宿主细胞亲和性较弱的质粒载体,而超螺旋结构的载体质粒(ccc DNA)载体转化宿主细胞往往要比开环结构或线性结构的质粒载体有更高的转化率。经体外酶切、酶连操作后的载体 DNA 或重组 DNA 分子由于空间构象难以恢复,其转化率一般要比具有超螺旋结构的质粒低两个数量级。重组 DNA 的构型也与转化效率有关,在宿主细胞中环状重组 DNA 分子不易被宿主核酸酶水解,其转化效率较相对分子质量相同的线性重组质粒高 10~100 倍。

(4)重组 DNA 纯度和浓度

转化体系中重组 DNA 分子的浓度和纯度对转化率也会产生影响,在 10 ng/100 μL 以下的 DNA 浓度范围内,浓度越高,转化效率越高,转化效率与 DNA 分子数成正比关系。1 ng cccDNA 即可使 50 μL 感受态细胞达到饱和。通常 DNA 溶液的体积不应超过感受态细胞体积的 5%~10%;重组 DNA 纯度越高,转化效率也越高。

(5)转化方法

在转化操作方面,一般未经特殊处理的培养细胞对重组 DNA 分子不敏感,难以转化成功。

宿主细胞的预处理或感受态细胞的制备对转化率影响最大。如 Ca^{2+} 诱导大肠杆菌转化时,菌龄、$CaCl_2$ 处理时间、感受态细胞的保存期以及热激时间均是重要的影响因素。电穿孔转化法中,对宿主细胞进行冰冻甘油预处理后的转化率,要比不经此预处理的转化率高 10～100 倍。

(二)转导

通过 λ 噬菌体的病毒颗粒感染宿主细胞的途径把外源 DNA 分子转移到宿主细胞内并稳定遗传的过程称为转导(transduction)。具有感染能力的 λ 噬菌体颗粒由 DNA 分子、头部蛋白和尾部蛋白等组成,因此,要以噬菌体颗粒感染宿主细胞,必须将重组噬菌体 DNA 分子与头部蛋白和尾部蛋白进行体外包装,形成具有侵染能力的噬菌体颗粒。根据 λ 噬菌体 DNA 体内包装的途径,分别获得缺失 D 包装蛋白的 λ 噬菌体突变株和缺失 E 包装蛋白的 λ 噬菌体突变株。这两种突变株均不能单独地包装 λ 噬菌体 DNA,但将它们分别感染大肠杆菌,从中提取缺失 D 蛋白的包装物(含 E 蛋白)和缺失 E 蛋白的包装物(含 D 蛋白),两者混合后就能包装重组的 λ 噬菌体 DNA。

噬菌体 DNA 体外包装的主要过程如下。①制备包装物:以含 D 蛋白缺失突变的 λ 噬菌体的原源菌株 BHB2690 和含 E 蛋白缺失突变的 λ 噬菌体的溶源菌 BHB2688 为例,制备包装物的步骤包括溶源菌培养;诱导溶菌生长;收集和贮存包装物。②体外包装 λ 噬菌体颗粒:制备 λ 噬菌体 DNA 混合液;分别进行第一次包装和第二次包装;去除细胞屑。上清液中含活的噬菌体颗粒,可贮存数周。

经过体外包装的噬菌体颗粒可以感染适当的受体菌细胞,并将重组 λ 噬菌体 DNA 分子高效导入细胞中。在良好的体外包装反应条件下,每微克野生型的 λ 噬菌体 DNA 可形成 10^8～10^9 的噬菌斑。对于重组的 λ 噬菌体 DNA,包装后的成斑率要比野生型的有所下降,但仍可达到 10^6～10^7 噬菌斑,完全可以满足构建真核基因组基因文库的要求。

(三)转染

转染(transfection)是采用与质粒 DNA 转化宿主细胞相似的方法,将重组 λ 噬菌体 DNA 分子直接导入宿主细胞中的过程。λ 噬菌体载体的分子质量较大,再加上组入的外源 DNA 分子,重组 λ 噬菌体 DNA 可达 48～51 kb,将重组 DNA 分子直接用于转染时,效率较低。

在 DNA 分子的体外连接反应中,λ 噬菌体分子与外源 DNA 片段之间的结合完全是随机进行的,形成的重组 DNA 分子中,有相当的比例是没有活性的,这样的分子不能转染宿主细胞,因而导致转染效率明显下降。完整的、未经任何基因操作处理的噬菌体 DNA 的转染效率仅为 10^5～10^6,即每微克 λ 噬菌体转染宿主细胞产生的噬菌斑数目为 10^5～10^6,而经过酶切、连接等操作处理后的重组 λ 噬菌体 DNA 分子的转染效率下降到只有 10^3～10^4,显然这么低的转染效率很难满足一般的实验要求,如应用 λ 噬菌体载体构建基因文库时,转染效率至少要达到 10^6,当然,如果采用辅助噬菌体对宿主细胞作预感染处理,可以明显提高噬菌斑的形成率,但辅助噬菌体的存在又会给基因克隆实验带来诸多不便,因此该方法在实际操作过程中使用较少。

二、植物宿主细胞重组基因的导入

植物属于高等真核生物,由于真核生物的细胞结构、基因组成和基因表达较为复杂,适用于原核生物的转基因方法多数情况下不能应用于真核生物。经过多年的研究和探索,已建立了一系列适用于植物宿主细胞转基因的方法,并利用这些方法有效地获得了转基因植物。常见的植物转基因方法包括农杆菌 Ti 质粒介导转化法、植物病毒介导转化法、化学诱导 DNA 直接转化法、物理方法介导 DNA 直接转化法、花粉管法等。

(一)土壤农杆菌介导的 Ti 质粒转化

土壤农杆菌(agrobacterium)介导的 Ti 质粒转化法是目前研究最多、机制最清楚、技术方法最为成熟的转基因方法。迄今为止约 80% 的转基因植株都是利用土壤农杆菌介导转化系统而获得。土壤农杆菌是一类土壤习居菌,革兰氏染色呈阴性,能感染双子叶植物和裸子植物,而对绝大多数单子叶植物无侵染能力。植物受伤后,伤口处细胞分泌大量的酚类化合物,如乙酰丁香酮(AS)和羟基乙酰丁香酮(OH-AS),它们是农杆菌识别敏感植物的信号分子。具有趋化性的农杆菌移向这些细胞,并将其 Ti 质粒上的 TDNA 转移至细胞内。根据这一性质,将待转移的目的基因组入 Ti 质粒载体,通过土壤农杆菌介导进入植物细胞,与染色体 DNA 整合,得以稳定维持和表达。

(二)植物病毒介导基因转移

植物病毒通过感染植物细胞将特定的基因整合到宿主细胞染色体上并进行稳定的遗传和表达。植物病毒依据其遗传物质核酸的类型可分为 DNA 病毒和 RNA 病毒,在已知的数百种植物病毒中 DNA 病毒约占 20%,RNA 病毒约占 80%。花椰菜花叶病毒(cauliflower mosaic virus,CaMV)是一种双链 DNA 病毒,也是较早被改造并应用于植物基因转移的病毒载体。CaMV 的 35S 启动子已被广泛用作转基因植物中基因表达的启动子,目前已有二氢叶酸还原酶基因、金属硫蛋白基因、干扰素基因等被重组到 CaMV 基因组中并在转基因植物中获得表达。单链 RNA 病毒占植物病毒总数的大部分,其中含有"正"链的 RNA 病毒是最有潜力的植物转基因载体。尽管目前还没有建立完善的以植物 RNA 病毒为基因载体的基因转化系统,但是近年来建立了若干实验性的载体系统,如烟草脆裂病毒转基因载体系统等。

(三)化学诱导 DNA 直接转化

1. 多聚物介导法

多聚物介导法是植物遗传转化研究中较早建立、应用广泛的一个转化系统。聚乙二醇(PEG)、多聚赖氨酸、多聚鸟氨酸等是常用的协助基因转移的多聚物,尤以 PEG 应用最广。这些多聚物和二价阳离子(如 Mg^{2+}、Ca^{2+} 和 Mn^{2+})与 DNA 混合,能在原生质体表面形成沉淀颗粒,通过原生质体的内吞噬作用而被吸收进入细胞内。与其他方法相比,多聚物介导法是利用原生质体本身具有摄取外来物质的特性来实现外源基因的导入。多聚物处理对细胞的伤害少;转化的原生质体易于筛选;获得的转化再生植株来自一个原生质体,避免了嵌合转化体的产生;适用范围广,尤其是对禾本科植物的基因转化提供了有效的途径。这些都是多聚物介导法的优势所在。但是该法需要建立完善有效的原生质体再生系统,这是一个十分困难的问题,限制了多聚物介导法的应用。

2. 脂质介导转化

脂质体介导转化(liposome)法是利用人工构建的磷脂双分子层组成的膜物质包裹 DNA 分子形成球形体,利用植物细胞原生质体的吞噬作用将重组 DNA 分子转运到细胞内。

此方法的优点是包在脂质体内的 DNA 可免受细胞 DNA 酶降解。脂质体可直接转化外源 RNA 或 DNA,也可用于基因的瞬时表达检测,特别对植物病毒 RNA 的转化具有较高的转化率。如用 PEG 诱导脂质体与原生质体融合,可获得较高的转化率,比单独使用 PEG 介导转化法提高 100 倍。

(四)物理方法介导 DNA 直接转化

物理方法介导 DNA 直接转化是指利用各种物理因素对细胞膜造成损伤,便于外源重组 DNA 直接进入宿主细胞内而实现基因的转移与稳定表达。常见的物理转化法包括电激穿孔法、基因枪转化法、超声波介导法、激光微束穿孔法、显微注射法等。

1. 基因枪法

基因枪(particle gun)法又称微弹轰击法,是利用高速运行的金属颗粒轰击细胞时能进入细胞内的现象,将包裹在金属颗粒表面的外源 DNA 分子随之带入细胞进行表达的基因转化方法。其基本操作简单,先将外源 DNA 溶液与钨、金等金属颗粒混匀保温,使 DNA 吸附在金属颗粒表面,然后在高压放电或炸药爆破的作用下加速金属微粒,轰击宿主细胞,使外源 DNA 分子随之进入细胞内进行整合和表达。基因枪法简单快速,可直接处理植物组织,接触面积大,并有较高的转化率。

2. 超声波介导转化法

超声波介导(sonoporation)转化法是利用低音强脉冲超声波的物理作用,可逆性地击穿细胞膜并形成过膜通道,使外源 DNA 进入细胞。利用超声波处理可以避免脉冲高电压对细胞的损伤作用,有利于原生质体存活,是一种有潜力的转化途径。

3. 激光微束穿孔转化法

激光微束穿孔转化法是利用直径很小、能量很高的激光微束能引起细胞膜可逆性穿孔的原理,在荧光显微镜下找出合适的细胞,然后用激光光源替代荧光源,聚焦后发出激光微束脉冲,造成膜穿孔,处于细胞周围的外源 DNA 分子随之进入细胞。这种利用激光微束照射宿主细胞实现外源 DNA 直接导入、整合和表达的技术称为激光微束穿孔转化法。

4. 显微注射

显微注射(microinjection)法是利用显微注射仪,通过机械方法把外源 DNA 直接注入细胞质或细胞核内的基因转化方法。早期该技术主要用于动物细胞的基因转化等方面,现已逐步应用到植物细胞的转化操作中,已成为一种重要的植物转基因手段。显微注射技术的关键是原生质体或具壁细胞或细胞团的固定。由于动物细胞具有独特的贴壁生长特性,因此,不存在固定细胞的问题,这为动物细胞的显微注射创造了十分有利的条件,也是动物细胞能广泛使用该技术的因素之一。显微注射法操作较为繁琐耗时,但其转化效率很高,以原生质体作为宿主细胞,平均转化率达 $10\% \sim 20\%$,甚至高达 60% 以上。其缺点是需要使用专门的显微注射仪,并且要有精细的操作技术及低密度细胞培养技术。

(五)花粉管通道

花粉管通道(pollen-tube pathway)法转化基因的主要原理是将外源 DNA 涂于授粉的头上,使 DNA 沿花粉管通道或传递组织通过珠心进入胚囊,转化还不具正常细胞壁的合子及早期的胚胎细胞。由于这一方法技术简单,一般易于掌握,且能避免体细胞变异等问题,故有一定的应用前景。

三、动物宿主细胞重组基因的导入

动物细胞相对于原核生物细胞一般很难捕获外源DNA，因而动物转基因技术的发展相对较慢。但是，随着新技术的不断发展，一系列有效地将外源DNA导入动物细胞的技术方法已建立起来了。如基因枪法、显微注射法、电激穿孔法、超声波法、转染法、动物病毒介导转化法、胚胎干细胞介导法、生殖细胞介导法、脂质体法等方法都可以将外源重组基因导入动物宿主细胞。

(一)转染法

磷酸钙转染最初是由科学家格雷厄姆等于1973年建立的，其依据是哺乳动物细胞能捕获黏附在细胞表面的DNA磷酸钙沉淀物，使DNA转入细胞。二乙胺乙基葡聚糖是一种高分子质量的多聚阳离子试剂，能促进哺乳动物细胞捕获外源DNA，实现短时间有效表达。本法最早是用于分析脊髓灰质炎病毒RNA的感染性，经过改良，可用于SV40病毒颗粒转染。此方法简单，重复性高，并且转染效率高于磷酸钙法，用SV40 DNA/二乙胺乙基葡聚糖转染猿猴细胞，感染率可高达25%，而用SV40 DNA磷酸钙沉淀转染猿猴细胞，感染率只有15%。但是用此方法转染哺乳动物细胞，不能获得稳定的转化细胞系，所以适用于基因瞬时表达研究。

(二)脂质体介导转化

脂质体是磷脂分散在水中时形成的脂质双分子层，又称为人工生物膜。用于基因转染的脂质体主要是阳离子脂质体，是由阳离子脂类和中性脂类组成的复合体。阳离子脂类包括阳离子去垢剂、带正电脂质衍生物、天然碱性脂等，通过静电作用与DNA形成复合体，并引导其进入细胞。利用脂质体介导法将外源DNA导入哺乳动物细胞具有较好的实用效果。包装成脂质体的SV40DNA的感染性，比其裸露DNA的感染性至少高出100倍。如先用PEG处理培养的宿主细胞，使其易吸收周围培养基中的脂质体，可提高感染性10~20倍。在正常情况下每个细胞平均可吸收1 000个左右的脂质体，若加甘油或二甲基亚砜等促进因子，吸收量还要增多。由于脂质体具有无毒、无免疫原性的特点，不仅可用于体外宿主细胞的基因转化，而且可以在动物体内将基因转入肝细胞、血管内皮细胞等靶细胞或靶组织，实现瞬间表达或稳定表达，成为基因治疗的一种有效工具。

(三)动物病毒介导转导法

病毒载体进行转基因比较温和，对细胞损伤较小，并可以得到较高的转染效率，常用的动物病毒载体包括反转录病毒载体、腺病毒载体等。目前在转基因研究中常用的一种慢病毒载体属于反转录病毒，可以进入细胞核，它不仅可侵染分裂细胞，还可以侵染常规方法转染效率较低的非分裂细胞，如神经细胞、肝细胞、心肌细胞等。病毒载体介导的转基因可以获得较高的转染效率，尤其对一些非分裂细胞而言，病毒载体具有很大的优势。病毒载体的局限性主要表现在以下几个方面：①病毒载体序列在宿主基因组中易被甲基化而使外源基因表达沉默；②病毒感染过程是在多次卵裂之后，外源基因很难整合到所有的胚胎细胞中，因此多数子代是嵌合体动物；③病毒载体对外源DNA的大小有一定的限制，通常小于8 kb，可能因调控元件不够而造成外源基因表达量低甚至异位表达；④病毒的体外包装及纯化相对复杂；⑤病毒载体对动物安全存在一定的风险。

（四）胚胎干细胞介导的转基因

胚胎干细胞（embryonic stem cell，ESC）介导的转基因技术是借助脂质体法、电转化法等，将基因导入 ESC 中，经过筛选得到稳定整合外源基因的 ESC 克隆，再将转基因的 ESC 注射到动物囊胚中，经发育和生长形成嵌合体动物；也可将转基因的 ESC 注射到去核的卵母细胞，利用克隆的方法得到转基因动物。ESC 具有无限增殖能力，基因转化的效率也比体细胞高两个数量级。该技术是利用染色体同源重组的原理对 ESC 进行定点修饰或基因敲除，它在基因功能研究及疾病模型的建立等方面发挥了重要作用。

（五）生殖细胞介导的转基因

生殖细胞（卵母细胞和精子）介导的转基因是一种有发展前景的技术，它主要有两种技术手段。一是利用精原或卵原干细胞，将外源基因整合入精原或卵原干细胞中，连续不断地获得成熟的结合有外源基因的精子或卵子，经过体外受精过程，获得整合有外源基因的转基因动物，该技术是将 DNA 直接注射入睾丸、卵巢或曲细精管中，这种技术首先在小鼠中得到应用，并且成功地产生了转基因的山羊和猪，这种方法效率较高，具有广阔的应用前景。二是将成熟的精子或卵子经过一定处理后，外源 DNA 直接转染成熟的精子或卵子，体外受精或单精注射后获得整合有外源基因的转基因动物，利用这种方法可以克服人为的机械操作给胚胎带来的损伤，具有简便、耗费低、适应性广等特点，但是这种方法存在试验结果不稳定，可重复性差等不足之处，应用较少。

重组基因如何
进入受体细胞

任务四　筛选目的重组子

【任务原理】

重组 DNA 转化宿主细胞后，并非所有的宿主细胞都能被导入重组 DNA 分子，一般仅有少数重组 DNA 分子能进入宿主细胞，同时也只有极少数的宿主细胞在吸纳重组 DNA 分子之后能良好增殖。并且它们是与其他大量未被转化的受体菌细胞混杂在一起。再者，在这些被转化的宿主细胞中，除部分含有我们所期待的重组 DNA 分子外，另外一些还可能是由于载体自身或一个载体与多个外源 DNA 片段形成非期待重组 DNA 分子导入所致。因此必须使用各种筛选及鉴定手段区分转化子与非转化子，并从转化的细胞群体中分离出带有靶基因的重组子。

在 DNA 分子克隆中，通常将导入外源 DNA 分子后能稳定存在的宿主细胞称为转化子。含有重组 DNA 分子的转化子称为重组子。含有外源靶基因的重组子是目的重组子，又称为阳性克隆。

筛选是指通过某种特定的方法，从被分析的细胞群体中，鉴定出真正具有所需要重组 DNA 分子的特定克隆的过程。由于重组率和转化率不可能达到理想极限，因此必须借助各种筛选和鉴定方法区分转化子与非转化子、重组子与非重组子、目的重组子与非目的重组子。重组子的筛选方法主要有：遗传检测法（抗药性标记 Amp^r、Tet^r 等），显色互补选择法（$LacZ'$）等。

抗药性筛选法可区分转化子与非转化子、重组子与非重组子。先将转化液涂布含有 Amp 的平板，再将 Amp 平板上的转化子影印含有 Amp 和 Tet 的平板上，只在 Amp 平板上生长，但在 Amp 和 Tet 板上不生长的转化子即为重组子。抗药性筛选主要用于重组质粒 DNA 分子的转化子的筛选，而不含重组质粒 DNA 分子的受体菌则不能存活。

常用抗生素基因筛选的抗生素有：氨苄青霉素、卡那霉素、氯霉素、四环素、链霉素等。平板抗生素筛选，可初步认定体外重组 DNA 已转入到受体菌并进行了无性繁殖，但不精确，平板上许多菌落是假阳性的情况，如载体缺失后，自我连接引起的转化，非特异性片段插入组件载体的转化，而真正阳性的重组体只有很少一部分。因此还需要通过提取质粒酶切、电泳做进一步的鉴定。

限制性酶切图谱法：对载体上插入的外源 DNA 片段进行酶切图谱分析，并以此与靶基因的已知图谱对比，因此利用这种方法不仅能区分重组子与非重组子，而且还能鉴定目的重组子，但这种方法在用于数千规模的转化子筛选时，工作量极大，实验成本高。

要确证外源靶基因片段插入载体，还要鉴定转化子中重组质粒 DNA 分子的大小，所以必须用电泳法，即从转化子中提取质粒，通过琼脂糖凝胶电泳测定它们的大小，并用酶切后电泳进一步验证质粒的重组情况。

PCR 检测方法：对于插入片段是大小相似的非靶基因片段的假阳性重组子电泳法仍不能鉴别。如果克隆载体中的靶基因的片段是通过 PCR 的方法获得的，可以提取重组子质粒为模板，利用现有的引物进行 PCR 扩增，检测构建的质粒是否是所期望的重组质粒。

菌落 PCR 是通过 PCR 技术来迅速筛选阳性克隆子的方法。利用外源 DNA 插入位点两侧存在的特定序列设计引物，对外源 DNA 进行菌落 PCR 分析。方法是用枪头蘸取少许菌落，分散到适量的灭菌双蒸水中，可以直接作为 PCR 模板，进行 PCR 扩增，并电泳确认是否是所期望的重组质粒。

【准备材料】

器具：摇床、微量移液器、吸头、恒温水浴锅、PCR 仪、低温离心机、微波炉、电泳槽、电泳仪、凝胶成像仪、烘箱、牙签、离心管、平头镊子。

试剂：LB 培养基、抗生素（Amp）、质粒提取相关试剂、酶切后的 DNA 片段、苯酚/氯仿异戊醇、冷无水乙醇、冷 70% 乙醇、TE 缓冲液、PCR 试剂盒、Taq DNA 聚合酶、$10\times$ 缓冲液、$MgCl_2$、dNTP 混合物 DNA 标准样品。限制性内切酶、$10\times$ 缓冲液、$6\times$ 上样缓冲液、琼脂糖、TBE 缓冲液等。

【操作步骤】

一、抗药性筛选

转化后的细胞在含有抗生素（如 Amp）的 LB 平板上培养过夜后，在平板上会长出许多抗性菌落（转化子），其中有白色菌落（重组子）和蓝色菌落（非重组子）。

二、PCR 鉴定

直接挑取白色菌落到 10 μL 无菌水中悬浮,然后吸取 1 μL 菌悬液,利用特异性引物进行 PCR 确定是否存在具有靶基因的重组质粒。剩余的菌悬液可以用于培养和提取质粒。

表 3-4-1　菌落 PCR 反应体系(20.0 μL)

试剂	用量
ddH$_2$O	14 μL
菌悬液模板 DNA	1 μL
上游引物(10 μmol/L)	1 μL
下游引物(10 μmol/L)	1 μL
10×PCR 缓冲液(含 MgCl$_2$)	2 μL
dNTP(10 mmol/L)	0.5 μL
Taq DNA 聚合酶	0.5 μL
总体积	20 μL

PCR 反应结束后,取 5 μLPCR 反应液与 1 μL 上样缓冲液混合,进行 1%琼脂糖电泳,选择适当大小的 DNA 分子量标准,检查 PCR 产物是否与插入片段大小一致。

三、电泳鉴定

将扩增后含有目的条带的菌落(液)接入 5 mL 含抗生素的 LB 培养基中,37℃振荡培养过夜备用。取 1.5～3 mL 菌液抽提质粒,另取 0.5 mL 菌液至一新离心管中,于 4℃下保存。质粒抽提后溶解于 50 μL TE 缓冲液中。以空载质粒为对照,取 2～5 μL 抽提的质粒样品进行电泳,依据质粒大小初步确定是否有外源基因进入载体。

四、双酶切鉴定

对初步确定有外源基因进入的质粒用限制性内切核酸酶进行切割,进行进一步的鉴定。

混合后,反应管置 37℃酶切反应 0.5～1 h。吸取 5 μL 双酶切反应产物,与电泳上样缓冲液混匀,进行琼脂糖凝胶电泳;用空载体片段作为对照,对酶切后的重组质粒的片段进行对比,从酶切后的 DNA 片段的数目和大小进行确认是否为目的重组子。

表 3-4-2　重组质粒双酶切反应体系(20 μL)

试剂	用量
重组质粒	10 μL
ddH$_2$O	7 μL
10×Buffer	2 μL
Nde I	0.5 μL
Xho I	0.5 μL
总体积	20 μL

五、保存菌种

将经过鉴定的目的重组子的菌悬液,加入 15% 的甘油,混匀,置于 -70℃ 冰箱,保存菌种。

【注意事项】

1. 内切酶保存于 -20℃ 冰箱中,取酶的操作必须在冰浴条件下进行,用完后及时放回 -20℃ 冰箱中。

2. 两种酶同时酶切时,注意选择通用缓冲液。

3. 大多数限制内切酶反应温度为 37℃,2 h 即可充分酶解。

菌落 PCR 鉴定重组子　　　　双酶切鉴定重组子

【相关知识】

在重组 DNA 分子的转化或转导过程中,一般仅有少数 DNA 分子能够进入宿主细胞。以重组质粒对大肠杆菌的转化为例,假如受体菌细胞数为 10^8,转化率为 10^{-6},则只有 100 个宿主细胞被真正转化,成为转化子。在这 100 个被转化的宿主细胞中,还有一些可能转化的空载体或一个载体与多个外源 DNA 片段形成的非目的重组 DNA 分子。因此如何将这 100 个被转化的细胞从大量的宿主细胞中初步筛选出来,然后进一步检测到含有目的重组 DNA 分子的克隆子将直接关系到基因克隆和表达的效果,是基因操作中极为重要的环节。

通常我们将导入外源 DNA 分子后能稳定存在的宿主细胞称为转化子;而含有重组 DNA 分子的转化子被称为重组子;如果重组子含有外源靶基因则称为目的重组子,又称为阳性克隆子。经过各种方法将外源 DNA 分子导入宿主细胞后,获得所需目的重组子的过程称为克隆子的筛选。下面介绍几类最常用的筛选方法。

一、遗传表型直接筛选

(一)利用载体选择标记筛选转化子

在构建基因工程载体系统时,载体 DNA 分子上通常携带了一定的选择性遗传标记基因,转化或转染宿主细胞后可以使后者呈现出特殊的表型或遗传学特性,据此可进行转化子或重组子的初步筛选。一般的做法是将转化处理后的菌液(包括对照处理)适量涂布在选择培养基上,在最适生长温度条件下培养一定时间,观察菌落生长情况,即可挑选出转化子。

选择培养基是根据宿主细胞类型配制的培养基,对于细菌宿主细胞而言,通常用 LB 培养基,在 LB 培养基中加入适量的某种选择物,即为选择培养基。选择物是由载体 DNA 分子上携带的选择标记基因所决定,一般与标记基因的遗传表型相对应,主要有抗生素和显色剂等,相应的筛选(选择)方法包括抗药性筛选、插入失活筛选和显色互补筛选等。

1. 抗药性筛选

这是利用载体 DNA 分子上的抗药性选择标记进行的筛选方法。抗药性选择标记产物类型及其在选择培养基中使用的剂量介绍如表 3-4-3 所示。

表 3-4-3 抗药性选择标记产物类型及其在选择培养基中使用的剂量

选择药物	英文缩写	筛选机理	终浓度	贮存液	保存
氨苄青霉素	ampicillin, Ap 或 Amp	含 bla 基因的菌体能转译 β-丙酰胺酶,可降解 Ap	30~50 μg/mL	25 mg/mL	水溶液过滤除菌,分装,−20℃贮存
氯霉素	chloramphenicol, Cm 或 Cmp	含 cat 基因的菌体能转译氯霉素乙酰转酰基酶,使 Cm 乙酰化而失效	30 μg/mL	34 mg/mL	乙醇溶液,−20℃贮存
卡那霉素	kanamycin, Kn 或 Kan	含 Kan 抗性基因的菌体转译一种能修饰 Kn 的酶,阻碍 Kn 对核糖体的干扰	50 μg/mL	25 mg/mL	水溶液过滤除菌,−20℃贮存
四环素	tetracycline, Tc 或 Tet	含 Tc 抗性基因的菌体转译一种能改变细菌膜的蛋白质,防止 Tc 进入细胞后干扰细菌蛋白质的合成	12.5~15.0 μg/mL	乙醇-水溶液(50%,V/V)	镁盐拮抗 Tc。−20℃暗处存放
链霉素	streptomycin, Sm 或 Str	含 Str 抗性基因的菌体转译一种能修饰 Sm 的酶,抑制 Sm 与核糖体结合	25 μg/mL	20 mg/mL 水溶液	过滤除菌,分装后−20℃贮存

抗药性筛选主要用于重组质粒 DNA 分子的转化子的筛选。因为重组质粒 DNA 分子携带特定的抗药性选择标记基因,转化受体菌后能使后者在含有相应选择药物的选择培养基上正常生长,而不含重组质粒 DNA 分子的受体菌则不能存活,这是一种正向选择方式。以常见的 pBR322 质粒载体为例,该载体含有的氨苄青霉素抗性基因(Ap^r)和四环素抗性基因(Tc^r)。如果外源 DNA 是插在 pBR322 的 $BamH$ Ⅰ 位点上,则可将转化反应物涂布在含有 Ap 的选择培养基固体平板上,长出的菌落便是转化子;如果外源 DNA 插在 pBR322 的 Pst Ⅰ 位点上,则可利用 Tc 进行转化子的正向选择。

挑选转化子菌落时,必须根据转化处理时对照处理组菌落生长的情况来定,一般 DNA 对照组、感受态细胞对照组不应长菌落,而感受态细胞有效性对照组应长菌落,如其中一项不符,就有出现假转化子菌落的可能,这样的菌落不宜作为转化子用作进一步的实验材料。需要注意的是,如果用 Tc、Cm、Ap 等抗生素作为选择药物,观察和确定转化子菌落的培养时间不宜过长,以 12~16 h 为宜,否则会出现假转化子菌落。这是因为转化子菌落会降解选择药物,导致菌落周围选择药物浓度降低,从而长出非抗生素的菌落。此外,在培养过程中,这些选择药物会自然降解,导致药物浓度降低,长出假转化子菌落。

2. 插入失活筛选

经过上述抗药性筛选获得的大量转化子中既包括需要的重组子也含有不需要的非重组子。为了进一步筛选出重组子,可利用质粒载体的双抗药性进行再筛选。一种典型的做法

是将 Ap^r 的转化子影印至含抗生素 Tc 的平板上。由于外源 DNA 片段插入载体 DNA 的 Bam H Ⅰ 位点，导致载体 Tc^r 基因失活，因此待选择的重组子具有 $Ap^r Tc^s$ 的遗传表型，而非重组子则为 Ap Tc^r，也就是说，重组子只能在 Ap 板上形成菌落而不能在 Tc 板上生长，非重组子却在两种平板上都能生长。比较两种平板上对应转化子的生长状况，即可在 Ap 板上挑出重组子。但是，如果 Ap 板的转化子密度较高，则在影印过程中容易导致菌落遗漏或混杂，造成假阴性或假阳性重组子现象。

3. 插入表达筛选

与插入失活筛选法策略相反，插入表达法是利用外源靶基因插入特定载体后能激活筛选标记基因的表达，由此进行转化子的筛选。有些载体在设计时在筛选标记基因前面连接上一段负调控序列，当插入失活该负调控序列时，其下游的筛选标记基因才能表达。例如，pTR262 质粒载体，它由 pBR322 衍生而来，其 Tc^r 基因的上游含有一段 λ 噬菌体 DNA 的 CI 阻遏蛋白编码基因及其调控序列，CI 基因表达的阻遏蛋白可以抑制 Tc^r 基因的表达。当外源 DNA 片段插入 CI 基因的 $Hind$ Ⅲ 或 Bgl Ⅰ 位点时，CI 基因失活，Tc^r 基因因阻碍解除而得以表达，故阳性重组子为 Tc^r 表型，而质粒本身为 Tc^s 表型，当转化细菌涂布在 Tc 平板上时，只有含有外源 DNA 插入片段的阳性重组子的转化菌才能生长成菌落。

4. 显色互补筛选

常用的显色剂是 X-gal（5-溴-4-氯-3-吲哚-$β$-D-半乳糖苷）。具有完整乳糖操纵子的菌体能转译半乳糖苷酶（Z）、透过酶（Y）和乙酰基转移酶（A），当培养基中存在诱导物异丙基-$β$-D-硫代半乳糖（IPTG）和底物 X-gal 时，可产生蓝色沉淀物，使菌落呈蓝色。如果在载体 DNA 上组入 $β$-半乳糖苷酶基因（$lacZ$）部分缺失的片段（$lacZ'$），则重组 DNA 分子转化 $lacZ'$ 互补型菌株，会在含有 X-gal 和 IPTG 的培养基中得到的转化子是蓝色菌落。当 $lacZ'$ 区插入外源基因，转化 $lacZ'$ 互补型菌株，由于不能转译出有功能的 $β$-半乳糖苷酶，在含有 X-gal 和 IPTG 的培养基中得到的转化子是白色菌落，因此，可以根据菌落蓝白颜色的不同，筛选出真正需要的转化子。

转化处理菌液涂布量一般以每培养皿涂布 50～100 $μL$ 菌液为宜，每种转化处理菌液涂布 3 个培养皿。若转化率较低，尽量多涂布几个培养皿。

以显色剂 X-gal 作为选择物时，DNA 对照组不应出现任何菌落，感受态细胞对照组长出的菌落应全是蓝色的，感受态细胞有效性对照组长出的菌落中应有白色的，其中一项不符，就有可能挑出假的转化子菌落。由于被转化的基因产物作用于 X-gal 需要较长的时间，因此观察和确定转化子菌落的培养时间可适当延长，但是必须严格挑选单菌落作为转化子供进步实验。

（二）利用遗传选择标记筛选哺乳动物转基因细胞

目前已发展了多种方法可将外源基因转移到哺乳动物细胞中，但即使是在最佳条件下，转化的细胞也只占宿主细胞很少的一部分，并且哺乳动物细胞的生长速度比细菌慢得多，获得转化株的时间长。因此，要快速有效地筛选转化细胞，必须在构建表达载体时组入动物细胞特异性选择标记基因。已发展的哺乳动物细胞基因转化筛选标记如表 3-4-4 所示。

表 3-4-4　哺乳动物细胞转基因筛选标记

标记基因	筛选药物	筛选原理
胸苷激酶（tk）	氨基喋呤（抑制嘌呤和胸苷从头合成）	TK 合成胸苷酸
二氢叶酸还原酶（dhfr）	氨甲蝶呤（Mtx，抑制 DHFR）	DHFR 变体酶抗 Mtx
氨基糖苷磷酸转移酶（aph）	G481（抑制蛋白质合成）	HPH 钝化 G481
潮霉素 B 磷酸转移酶（hph）	潮霉素 B（抑制蛋白质合成）	APH 钝化潮霉素-B
黄嘌呤-鸟嘌呤磷酸核糖转移酶（xgprt）	霉芬酸（抑制鸟苷酸从头合成）	XGPRT 从黄嘌呤合成 GMP
天冬酰胺合成酶（as）	B-天冬氨酰异羟肟酸（—ASH）	利用 β-ASH 提供酰胺
腺苷脱氨酶（ada）	9-β-D-木酮呋喃酰嘌呤糖苷（Xyl-A）	ADA 钝化 Xyl-A

1. 氯霉素乙酰转移酶（chloramphenicol acetyltransferase，CAT）

氯霉素可选择性地与原核细胞核糖体 50s 亚基结合，抑制肽酰基转移酶的活性，从而阻断肽键的形成并最终抑制细胞生长。cat 基因是由大肠杆菌易位子 $Tn9$ 编码。它可以催化乙酰辅酶 A 转乙酰基，使氯霉素失活。因此与外源 DNA 共转化的 cat 基因能使转基因细胞具有抗氯霉素的能力。

2. 新霉素磷酸转移酶（neomycine phospho transferase Ⅱ，NPT Ⅱ）

新霉素与卡那霉素、庆大霉素和 G418 等均属于氨基环醇类的抗生素，它们的结构相似，能抑制原核细胞核糖体 70s 起始复合物的形成，从而阻碍了蛋白质的合成，进一步抑制了细胞的生长。npt Ⅱ基因编码序列来自大肠杆菌易位子 $Tn5$，它可以催化 ATP 上 γ-磷酸基团转移到上述抗生素分子的某些基团上，从而阻碍抗生素分子与靶位点的结合并使抗生素失活。因此，在含有上述抗生素的选择培养基上培养细胞时，仅有携带 npt Ⅱ基因的转化细胞才能存活下来，由此将转化子与非转化子区别开来。

3. 胸苷激酶（thymidine kinase，TK）

TK 是核苷酸合成代谢途径中的一种酶，能够把胸腺苷转换为胸苷一磷酸，进而形成胸苷三磷酸（TTP），保证核苷酸的顺利合成。胸苷激酶的编码基因 tk，几乎在所有的真核细胞中都能有效地表达，因此可采用其作为遗传选择记号以确定哺乳动物基因转移，相应的宿主细胞为遗传标记遗传表型的缺陷型。根据靶基因转化方法的不同，转基因动物细胞的筛选方式分为 HAT 选择法和共转化选择法两种。HAT 选择培养基中含有次黄嘌呤（hypoxanthine）、氨基碟呤（aminopterin）和胸苷（thymidine）。对含有选择标记的靶基因转化子的筛选有效，利用培养基中的叶酸类似物氨基蝶呤（APT）阻断细胞核苷酸的全程合成途径，启动以次黄嘌呤为底物的补救合成途径，该途径不受氨基蝶呤的抑制，能继续合成出所需核苷酸。由于在 HAT 培养基中补加有外源的胸苷，通过胸苷激酶的作用，tk^+ 细胞能以其为底物合成出 TTP，所以 tk^+ 细胞可以继续存活下去；而 tk^- 细胞则不会进行这种合成作用，因而死亡。如果要分离不具有这种选择记号的外源基因转化子时，可采用共转化选择法，把两种无关联的 DNA 混合物，能够以磷酸钙沉淀的方式同时转化宿主细胞，至于共转化细胞的筛选则仍可采用 HAT 法进行。

4. 二氢叶酸还原酶（dihydrofolate reductase，DHFR）

DHFR 是真核细胞核苷酸生物合成过程中起着重要的作用的一种酶，它可催化二氢叶酸（DHF）还原成四氢叶酸（THF）。对于 $dhfr$ 突变体细胞而言，由于它不能够合成四氢叶酸，阻断了正常核酸代谢途径，因此不能在常规培养基上生长。不过，如果在常规培养基中加入次黄嘌呤和胸苷，则突变体细胞可以借助核苷酸的补救合成途径维持生长。具体利用 $dhfr$ 基因进行筛选时，首先须将重组 DNA 分子导入 $dhfr^-$ 表型的宿主细胞，然后撤除原培养基中的次黄嘌呤和胸苷，即可获得 $dhfr^+$ 并能表达外源基因的克隆细胞系，这就是 $dhfr$ 基因作为选择标记的依据。

二氢叶酸还原酶催化的反应过程受到叶酸的类似物氨基蝶呤和氨甲蝶呤的竞争性抑制，因为这些化合物能通过与正常哺乳动物细胞中的二氢叶酸还原酶紧密结合而使该酶失活。如果细胞的培养基中含有这些抑制物，如氨甲蝶呤，其浓度只要达 $0.1\ \mu g/mL$，就会阻断核苷酸的生物合成，最终导致细胞死亡。由于 $dhfr$ 基因选择系统需要 $dhfr^-$ 表型的宿主细胞，其使用范围受到限制。如果使用一种突变的 $dhfr$ 基因作为供体 DNA，就不再需要 $dhfr^-$ 宿主细胞。因为这类突变基因可以直接选择显性记号。同时这些突变的 $dhfr$ 基因编码的二氢叶酸还原酶对氨甲蝶呤的抑制作用不敏感。应用 $dhfr$ 基因作为选择记号的一个明显优点是，由于基因扩增的结果，转化的细胞能够合成大量的野生型的 DHFR，检测比较方便。

5. 黄嘌呤-鸟嘌呤磷酸核糖基转移酶（XGPRT）

XGPRT 是由大肠杆菌 $ecogpt$ 基因编码的一种核苷酸代谢酶。哺乳动物细胞中缺少这种酶，但却存在其类似物次黄嘌呤—鸟嘌呤磷酸核糖基转移酶（HGPRT）。XGPRT 能够有效地把黄嘌呤转变为黄苷-磷酸（XMP），并最终形成鸟苷-磷酸（GMP），而 HGPRT 则只能利用次黄嘌呤和鸟嘌呤，并催化次黄嘌呤转变为次黄苷-磷酸（IMP）。因此，根据这些特性，$ecogpt$ 基因可以作为哺乳动物基因转移的一种显性选择记号，一般是依据对次黄嘌呤抑制作用的不敏感性和电泳迁移率的差别来把这种外源的 $ecogpt$ 表达产物与内源的哺乳动物的 HGPRT 区别开来。哺乳动物的 HGPRT 不能够把黄嘌呤转变为 XMP，所以无法合成 GMP。然而，当哺乳动物细胞获得了外源的 $ecogpt$ 基因，并能有效地表达的话，那么它们就能够克服霉酚酸和氯甲蝶呤的抑制作用，并利用黄嘌呤合成 GMP，从而使细胞能够在这种补加有黄嘌呤和腺嘌呤的抑制培养基中存活下来。

（三）噬菌斑筛选

对于 λDNA 载体系统而言，外源 DNA 插入 λ 噬菌体载体后，重组 DNA 分子大小必须在野生型 λDNA 长度的 78%～105% 范围内，才能在体外包装成具有感染活性的噬菌体颗粒，转导受体菌后，转化子在培养基平板上被裂解形成噬菌斑，而非转化子能正常生长，两者很容易区分。如果在重组过程中使用的是取代型 λ 载体，则噬菌斑中的 λ 噬菌体即为重组子，因为空载的 λDNA 分子不能被包装，难以进入宿主细胞产生噬菌斑。如使用插入型载体，由于空载的 λDNA 大于包装下限，所以也能被包装成噬菌体颗粒并产生噬菌斑，此时筛选重组子可以利用载体上的筛选标记基因，如 $lacZ'$ 等。当外源 DNA 片段插入 $lacZ'$ 基因内时，重组噬菌斑无色透明，而非重组噬菌斑则呈蓝色。

二、依赖重组子结构特征分析筛选

(一)快速裂解菌落鉴定分子大小

这是在转化子初步筛选的基础上进一步对重组子进行筛选或鉴定的方法,主要是根据有外源 DNA 片段插入的重组质粒与载体 DNA 之间大小的差异来区分重组子和非重组子。基本步骤如下。当转化菌落在平板上长到直径为 2 mm 时,将菌落挑入 50 μL 的细菌裂解液中悬浮,37℃下保温 15 min 后于 4℃,12 000 r/min 离心,然后吸取 30～35 μL 的上清液,立即进行 1％琼脂糖凝胶电泳,在短波紫外灯下观察质粒 DNA 分子的迁移距离。

因为重组子中插入了外源 DNA 片段,分子质量较载体 DNA 分子大,琼脂糖凝胶电泳时迁移速率慢,由此将重组子和非重组子区分开来,并最终筛选出重组子。此方法直观快捷,只需获得质粒 DNA 分子的粗制裂解液即可进行琼脂糖凝胶电泳,尤其适用于插入片段较大的重组子的筛选。

(二)限制性内切核酸酶酶解分析

通过快速裂解菌落鉴定分子大小的方法虽可以初步筛选到重组子菌落,但却难以将其中导入宿主细胞的期望重组子和非期望重组子区分开来,因为重组质粒 DNA 分子中,质粒载体可能会与一个以上的外源 DNA 片段连接重组,而采用限制性内切核酸酶分析法不仅可以进一步筛选鉴定重组子,而且能判断外源 DNA 片段的插入方向及分子质量大小等,其基本做法是从转化菌落中随机挑选出少数菌落,快速提取质粒 DNA,然后用限制性内切核酸酶酶解,并通过凝胶电泳分析来确定是否有外源基因插入及其插入方向等。

质粒 DNA 的提取一般利用煮沸法等快速制备。对于高拷贝的质粒 DNA 分子,如 pUC、pSP 系列质粒,采用煮沸法等可以从微量的菌体中快速抽提到足以进行 10 次酶切反应的质粒 DNA 量,这也是限制性内切核酸酶酶切分析法得以普遍采用的原因之一。至于酶解方式,主要有全酶解法和部分酶解法两种。

1. 全酶解法

用一种或两种能将外源 DNA 片段从重组质粒上切割下来的限制性内切核酸酶酶解质粒 DNA,凝胶电泳后,重组质粒分子较单一载体质粒多出一条泳带,据此将重组子和非重组子分离开来。如果插入片段与载体质粒大小相近,则最好用合适的酶将之线性化,通过比较大小确定其是否为重组分子,进一步利用在外源 DNA 片段上具有识别位点的一种或一种以上的限制性内切核酸酶酶解重组质粒分子,根据酶切图谱分析即可判明插入片段的方向等。

**目的基因成功
进入受体
细胞了吗**

2. 部分酶解法

通过一种或数种限制性内切核酸酶对重组质粒 DNA 分子进行部分酶解分析,根据部分酶解产生的限制性片段大小,确定限制性内切核酸酶识别位点的准确位置及各个片段的正确排列方式。从而将期望重组子筛选出来。部分酶解法较全酶解法简单易行,两者通常用于当载体和外源 DNA 片段连接后产生的转化菌落比任何一组对照连接反应(如只有酶切后的载体或只有外源 DNA 片段)产生的菌落都明显的重组筛选。

三、核酸分子杂交分析

核酸分子杂交技术是由 R. Britten 及其同事于 1968 年创建的,其基本原理是具有一定同源性的两条核酸(DNA 或 RNA)单链在适宜的温度及离子强度等条件下,可按碱基互补配对原则高度特异地退火形成双链。该技术用于重组子的筛选鉴定,杂交的双方是待测的核酸序列和用于检测的已知核酸片段(称为探针)。这也是目前应用最为广泛的一种重组子的筛选方法,只要有现成可用的 DNA 探针或 RNA 探针,就可以检测克隆子中是否含有靶基因。基本做法是将待测核酸变性后,用一定的方法将其固定在硝酸纤维膜(或尼龙膜)上,这个过程也称为核酸印迹(nucleic acid blotting)转移,然后用经标记示踪的特异核酸探针与之杂交结合,洗去其他的非特异结合核酸分子后,示踪标记将指示待测核酸中能与探针互补的特异 DNA 片段所在的位置。

(一)分子探针

分子探针(molecular probe)是指具有同特异性目标分子产生很强的相互作用并可对其相互作用的产物进行有效检测的 DNA 分子、RNA 分子和蛋白质分子。利用分子探针可以对转基因重组子进行有效的分析和鉴定。分子探针上携带可检测的标记物,作为理想的探针标记物应满足以下几个条件:①标记物不会影响探针的主要理化性质,如杂交特异性、杂交稳定性及酶反应特征等;②检测灵敏度高、特异性强、本底低、重复性好;③操作简便、省时、经济实用;④化学稳定性高、易于长期保存;⑤安全、无环境污染。常用于分子杂交的探针标记物可分为放射性及非放射性两大类。

1. 放射性标记物

放射性标记物是指以放射性同位素对核苷酸等进行标记后的产物,常见的放射性同位素有 ^{32}P、^3H、^{35}S、^{14}C、^{125}I 等,其中以 ^{32}P、^3H、^{35}S 最为常用。^{32}P 标记的核苷酸具有高放射性,放射自显影检测灵敏度高,但其分辨力低,半衰期短(14.3 d),探针不能长期保存。与 ^{32}P 标记物相比,^{35}S 的放射性较弱,检测灵敏度低于 ^{32}P,其分辨力高,放射自显影的本底低,适于细胞原位杂交等。此外,^{35}S 的半衰期较长(87.1 d),辐射危害较小,使用较为方便安全。^3H 主要用于制备高分辨力的原位杂交探针,因其释放的放射能很低,放射自显影的本底也不高,但却需较长的曝光时间。^3H 的半衰期长(12.35 年),标记探针可较长时间保存。标记物放射性的检测主要使用盖革计数器和液体闪烁计数器等射线探测仪器来完成。

2. 非放射性标记物

非放射性标记物的最大优势是无放射性污染,分辨力高,稳定性好,可以长时间使用,但与放射性探针相比,多数非放射性探针的敏感性及特异性差,目前已广泛应用的非放射性标记物有生物素标记的核苷酸,地高辛标记的核苷酸和荧光素标记的核苷酸等。

(1)生物素

生物素是一种水溶性维生素,又称维生素 H,其分子中的戊酸羟基经化学修饰活化后可携带多种活性基团,能与核苷酸或核酸等多种物质发生偶联,从使这些物质带上生物素标记。生物素标记的探针可通过生物素-抗生物素蛋白的亲和系统检出,也可以通过生物素-抗生物素抗体的免疫系统检出。抗生物素蛋白,又称亲和素,是一种从卵清中提取的碱性四聚体糖蛋白,与生物素分子有极高的亲和力,具有专一、迅速及稳定的特点,同时,抗生物素蛋白还可与酶、荧光素、胶体金等检测标记物结合,利用这些检测标记物即可确定生物素标记探针或与靶 DNA 形成的杂交复合体的位置信息等。

（2）地高辛

地高辛又名洋地黄毒苷，从玄参科毛黄类植物中提取出的甾体强心苷，是一种类固醇类的半抗原，自然界中仅在毛地黄植物中发现，因此其他生物体中不含有抗地高辛的抗体，避免了采用其他半抗原作标记可能带来的背景问题，该配基通过一个由 11 个碳原子组成的连接臂与尿嘧啶核苷酸嘧啶环上的第 5 个碳原子相连，形成地高辛标记的尿嘧啶核苷酸，地高辛与抗地高辛抗体能发生免疫结合，利用抗地高辛抗体上带有的酶标记就可进行探针的检测。

（3）荧光素

荧光素是一类能在激发光作用下发射出荧光的物质，包括异硫氰酸荧光素、羟基香豆素等，荧光素与核苷酸结合后即可作为探针标记物，主要用于原位杂交检测。荧光素标记探针可通过荧光显微镜观察检出，或通过免疫组织化学法来检测。

3. 探针的标记方法

探针的标记有体内标记及体外标记两种方法。体内标记法是以标记化合物作为代谢底物通过活体生物或活细胞的体内代谢完成核酸分子标记的。体内标记法受多种因素的限制且标记活性不高，一般很少使用。

目前，常用的探针多是在体外进行标记的，它又包括化学法和酶法两种。化学标记法是利用标记物的活性基团与核酸分子中的某种基团（如磷酸基团）发生化学反应而直接将标记物连接到探针分子上，具有简单快速、标记均匀的特点，尤其适于制备非放射性标记物的探针。常用的化学标记法有光敏标记法、化学衍生结合标记法和交叉相连法等。酶标记法则是将标记物标记在核苷酸上，然后通过酶促聚合反应使带标记的核苷酸掺入到核酸序列中，制得核酸探针。酶法应用广泛，适于制备所有放射性标记探针及部分非放射性标记探针。常用的酶法有 DNA 切口平移标记法、DNA 随机引物标记法、DNA 末端标记法及 PCR 标记法等。

（二）核酸探针杂交分析

核酸分子杂交检测法实际上是一种依赖于重组子结构特征进行的重组子筛选方法。根据待测核酸的来源及将其分子结合到固相支持物上的方法不同，核酸分子杂交检测法可分为 Southern 印迹杂交、Northern 印迹杂交、斑点印迹杂交和菌落印迹原位杂交 4 类。

1. Southern 印迹杂交

Southern 印迹杂交是由 E. Southern 于 1975 年首先建立的。Southern 印迹杂交是针对 DNA 分子进行的印迹杂交技术，有时又称为 DNA 印迹杂交。它是根据毛细管作用的原理，使在电泳凝胶中分离的 DNA 片段转移并结合在适当的滤膜上，然后通过与已标记的单链 DNA 或 RNA 探针的杂交作用以检测这些被转移的 DNA 片段。

Southern 印迹杂交的操作步骤包括样品 DNA 的制备、酶切、电泳、转移、探针标记杂交、放射自显影。其中转移是将电泳后的凝胶上面放上一张硝酸纤维素滤膜，接着加上一叠干燥滤纸或吸水纸，最后再压上一重物。由于干燥滤纸或吸水纸的虹吸作用，凝胶中的单链 DNA 便随着电泳缓冲液一起转移，一旦同硝酸纤维滤膜接触，就会牢固地结合在它的上面，这样在凝胶中的 DNA 片段就会按原谱带模式吸印到滤膜上的。在 80℃下烘烤 1～2 h，或采用短波紫外线交联法使 DNA 片段稳定地固定在硝酸纤维素滤膜上。然后将此滤膜移放在加有放射性同位素标记探针的溶液中进行核酸杂交。这些探针是同被吸印的 DNA 序列互补的 RNA 或单链 DNA,一旦同滤膜上的单链 DNA 杂交之后,可以牢固结合。漂洗去除游离的没有杂交上的探针分子,经放射自显影后,便可鉴定出与探针的核苷酸序列同源的待测 DNA 片段。据此可以将含有外源 DNA 片段的重组子筛选出来。

Southern 印迹转移的时间取决于酶切片段的大小,小于 1.0 kb 的片段,1 h 即可基本完成转移过程;大于 15 kb 的 DNA 片段则需要 18 h 以上,而且转移并不完全。为了进行有效的 Southern 印迹转移,使不同大小的 DNA 片段能够同步地从电泳凝胶转移到硝酸纤维素滤膜上,须对电泳凝胶做适当的预处理。通常是将电泳凝胶浸泡在 0.2～0.25 mol/L 稀 HCl 溶液中做短暂的脱嘌呤处理之后,再行碱变性处理。

膜法的转移效率不高,尤其是对于大分子的 DNA 片段。近年来,发展了一些新的转移方法,如电转移法和真空转移法等,大大提高了转移效率,而且操作简单、耗时短,应用越来越广。电转移法是利用电泳的原理,使凝胶上的 DNA 片段在电场作用下脱离凝胶,原位转至固相支持物上。根据电转移装置的不同,电转移法又分为湿式电转移和干式电转移。真空转移时,DNA 的碱变性可预先进行,也可在转移的同时进行变性及中和。真空转移法的主要影响因素是真空压力,真空压力过高,DNA 片段转移快,但易导致凝胶破碎,操作时应特别注意。

Southern 印迹杂交方法操作简单,结果十分灵敏,因此 Southern 印迹杂交技术在分子生物学及基因克隆实验中的应用极为普遍。

2. Northern 印迹杂交

Northern 印迹杂交是指将 RNA 分子变性及电泳分离后,从电泳凝胶转移到固相支持物上进行核酸杂交的方法,又称为 Northern RNA 印迹杂交等。做法是在 Southern 印迹杂交基础上发展起来的,主要针对 RNA 分子的检测,基本步骤与 Southern 印迹杂交相似。但 RNA 分子与 DNA 分子有所不同,一般不能采用碱变性处理。同时,在 RNA 电泳时必须解决两个问题:一是防止单链 RNA 形成高级结构,故必须采用变性凝胶电泳;二是电泳过程中始终要有效抑制 RNase 的作用,防止 RNA 分子的降解破坏。

在 RNA 变性凝胶电泳中常用的变性剂有甲醛、乙二醛、羟甲基汞、尿素和甲酰胺等。甲醛变性凝胶电泳的原理是它能与 RNA 分子上的碱基结合形成具有一定稳定性的结构阻止了碱基间的配对。同时甲醛对蛋白质分子中的亲核基团如胺基、胍基、疏水基等具有反应性,可使酶分子失活,防止其对 RNA 分子的降解破坏。

RNA 变性凝胶电泳时一般要求较低电压,以 3～4 V/cm 为宜。电泳过程中要注意监测电极液的 pH,由于电极缓冲液的缓冲容量有限,因而电泳一段时间后电极槽中缓冲液的 pH 会发生变化,而 pH 超过 8 时,会引起甲醛 RNA、乙二醛 RNA 复合物解离。甲醛变性凝胶电泳时上样缓冲液中可加入 1 pg 的 EB,电泳后凝胶可以直接置于紫外光下观察、照相。由于 RNA 和溴化乙锭结合后转移效率下降,对于丰度低的 RNA 及乙二醛变性时,宜采用电泳后染色。

Northern 印迹转移完毕,取下的固相膜无须漂洗,应立即在室温条件下进行干燥处理,然后于 80℃真空烘烤 2 h 以上使 RNA 固定,经固定结合在膜上的 RNA 不再对 RNase 敏感,可长时间保存。由于变性剂的存在会干扰杂交灵敏度,因此在与探针进行杂交前,可以将真空干燥后的固相膜转至 20 mol/ L Tris-HCI 缓冲液(pH 8.0)中,95℃放置 5～10 min,

洗脱与 RNA 结合的甲醛或乙二醛,极大地提高了杂交灵敏度。

3. 斑点印迹杂交和狭线印迹杂交

如果只需要检测克隆菌株、动植物细胞株或转基因个体、器官、组织提取的总 DNA 或 RNA 样品中是否含有靶基因,则可采用斑点印迹杂交(dot blotting)或狭线印迹杂交(slot blotting)进行检测,它们是在 Southern 印迹杂交的基础上发展的两种相似的快速检测特异性核酸(DNA 或 RNA)分子的核酸杂交技术。两种方法的基本原理和操作步骤相同,即通过特殊的加样装置将变性的 DNA 或 RNA 核酸样品,直接转移到适当的杂交滤膜上,然后与核酸探针分子进行杂交以检测核酸样品中是否存在特异性 DNA 或 RNA。两者的区别仅在于呈现在杂交滤膜上的核酸样品分别为圆斑状和狭线状。斑点杂交法主要用于基因组中特定基因及其表达情况的定性和定量研究。与其他核酸分子杂交法相比,斑点杂交法具有简单、快速、经济等特点,一张滤膜上可以进行多个样品的检测,同时也适用于粗提核酸样品的检测,但该法不能用于鉴定所测基因的分子质量。如果没有特殊的加样装置,也可采用手工直接点样。将核酸样品变性后,用微量进样器直接点在干燥的显色纤维素膜上,点样时应避免样斑过大,一般采用小量多次法加样,待第一次样品完全干燥后,再在原位置第二次点样。如核酸样品为 RNA,可采用甲醛变性后点膜,有时 RNA 样品亦可不经变性处理,直接于 10×SSC 液中点膜;对于 DNA 样品而言,可采用碱性缓冲液或煮沸方法变性。

4. 菌落(噬菌斑)原位杂交

与其他分子杂交技术不同,这类技术是直接把菌落或噬菌斑印迹转移到硝酸纤维素上,不必进行核酸分离纯化、限制性内切核酸酶酶解及凝胶电泳分离等操作,而是经溶菌和变性处理后使 DNA 暴露出来并与膜原位结合,再与特异性 DNA 或 RNA 探针杂交,选出含有插入序列的菌落或噬菌斑。由于生长在培养基平板上的菌落或噬菌斑,是按照其原来的位置不变地转移到滤膜上,然后在原位发生溶菌、DNA 变性和杂交作用,所以菌落杂交或噬菌斑杂交属于原位杂交(in situ hybridization)范畴。

以菌落原位杂交为例,其操作步骤如下:①将大小适合的硝酸纤维素膜铺放在生长着转化菌落的平板表面,使其中的质粒转移到硝酸纤维素膜上。②做好标记,小心取出硝酸纤维素膜,将吸附菌体的一面朝上,放置在预先被强碱溶液浸湿的普通滤纸上进行溶菌和碱变性处理。强碱可以裂解细菌,释放细胞内含物,降解 RNA,并使蛋白质和 DNA 变性。③10 min 后,将膜转移至预先被中性缓冲液浸湿的普通滤纸上,中和 NaOH。④将膜转移到清洗缓冲液中短暂浸泡 3 min,洗去菌体碎片和蛋白质。⑤取出膜,在普通滤纸上晾干,置于 80℃下干燥 1~2 h,使单链 DNA 牢固地结合在硝酸纤维素膜上。⑥将膜转入探针溶液中,在合适的温度和离子强度条件下进行杂交反应。离子强度和温度的选择取决于探针的长度及与靶基因的同源程度,一般温度越高、离子强度越大,杂交反应越不易进行。因此,对于同源性高并具有足够长度的探针通常在高离子强度和高温度的条件下进行杂交,这样可以大幅度降低非特异性杂交的本底。⑦杂交反应结束后,清洗膜,除去未特异性杂交的探针,然后晾干。⑧将膜与 X 光胶片压紧置于暗箱内曝光,由胶片上感光斑点的位置,在原始平板上挑出相应的阳性重组子菌落。

一般情况下,在直径为 8 cm 的平皿上长有 100~200 个转化菌落时进行原位杂交效果较理想。菌落太多,容易混杂,导致杂交信号弥散,难以区分菌落位置。可用无菌牙签将相应位置上的菌落挑在少量的液体培养基中,经悬浮稀释后涂板培养,待长出菌落后,再进行一轮杂交,即可获得阳性重组子。如果平皿上菌落太过稀少,也可用无菌牙签将各平皿菌落转至一个平皿上,适当培养后再进行实验。

原位杂交广泛用于筛选基因组 DNA 文库和 cDNA 文库等。上述程序用于噬菌斑筛选则更为简单,因为每个噬菌斑中含有足够数量的噬菌体颗粒,可以免去 37℃扩增培养,同时由于噬菌体结构简单,不会产生菌体碎片干扰杂交效果,检测灵敏度高于菌落原位杂交。噬菌斑杂交法的另一个优越性是从一个母板上很容易得到几张含有同样 DNA 印迹的滤膜,不仅可以进行重复筛选,增加筛选的可靠性,同时也可使用一系列不同的探针对一批重组子进行多轮筛选。

核酸杂交法筛选重组子　　　　　　　核酸探针

四、免疫化学分析检测

在某些情况下,如待测的重组克隆子既无任何可供选择的基因表型特征,又无理想的核酸杂交探针时,可以考虑采用免疫学方法筛选重组子。免疫学检测法的基本过程与前述菌落分子杂交法相似,不同的是该法使用抗体探针,而非 DNA 探针来鉴定靶基因表达产物。免疫学检测法具有专一性强、灵敏度高的特点,只要有一个拷贝的靶基因在克隆子细胞内表达合成蛋白质,就可以检测出来。但使用这种方法的前提条件是克隆基因可在宿主细胞内表达并且有目的蛋白的抗体。根据实验手段的不同,免疫学检测法可以分为抗体测定法和免疫沉淀法等类型。

(一)抗体检测法

常用的抗体测定法包括放射性抗体测定法和非放射性抗体测定法等。1978 年,Broome 和 Gilbert 设计了一种免疫学筛选方法,现已发展成为常规的放射性抗体测定法之一,其基本依据有三个:①一种免疫血清中含有多种类型的免疫球蛋白 IgG 分子,这些 IgG 分子分别与同一抗原分子上不同的抗原决定基特异性结合。②抗体分子或其某部分可牢固地吸附在固体支持物(如聚乙烯塑料制品)的表面,不会被洗脱掉。③通过体外碘化作用,IgG 抗体会迅速地被放射性[125]I 标记上。

非放射性抗体分析技术的发展得益于非放射性标记物的广泛成功的应用。例如,可以采用直接与辣根过氧化物酶(HRP)或碱性磷酸酶(AP)耦合的第二抗体,检测目的蛋白抗原-抗体复合物。也可采用与 HRP 偶联的抗生素蛋白来检测与生物素偶联的第二抗体等。这些方法也称为酶联免疫检测分析法(ELISA),具有较高的灵敏度和特异性,也没有使用放射性核素标记物带来的半衰期短和安全防护等问题,是一类有发展前途的检测方法。

(二)免疫沉淀测定法

免疫沉淀测定法也可用于筛选含靶基因的克隆子。在生长有转化子菌落的培养基中,加入与靶基因产物相对应的标记抗体。如果菌落会产生与抗体相对应的抗原蛋白(靶基因产物),则其周围就会出现一种叫沉淀素的抗体抗原沉淀物形成的白色圆圈。该方法操作简便,但灵敏度不高,实用性较差。

五、PCR 筛选法

在载体 DNA 分子中,外源 DNA 插入位点的两侧序列多为固定已知的,如 pGEM 载体系列中多克隆位点两侧分别是 SP6 和 T7 启动子的序列,通过与插入位点两侧已知序列互补的引物,以从初选出来的阳性克隆中提取的少量质粒 DNA 为模板进行 PCR 反应,通过对 PCR 产物的电泳分析就能确定是否为重组子菌落。PCR 方法不但可迅速扩增插入片段,而且可直接用于 DNA 序列测定,目前已得到广泛的应用。

项目四 靶基因的诱导表达与产物检测

基因工程的最终目的是在一个合适的系统中使外源基因高效表达,即产生大量人们所需要的蛋白质、多肽类生物药物等靶基因产物。外源基因表达指靶基因与表达载体重组后,导入合适的宿主细胞,并能在其中有效表达,产生靶基因产物的过程。因此,外源基因表达系统由基因表达载体和相应的宿主细胞两部分组成。基因表达系统包括原核表达系统和真核表达系统。常用的原核生物基因表达系统有大肠杆菌表达系统、芽孢杆菌表达系统、链霉菌表达系统等。真核生物基因表达系统有酵母表达系统、植物细胞表达系统、昆虫细胞和哺乳动物细胞等表达系统。

外源基因要在原核生物中高效表达,除了有合适的表达载体外,还必须有合适的宿主菌以及一定的诱导因素。宿主菌的选择对外源基因的表达至关重要,常选用蛋白酶缺陷型细菌菌株。根据表达载体的不同,外源基因表达常采用化学诱导与温度诱导两种方法。例如大肠杆菌的乳糖操纵子可以用 IPTG 为诱导剂诱导其表达外源基因蛋白。

从基因到有功能的产物的转录、翻译和加工过程是在一系列酶和调控序列的共同作用下完成的。转录是以 DNA 为模板合成 mRNA 的过程,翻译是以 mRNA 为模板合成蛋白质的过程。因此,外源基因表达产物的检测过程就是对特异性 mRNA 或蛋白质的检测。检测特异性 mRNA 的方法主要有 Northern 杂交法,检测特异性蛋白质的方法包括生化反应检测法、免疫学检测法和生物学活性检测法等。当转化的外源靶基因表达产物没有可供直接检测的性质时,可把外源基因与标记基因或报告基因一起构成嵌合基因,通过检测嵌合基因中的标记基因或报告基因而间接确定外源靶基因的存在和表达。

- 靶基因的诱导表达与产物检测
  - 外源基因的表达过程
    - 起始转录
    - mRNA的延伸与稳定性
    - 外源基因mRNA的有效翻译
    - 表达蛋白在细胞中的稳定性
  - 外源基因表达的调控
    - 启动子(promoter)
    - 增强子(enhancer)
    - 转录终止子(terminator)
    - 衰减子(attenuator)
    - 绝缘子(insulator)
    - 反义子(antisense RNA)
  - 外源基因表达系统
    - 大肠杆菌基因表达系统
    - 芽孢杆菌表达系统
    - 链霉菌表达系统
    - 蓝藻表达系统
    - 酵母表达系统
    - 哺乳动物细胞表达系统
    - 病毒基因表达系统
    - 植物细胞表达系统
  - 靶基因表达产物的检测
    - 外源基因转录产物的检测
    - 报告基因的酶法检测
    - 蛋白质产物的免疫学检测
    - 基因表达产物生物学活性检测
    - 蛋白质组的双向凝胶电泳

任务一　靶基因的诱导表达

【任务原理】

克隆载体(cloning vector)是携带外源基因并使其在宿主细胞内扩增的载体,通常含松弛复制子(ori)、多克隆位点(MCS)和筛选标记等基本要素,以便基因能大量增殖;而表达载体(expression vector)是指具有宿主细胞基因表达所需的调节控制序列,能使克隆的基因在宿主细胞内转录与翻译的载体。表达载体不仅使外源基因扩增,还要使其高效表达。

pET 系统是在大肠杆菌中克隆表达重组蛋白的功能强大的系统。目的基因被克隆到 pET 质粒载体上,受噬菌体 T7 强转录及翻译信号控制。T7 启动子受由宿主细胞提供的 T7 RNA 聚合酶的控制,其合成 mRNA 的速度比大肠杆菌 RNA 聚合酶快 5 倍左右。在细胞中存在 T7 RNA 聚合酶和 T7 噬菌体启动子的情形下,大肠杆菌宿主本身基因的转录竞争不过 T7 噬菌体转录体系,最终受 T7 噬菌体启动子控制的基因转录能达到很高的水平。pET22b(+)就是利用 T7 RNA 聚合酶系统在大肠杆菌中诱导型高效表达外源蛋白质的表达质粒。外源基因可与 N 端或 C 端的组氨酸(His)标签相连接,构成融合蛋白。His 标签可与 2 价的镍离子(Ni^{2+})结合,将镍离子固定在树脂上,从而可对带有 His 标签的融合蛋白进行亲和层析分离。该系统的另一个重要优点是在非诱导条件下,可以使目的基因完全处于沉默状态而不转录。用不含 T7 RNA 聚合酶的宿主菌克隆目的基因,即可避免因目的蛋白对宿主细胞的可能毒性造成的质粒不稳定。

pET 载体大致可分为两大类:转录载体和翻译载体。转录载体用以表达本身带有原核核糖体结合位点和 AUG 起始密码子的目的基因。只有 3 种转录载体 pET-21(+)、pET-24(+)和 pET-23(+)。翻译载体包括来自 T7 噬菌体主要衣壳蛋白的高效核糖体结合位点,用于表达那些不带有核糖体结合位点的目的基因。翻译载体在命名上与转录载体不同,多一个字母后缀,例如 pET-21a(+),表示相对于 *Bam* H Ⅰ 克隆位点识别序列 GGATCC 的阅读框。所有带后缀 a 的载体从 GGA 三联密码子开始表达,带 b 的从 GAT 开始,带 c 的从 *Bam* H Ⅰ 识别序列 ATC 三联密码子开始。带 d 后缀的载体阅读框和带 c 的一样,不同的是它们有一个上游 *Nco* Ⅰ 克隆位点而非 *Nde* Ⅰ 位点,以便直接将目的基因克隆到 AUG 起始密码子。

宿主菌的选择对外源基因的表达至关重要,外源基因的表达往往不稳定,易被细菌的蛋白酶降解。因此有必要对细菌菌株进行改造,使其蛋白酶的合成受阻,从而使表达的蛋白得到保护,所以实验中常选用蛋白酶缺陷型细菌菌株。此外,合适的表达宿主还应具有的条件包括:①通过细胞培养可调节表达水平,如 Tuner™ 菌株及其衍生菌株是 BL21 缺失的 *lac* ZY 突变株,可通过诱导调节蛋白质的表达量;②可形成二硫键、增加可溶性,如具有谷胱甘肽还原酶或硫氧还蛋白还原酶的细菌(AD494、BL21trxB、Origami、OrigamiB、Rosetta-gami 等)可促使蛋白质在大肠杆菌细胞内形成二硫键;③提供稀有密码子,如 Rosetta 菌株被设计用于提高含有稀有密码子的真核蛋白质在大肠杆菌中的表达,且携带氯霉素抗性质粒 pRARE,该质粒带有编码六种稀有密码子对应的 tRNA。

不同的宿主有不同的功能:①BL21(DE3)菌株添加 T7 聚合酶基因,为 T7 启动子表达系统而设计。BL21(DE3)是 λ 噬菌体 DE3 的溶源菌,即将噬菌体 DE3 区整合于 BL21 的染色体上,含 *lac* UV5 启动子控制的 T7 噬菌体 RNA 聚合酶基因。只有在受 IPTG 诱导后 *lac* UV5 启动子才会指导 T7RNA 聚合酶基因转录合成 T7RNA 聚合酶,使质粒上的靶 DNA 转录。②BL21(DE3) pLys 菌株带有含 T7 噬菌体溶菌酶基因的质粒 pLys,该溶菌酶抑制 T7 RNA 聚合酶的活性,可降低靶基因的背景表达水平,但不干扰 IPTG 的诱导表达,适用于毒性蛋白质和非毒性蛋白质的表达。③Rosetta 2 系列携带 pRARE2 质粒,补充大肠杆菌缺乏的七种稀有密码子(AUA、AGG、AGA、CUA、CCC、GCA 及 CGG)对应的 tRNA,提高外源基因,尤其是真核基因在原核系统中的表达水平。④Origami 2 系列为硫氧还蛋白还原酶和谷胱甘肽还原酶两条主要还原途径的双突变菌株,显著提高细胞质中二硫键形成的概率,促进蛋白质可溶性及活性表达。⑤Rosetta-gami 2 既补充 7 种稀有密码子,又能促进二硫键的形成,帮助表达需要借助二硫键才能形成正确折叠构象的真核蛋白质。⑥Origami B 是衍生自 *lacZY* 突变的 BL21 菌株,该突变能根据异丙基硫代半乳糖苷(IPTG)的浓度精确调节表达产物,使得表达产物量呈现 IPTG 浓度依赖性。

pET 质粒带有来自大肠杆菌的乳糖操纵子,由调节基因(*lac* Ⅰ)产生 lac 阻遏蛋白进行调节。当阻遏蛋白与操纵基因结合时,阻止基因的转录。加入诱导物,使其与阻遏蛋白结合,解除阻遏,从而启动基因转录。异丙基-β-D-硫代半乳糖苷(IPTG)是 β-半乳糖苷酶底物类似物,具有很强的诱导能力,能与阻遏蛋白结合,解除阻遏,诱导靶基因的表达。某些有价值的外源蛋白质可能对宿主细胞有毒,外源蛋白质的过量表达将影响细菌的生长,因此又会影响外源基因的表达。为了避免这种情况的发生,可以将宿主细胞的生长和外源基因的表达分成两个阶段进行。第一阶段使含有外源基因的宿主细胞迅速生长,以获得足够量的细胞,第二阶段是启动调节开关,使所有细胞的外源基因同时高效表达,产生大量有价值的蛋白表达产物。

大肠杆菌中外源蛋白质的表达有胞内表达与周质空间表达:①胞内表达,在强启动子作用下,外源蛋白质的表达量一般是细菌可溶性蛋白质总量的 $10\% \sim 70\%$。但问题是胞内表达常形成不溶性包含体,需采用强变性剂才能溶解,溶解后还要复性处理;②周质空间表达是在蛋白质 N 端融合一些信号肽,引导融合蛋白跨膜转运到达周质空间,可提高重组蛋白质的稳定性,但表达量较低。

🎤【准备材料】

用具:电泳仪、恒温水浴锅、微波炉、恒温摇床、恒温培养箱、离心机、分光光度计、制冰机、超净工作台、微量取液器、吸头、培养皿、三角瓶、试管、离心管、滤器、滤膜、镊子等。

试剂:pET22b(+)、BL21(DE3)菌株、限制性内切酶 *Nde* Ⅰ 和 *Xho* Ⅰ、限制酶缓冲液、质粒提取试剂、LB 液体和固体培养基、$6 \times$DNA 上样缓冲液、琼脂糖、TAE 缓冲液、$CaCl_2$ 溶液、苯酚/氯仿/异戊醇、乙酸钠(pH 5.2)、冰无水乙醇、冰 70% 乙醇、TE 缓冲液、100 mmol/L IPTG、磷酸盐缓冲液 PBS(pH 7.4)、100 mg/mL 氨苄青霉素母液、$4 \times$SDS 上样缓冲液。

一、表达质粒的构建

1. 利用重组的 T 载体进行表达质粒的构建。选择适当的限制性内切核酸酶切割重组 T 载体和 pET22b(+)载体。见表 4-1-1、表 4-1-2。

表 4-1-1 从重组 T 载体中获取靶基因

试剂	体积
H_2O	2 μL
构建的重组 T 质粒	30 μL(5~10 μg)
10×通用缓冲液	4 μL
Nde Ⅰ	2 μL
Xho Ⅰ	2 μL
总体积	40 μL

表 4-1-2 双酶切质粒载体

试剂	体积
H_2O	2 μL
pET22b(+)(0.5 μg/L)	30 μL(5 μg)
10×通用缓冲液	4 μL
Nde Ⅰ	2 μL
Xho Ⅰ	2 μL
总体积	40 μL

在 37℃ 条件下反应 1~2 h 以上,取 3~5 μL 预电泳检测。用琼脂糖凝胶电泳法分离 DNA,利用 DNA 纯化试剂盒纯化扩增质粒中的靶基因和 pET22b(+)酶切片段。割胶后,过柱纯化的样品进行电泳。

2. 利用连接酶进行体外连接靶基因,16℃ 条件下连接过夜。见表 4-1-3。

表 4-1-3 靶基因与表达质粒载体的连接

试剂	体积/μL
干扰素 α-2b 靶基因	6
pET22b(+)酶切质粒	2
10×连接缓冲液	1
T4 DNA 连接酶	1
总体积	10

3. BL21(DE3)菌的感受态细胞制备。(见项目三任务一制备感受态细胞)。

4. 重组质粒在特定的宿主细胞 BL21(DE3)中转化,涂布于含有 Amp 的 LB 培养基平板,37℃ 培养。

5. 菌落 PCR 鉴定:挑取 Amp 抗性菌落到 10 μL 无菌水中悬浮,然后吸取 1 μL 菌悬液,利用特异性引物进行菌落 PCR,菌落 PCR 反应结束,取 5 μL 反应液用 8 g/L 琼脂糖凝胶进行电泳,确定表达质粒是否含有重组的靶基因。剩余菌悬液则用于培养、提取质粒等。

表 4-1-4　菌落 PCR 反应体系

试剂	体积/μL
H_2O	14
菌悬液	1
上游引物(10 μmol/L)	1
下游引物(10 μmol/L)	1
10×缓冲液(含 $MgCl_2$)	2
dNTP 混合液(10 mmoL/L)	2
Taq DNA 聚合酶	0.5
总体积	20

6. 重组质粒电泳鉴定:将扩增有目的条带的剩余菌落(液)接入 5 mL 含 Amp 的 LB 液体培养基中,37℃振荡培养过夜。提取质粒,取 5 μL 质粒样品进行电泳,从质粒大小上初步确定是否有外源基因进入载体。

7. 双酶切鉴定重组质粒:酶切重组质粒,并进行电泳鉴定。37℃条件下保温 0.5～1 h,取 12～18 μL 样品进行电泳。从酶切后片段的数目及大小进行确认。见表 4-1-5。

表 4-1-5　重组表达质粒双酶切

试剂	体积/μL
重组质粒	12
H_2O	5
10×通用缓冲液	2
Nde I	0.5
Xho I	0.5
总体积	20

8. DNA 序列测定:利用表达质粒上的通用引物进行测序,确认无突变后再进行诱导表达。

【注意事项】

1. 进行菌落 PCR,挑菌落时尽量不要碰到平板培养基,并且选取 PCR 产物浓度高的阳性菌落,否则会筛选到假阳性的非重组子。

2. 在构建表达质粒时,要使外源基因与载体 DNA 的起始密码子相吻合(融合),使其处于正确的可读框之中。融合蛋白在大肠杆菌中易获得高效表达,且往往不被大肠杆菌视为异己蛋白质,培养更稳定。如果可读框发生改变,中间可能形成终止密码子,就会产生提前终止的、不完整的蛋白质,即无意义突变。

3. 为了使外源基因在原核细胞中高效表达,应利用蛋白酶缺陷型的宿主,如用黄嘌呤核苷(lon)营养缺陷型减少外源蛋白质的降解。因为 lon 是大肠杆菌合成蛋白酶的主要底物。lon 营养缺陷型宿主不能合成黄嘌呤核苷,从而不能合成蛋白酶。

4. 选用表达载体时应考虑提纯问题,选择含有合适的标记。如 His 标签。His 标签相对分子质量小且通常认为不会显著影响目的蛋白质的活性,在不太严谨的实验中不需要切割就可分析目的蛋白质。

二、靶基因的诱导表达

1. 工程菌种的扩增培养

挑取含有 pET22b(+)重组子的 BL21 菌落 6~8 个,接种于 2 mL 含氨苄青霉素(50 μg/mL)的 LB 液体培养基中,37℃,200 r/min 振荡培养,过夜。取菌液 150 μL 接种于 5 mL 含氨苄青霉素(50 μg/mL)的 LB 液体培养基中,37℃,200 r/min 振摇培养 2~3 h,至菌液的 OD_{600}=0.5~0.8。取出 1.0 mL 菌液作为 IPTG 诱导前的样品,-20℃保存。

2. IPTG 诱导靶基因的表达

向试管中加入 25 μL 的 100 mmoL/L 终浓度为 0.5 mmoL/L 的 IPTG,在 37℃振荡培养。分别在诱导后 2 h、3 h、4 h、5 h 取 1 mL 样品的菌液,置于 1.5 mL 离心管中,12 000 r/min 离心 5 min,收集菌体。用 100 μL PBS 悬浮,作为诱导后的样品,-20℃保存。

3. 表达产物的处理检测

向 IPTG 诱导前和诱导后样品加入 50 μL 4×SDS 上样缓冲液,在漩涡混合仪上剧烈振荡 1 min,使菌体完全溶解。将样品置于 100℃水浴中,煮沸 5 min,立即放入冰浴中冷却。4℃,12 000 r/min 离心 2 min,回收上清至新的离心管中。分别取 15 μL 诱导前和诱导后样品,用 SDS-PAGE 检测,确认诱导表达的产物。

【注意事项】

1. IPTG 的诱导浓度为 0.3~1 mmoL/L。有些工程菌在 IPTG 诱导后,培养温度降低至 30℃,可以产生较多的可溶性蛋白。

2. T7 噬菌体启动子只能由 T7 噬菌体的 RNA 聚合酶识别并启动转录,大肠杆菌的 RNA 聚合酶不能识别。BL21(DE3)菌株含有位于 λ 噬菌体 DE3 区的噬菌体 T7RNA 聚合酶基因,并整合到 BL21 染色体上。所以 pET 系统的表达载体与靶基因在体外重组后必须导入特定的宿主细胞 BL21(DE3)菌株中进行表达。

3. 大肠杆菌体内诱导蛋白的条带不存在或虽然存在,但其相对分子质量与预测结果不同,可能是因为表达质粒的融合蛋白的可读框有问题,或中间有终止密码子出现,最好通过破碎测序确认;也可能是因为蛋白质有诱导表达但量较少,或者表达后迅速被降解。应选用蛋白酶缺陷的宿主菌或改变温度、时间等诱导条件。

4. 在大肠杆菌细胞中有两个结构影响蛋白质的稳定性,使异源基因融合表达后面临着蛋白质降解问题,一是 N 端原则,细胞中凡蛋白质 N 端为精氨酸(Arg)、赖氨酸(Lys)、亮氨酸(Leu)、苯丙氨酸(Phe)、酪氨酸(Tyr)和色氨酸(Trp)等残基时,则该蛋白质稳定性差,半衰期约 2 min;而 N 端无这些氨基酸残基时,蛋白质半衰期可长达 10 h。二是蛋白质 N 端内部附近如果含有赖氨酸(Lys)残基,它是泛素蛋白的受体,易被依赖于泛素蛋白的蛋白酶降解。特别是赖氨酸残基出现在甲硫氨酸之后的第

启动工程菌的
表达工作

二位时更容易导致蛋白质降解。

5. 表达蛋白质的相对分子质量可以从靶基因的碱基数目推算。方法一：$M_r=115\times n\div 3$(其中 n 是基因的碱基数)。如 1.7 kb 的表达的基因，其表达蛋白质的相对分子质量大约为：$M_r=115\times n\div 3=115\times 1\,700\div 3=64\,833\approx 65\,000$。方法二：1.0 kb DNA 相当于 33 个氨基酸，即蛋白质大约 37 000。如表达的基因为 1.7 kb,其表达蛋白质的相对分子质量大约为：$M_r=1.7\times 37\,000=63\,000$。

【相关知识】

外源基因表达系统由基因表达载体和相应的宿主细胞两部分组成,能够实现靶基因与表达载体重组,导入合适的宿主细胞,并在其中有效表达,产生靶基因产物(目的蛋白)的过程。基因表达系统有原核生物基因表达系统和真核生物基因表达系统。

一、外源基因的表达过程

基因工程技术的核心是基因表达技术。基因表达是指结构基因在调控序列的作用下转录成 mRNA,经加工后在核糖体的协助下又翻译出相应的基因产物蛋白质,再在宿主细胞环境中经修饰而显示出相应的功能。从基因到有功能的产物,这整个转录、翻译及所有的加工过程就是基因表达的过程。外源基因在宿主细胞中复制(replication)、转录(transcription)和翻译(translation)是在一系列酶蛋白和调控因子的共同作用下完成的。

基因的转录是在 RNA 聚合酶的作用下合成 mRNA。原核生物 mRNA 一般不需要转录后加工过程;而真核生物的 mRNA 在细胞核内合成,需要经过以下加工:剔除前 mRNA 中非编码的内含子序列、编码区前面及后面非翻译序列的 RNA 剪接。在 mRNA 的 5′端加上 7-甲基鸟核苷三磷酸(m^7Gppp)帽子,保护 mRNA 不被 5′端核酸外切酶降解。3′端加上 poly(A)尾巴,有助于 mRNA 从核到细胞质转运,保护 mRNA 不被 3′端核酸外切酶降解,增强 mRNA 的稳定性。

翻译是以 mRNA 为模板、tRNA 为运载工具,在相关酶、辅助因子和能量的作用下将活化的氨基酸在核糖体上装配为多肽链。翻译过程包括起始、延长和终止三个阶段。①在多个起始因子的作用下,mRNA 与核糖体的小亚基结合,然后甲酰甲硫氨酰-tRNA(fMet-tRNA)结合上去,构成起始复合物。然后 tRNA 的反密码子 UAC,识别 mRNA 上的起始密码子 AUG,核糖体大亚基结合到小亚基上去,形成稳定的复合体,从而完成了起始的作用。②核糖体上有两个结合点 P 位和 A 位,可以同时结合两个氨酰-tRNA。在起始复合物中,P 位上的起始tRNA 携带的甲酰甲硫氨酸与 A 位上新进的氨酰-tRNA 的氨基酸缩合形成二肽。随着核糖体沿 mRNA 5′端向 3′端移动,在移位酶和 GTP(三磷酸鸟苷)的作用下 P 位上 tRNA 释放,A 位上的肽酰 tRNA 移动到 P 位上,第三个氨酰-tRNA 进入 A 位,再次缩合成肽,如此反复进行,肽链不断延长。③当核糖体沿着 mRNA 移动时,多肽链不断延长,到 A 位上出现终止信号(UAA、UAG 或 UGA)后,就不再有任何氨酰-tRNA 接上去,多肽链的合成就进入终止阶段。在释放因子的作用下,肽酰-tRNA 的酯键分开,完整的多肽链和核糖体的大亚基便释放出来,然后小亚基也脱离 mRNA。

从核糖体上释放出来的多肽需要进一步加工修饰才能形成具有生物活性的蛋白质。翻译后的肽链加工包括肽链剪切、折叠,某些氨基酸的羟基化、磷酸化、乙酰化和糖基化等。

(一)外源基因的起始转录

外源基因的起始转录是基因表达的关键步骤。转录起始的速率是基因表达的限速步骤。要构建一个表达系统首先要考虑的问题就是选择可调控的启动子和相关的调控序列。理想的可调控的启动子在细胞生长初期不表达或低水平表达,当细胞增殖达到一定的密度后,在某种特定的诱导因子,如温度、光和化学药物等的诱导下,RNA 聚合酶开始启动转录,合成 mRNA。原核生物基因表达的启动子可分为诱导型启动子,如 lac、trp、λP_R、λP_L、tac 等启动子,和组成型启动子,如 T7 噬菌体启动子。真核生物中外源基因的起始转录和表达相对复杂,启动子和增强子序列是外源基因在真核细胞中表达所必需的。真核生物基因表达的启动子也可分为诱导型和组成型等类型。

(二)mRNA 的延伸与稳定性

起始转录后,保持 mRNA 的有效延伸、终止及稳定存在是外源基因有效表达的关键。在构建原核生物表达载体时,可以加入抗终止的序列元件防止 mRNA 转录过程非特异性终止,也要尽量避免启动子与第一个结构基因之间存在衰减子位点;另一方面,正常转录终止序列可以防止产生不必要转录的产物,使 mRNA 的长度限制在一定的范围内,增加外源基因表达的稳定性。对于真核细胞外源基因表达,在表达载体上含有转录终止序列和 poly(A)掺入位点是重要条件。转录终止序列可以减少 DNA 反向转录产生反义 mRNA 的概率,减少因为反义 mRNA 结合转录模板导致外源基因表达的抑制。Poly(A)掺入的信号序列 AAUAAA 对 mRNA3′端的正确加工和 poly(A)的加入至关重要,AAUAAA 位点的缺失甚至可以导致基因表达的减少。mRNA 的稳定性对于翻译产物的多少也非常重要,选择一个 RNase 缺失的受体菌是原核细胞保证 mRNA 稳定性的最佳方法。对真核细胞来说,增加 mRNA 的正确加工可以提高成熟 mRNA 的稳定性。

(三)外源基因 mRNA 的有效翻译

mRNA 指导多肽链合成的翻译是多种因子协同作用的过程,其中包括 mRNA、16S rRNA、fMet-tRNA 之间的碱基配对。影响原核细胞翻译起始的重要因素有起始密码子和核糖体结合位点(SD 序列),以及两者之间的距离和碱基组成、mRNA 的二级结构、mRNA 上游的 5′端非翻译序列和蛋白编码区的 5′端序列等。因此,外源基因 mRNA 有效翻译须考虑下列基本原则:AUG(ATG)是首选的起始密码子;SD 序列为与核糖体 16S rRNA 互补结合的位点,该序列至少含有 AGGAGG 序列中的 4 个碱基;SD 序列与翻译起始密码子之间的距离为 3～9 个碱基;在翻译起始区的周围的序列不易形成明显的二级结构。真核细胞 mRNA 的 5′非翻译区不存在 SD 序列,但绝大多数 mRNA 的起始序列都含有共同的序列 5′-CCA(G)CCATGG-3′,这一序列的改变会使翻译的起始效率降低。

不同基因组使用密码子具有选择性。通常在基因组中使用频率高的密码子被称为主密码子,与之相对的,在基因组中使用频率较低的密码子称为罕用密码子。如果外源基因的 mRNA 的主密码子与宿主细胞基因组的主密码子相同或接近,则该基因表达的效率就高;若外源基因含有较多的罕用密码子,其表达水平就低。

mRNA 序列上的终止密码子会影响正确翻译的效率。例如 E.coli 中合成多肽链的释放由 RF1 和 RF2 两个释放因子所调控,RF1 识别终止密码子 UAA 和 UAG,而 RF2 识别终止密码子 UAA 和 UGA。在真核生物细胞中也存在两个释放因子 eRF。3 个终止密码子中,以 UAA 在基因表达中的终止效率最高。在原核细胞中,由于 UAA 同时为两个释放因子所识别,一般被选作翻译的终止密码子。在实际应用中,为了保证翻译的有效终止,通常将几个终止密码子串联在一起。

(四)表达蛋白在细胞中的稳定性

某些外源基因的表达产物会被宿主细胞的蛋白水解酶降解,蛋白质水解会影响外源基因表达产物在细胞中的积累,所以,外源基因的表达产物能否在宿主细胞中稳定积累是基因有效表达的重要因素。可以从如下几个方面避免外源基因表达的蛋白被降解。①构建融合蛋白表达系统。外源蛋白与宿主细胞蛋白能形成良好的不同于两种蛋白质单独存在时的杂合构象,这种构象能在较大程度上封闭外源蛋白分子上的水解酶作用位点,从而增加其稳定性。此外,融合蛋白在很多情况下还具有较高的水溶性。为了获取正确的外源蛋白质,靶基因在插入表达质粒的原核基因编码区时,应使两者的可读框保持一致。当外源基因与表达载体 DNA 的起始密码子相吻合则以融合蛋白(fusion protein)的形式表达。②构建分泌蛋白表达系统。使外源基因表达的蛋白质分泌到细胞周质腔或直接分泌到培养基中,避免细胞内的水解酶对表达蛋白的降解。③构建包涵体表达系统。外源基因的表达产物以包涵体的形式存在于宿主细胞中,这种难溶性沉淀复合物不易被宿主蛋白水解酶降解。④选择蛋白水解酶基因缺陷型的受体系统。蛋白水解酶缺陷的宿主细胞具有较低的水解酶活性或完全丧失某一种水解酶的活性,因此可以保证基因表达产物在宿主细胞内的相对稳定。

二、外源基因表达的调控

表达型质粒除了具有克隆载体的特点外,还需要有一个强启动子及操纵基因位点序列、转录起始信号、转录终止信号、核糖体结合位点、翻译起始密码子和终止密码子等一系列调控序列。质粒上的外源基因在宿主细胞内表达与否以及表达水平的高低受许多因素的制约。

(一)启动子(promoter)

启动子是 DNA 链上一段能与 RNA 聚合酶识别和结合并能起始 mRNA 合成的 DNA 序列。一般位于表达基因的上游。其长度因生物的种类而异,一般不超过 200 bp。一旦 RNA 聚合酶定位并结合到启动子序列上,即可启动转录。启动子具有如下特征:①序列特异性,在启动子的 DNA 序列中有几个保守的序列框,序列框中碱基的变化会导致转录启动的滞后和转录速度减慢。②方向性,启动子是一种有方向性的顺式调控元件,在正反两种方向中只有一种具有启动功能。③位置特性,启动子只能位于所启动转录基因的上游或基因内的前端,处于基因的下游或在基因的上游但离所要启动的基因太远,都不会起作用。④种属特异性。原核生物的不同种属、真核生物的不同组织都具有不同类型的启动子。亲缘关系越近的两种生物,启动子通用的可能性也越大。

1. 原核生物的启动子

原核生物的启动子一般由转录起始位点、2 个六联体保守序列区和间隔区 4 个部分构成。大多数细菌启动子转录起始区的序列为 CAT,转录从第二个碱基开始,该碱基为嘌呤碱基(A/G)。在距转录起始位点上游 6 bp 处存在一个六联体保守序列 TATAAT,由于中间的碱基位于转录的起始点上游的 10 bp 处,又称为 −10 序列区(pribnow 盒)。在转录启动区的另一个六联体保守序列 TTGACA 位于距转录起始位点上游 35 bp 处,通常称为－35区(sextama 盒),其中 TTG 碱基具有较强的保守性,是 RNA 聚合酶的识别位点。原核生物启动子在转录起始位点与－10 序列区之间、－10 序列区与－35 区之间存在长度不等的间隔序列。间隔序列内部无明显的保守性,其碱基组成对启动子的功能影响不大。但间隔序列的长度是影响启动子功能的重要因素。转录起始位点与－10 序列区之间的距离为 5~9 bp,－10 序列区与－35 区之间的距离为 15~21 bp,两序列间的最佳间距为(17±1)bp。

某些情况下被表达的蛋白质对宿主有毒或其大量表达对宿主不利,可选用诱导型载体,即通常情况下不转录,受诱导后才能转录,并带动外源基因的高效表达。诱导表达可防止基础(渗漏)表达,特别是可防止某些有毒产物对细胞的毒害。

目前常用的启动子中 tac 启动子,由 lac 启动子的－10 区和 trp 启动子的－35 区融合而成;lacUV5 启动子是经紫外线诱变改造后的 lac 启动子,该启动子失去了 CAP 和 cAMP 的正调控,只有乳糖或 IPTG 存在时才能启动转录;噬菌体的 P_L、P_R 启动子是由一个温度敏感的阻遏蛋白调控的强启动子;T7 启动子来自 T7 噬菌体,其功能比大肠杆菌启动子强得多,诱导表达数小时后表达的靶蛋白质可占细胞总蛋白质的 50% 以上。但 T7 启动子十分专一,只有 T7RNA 聚合酶才能使其启动,但普通的 E. coli 中不存在该酶。为了使 Lac、Tac 表达系统具有严紧调控外源基因转录的能力,一种能产生过量阻遏蛋白的 lac 基因的突变体 lac Ⅰᑫ 被用于表达系统。lac Ⅰ基因的突变体 lac Ⅰᑫ 可使 lac 操纵子阻遏蛋白的合成量增加到野生型的 10 倍。

2. 真核生物的启动子

依据 RNA 聚合酶的种类和真核基因编码的产物不同,真核生物的启动子可以分为三类:rRNA 基因启动子(Ⅰ型)、mRNA 基因启动子(Ⅱ型)和 tRNA 启动子(Ⅲ型),Ⅰ型启动子和Ⅲ型启动子位于转录起始位点的上游,结构相对简单。Ⅱ型启动子相对复杂,大多数位于转录起始位点的上游,少数则位于转录起始位点的下游。Ⅰ型启动子的基因编码产物为rRNA 前体,经剪切加工后成为成熟的 rRNA 分子。Ⅱ型启动子主要启动结构基因的表达,通常位于结构基因的 5′端上游,指导 RNA 酶与模板结合,活化 RNA 聚合酶并启动基因转录。真核生物的Ⅲ型启动子包括内启动子和外启动子,内启动子位于转录起始位点的下游,如 tRNA 和 5S rRNA 的启动子位于转录起始位点下游＋55~＋80处。外启动子位于转录起始位点的上游,缺乏相应的内部序列。外启动子包括几个顺式作用的元件,在转录起始位点上游－30 bp 处存在一个类似 TATA 框的序列,在－60 bp 处有一个 snRNA PSE(近似序列)和一个或多个被称为增强子的修饰序列 ATGCAAAT。

启动子是启动基因转录所必需的。一般来说,原核生物启动子位于转录起始位点的上游,RNA 聚合酶通过与启动子特异序列结合而启动转录。真核生物转录的启动相对复杂,它与对应的 RNA 聚合酶有关。Ⅰ型启动子所属的 RNA 基因由 RNA 聚合酶Ⅰ负责转录。Ⅱ型启动子的启动需要较多转录因子的协同作用,形成有活性的转录起始复合物并启动转录。Ⅲ型启动子存在于所有真核生物细胞中,它能快速高拷贝地启动 5S RNA、tRNA 等小分子 RNA 的转录,以满足细胞的需要。

(二)增强子(enhancer)

增强子是能够增强启动子转录活性的 DNA 顺式作用序列,增强子的结构类似于启动子,由多个元件组成,每个元件可以与一种或多种转录调控因子结合。转录调控区通常含有多个自主的增强子,每个长 50~1 500 bp 不等。每个增强子都有一种特定的功能,如在特定的细胞中或在特定的发育阶段激活相关的启动子。

真核生物基因表达调控的结果表现为特定时间和特定细胞内激活特定基因,从而实现有序的、不可逆转的分化发育过程。因此,特定基因的表达依赖于一套特定的转录调节因子与 DNA 调控元件之间的相互作用。大多数真核生物的增强子元件包含多个不同转录因子的结合位点。当外界信号由细胞表面传递至细胞核时,触发了特定的激活物与增强子准确结合,从而在增强子内形成了一个蛋白质与蛋白质、蛋白质与 DNA 相互作用的网络。

增强子的特性有:增强子的正反两个方向都有调节活性;增强子是一类相对较大的调控元件,一般都含有能独立行使功能的重复序列;增强子行使功能与所处的位置无关。增强子可处于转录起始位点的上游、下游,甚至处在转录序列之中。它们离被调控的序列可达数千个碱基对;少数增强子(如 SV40 增强子)能在所有类型的细胞中发挥作用,而大多数增强子行使功能时具有组织特异性,或只在某些细胞的特定阶段发挥作用;增强子不仅与同源基因相连时有调控功能,与异源基因相连时也有功能。

(三)转录终止子(terminator)

为防止外源基因过度表达,一般在多克隆位点的下游插入一段很强的核糖体 RNA 转录终止子。否则合成的 mRNA 过长,不仅消耗细胞内的底物和能量,且易使 mRNA 形成妨碍翻译的二级结构。转录终止子是一段终止 RNA 聚合酶转录的 DNA 序列。终止子可分为本征终止子和依赖终止信号的终止子两类。转录启动后,RNA 酶沿 DNA 链移动,持续合成 mRNA 链,直到遇到转录终止信号。

本征终止子不需要其他蛋白辅助因子,就可以在特殊的 RNA 结构区内实现终止作用。依赖终止信号的终止子则要依赖专一的蛋白质辅助因子。本征终止子终止转录所必需的两大特征是发夹结构和由 6 个 U 组成的尾部结构。发夹结构可以延缓 RNA 聚合酶的运动,但是不能终止 RNA 的合成。当 RNA 聚合酶移动到在发夹结构下游的寡聚尿嘧啶核苷酸(U)组成的终止信号时,转录作用停止,RNA 聚合酶从模板链上解离下来。

在依赖型终止子的终止位点上游 50~90 bp 区域合成的 mRNA 链含有丰富的 C 碱基,但 G 碱基的含量很低,该区域也是 ρ 因子的识别位点。ρ 因子是一个分子质量为 46 ku 的蛋白质,其活性状态为六聚体,它能与 RNA 聚合酶结合,利用 ATP 酶活性水解 ATP,将释放的能量用于解开 DNA-RNA 杂合双链,同时 RNA 聚合酶和新合成的 RNA 链起从 DNA 链上解离下来,基因转录被终止。

(四)衰减子(attenuator)

衰减子最先发现于大肠杆菌色氨酸操纵子中,是基因表达调控的精细调节装置,它利用了原核生物转录与翻译相偶联的特性,依赖自身巧妙的特征序列和相应的 RNA 二级结构,对基因转录进行开关式的微调作用,从而保证原核生物在相关操纵子处于阻遏的状态下仍能以一个基底水平合成氨基酸、核苷酸和抗生素等。

(五)绝缘子(insulator)

绝缘子在真核生物基因组中既是基因表达的调控元件,也是一种边界元件。在果蝇和鸡的基因组中已发现多个绝缘子,它能阻止临近的调控元件对其所界定基因的启动子起增强或抑制作用。绝缘子对基因表达的调控是个非常复杂的过程,它是通过细胞内特定的蛋白质因子相互作用而产生调控效应的。

(六)反义子(antisense RNA)

反义 RNA 是一类与特定 DNA 序列互补的小分子 RNA。编码反义 RNA 的 DNA 称为反义子。反义 RNA 广泛存在于原核生物和真核生物中,它在 DNA 的复制、转录和翻译 3 个水平对基因的表达起着调节作用,其中以对蛋白质合成的抑制最为普遍。

反义 RNA 可以通过直接抑制和间接抑制两种方式调节 DNA 的复制。反义 RNA 与引物 RNA 前体互补,使引物 RNA 无法与 DNA 模板结合,进而抑制 DNA 复制的频率。在转录水平上,反义 RNA 可通过与 mRNA 的 5′端互补结合而阻止转录的延伸;或作用于 mRNA 的 poly(A)区域,抑制 mRNA 的成熟和运输;或影响真核生物 mRNA 的剪切和加工。反义 RNA 对 mRNA 翻译的调控主要通过与 mRNA 的 5′端 SD 序列结合,改变其空间构象,从而影响核糖体在 mRNA 上的定位;或通过与 mRNA 的 5′端编码区(如起始密码)结合,直接抑制翻译的起始。

三、外源基因的表达系统

随着基因工程技术的发展,越来越多的原核生物被用作外源基因表达系统。目前应用最广泛的是大肠杆菌表达系统、芽孢杆菌表达系统、链霉菌表达系统和蓝藻表达系统等原核生物基因表达系统。原核生物作为基因表达系统的宿主细胞优势有:原核生物大多数为单细胞,基因组结构简单,便于基因操作和分析;生理代谢途径及基因表达调控机制比较清楚,代谢易于控制,可通过发酵迅速获得大量基因表达产物;多数原核生物细胞内含有质粒或噬菌体,便于构建相应的表达载体。不足表现在:不具备真核生物的蛋白质加工系统,表达产物无特定的空间构象;内源蛋白酶会降解表达的外源蛋白,造成表达产物的不稳定性。近年来,真核生物如真菌、酵母菌、植物细胞、昆虫细胞和哺乳动物细胞等也被广泛用作基因表达的宿主细胞,并构建了一系列相应的真核生物基因表达载体系统。

(一)大肠杆菌基因表达系统

大肠杆菌是目前为止应用最广泛的基因表达系统,其遗传背景清楚,靶基因表达水平高,培养周期短。

1. 大肠杆菌基因表达载体

(1)复制子

大肠杆菌基因表达载体一般是质粒表达载体。在大肠杆菌质粒载体中常见的复制子有 pMB1、p15A、ColE1 和 pSC101 等。其中,前三种的复制子的质粒载体以松弛方式复制,每个细胞内的拷贝数为 10~20 个。含 pSC101 复制子的质粒载体以严谨方式进行复制,每个细胞内质粒的拷贝数少于 5 个。在同一大肠杆菌细胞内,含同一类型复制子的不同质粒载体不能共存,但含不同类型复制子的不同质粒载体则可以共存于同一组细胞中。

(2)启动子和终止子

外源靶基因转录的起始是基因表达的关键步骤,选择可调控的强启动子是构建一个理想的表达系统首先要考虑的问题。抑制物基因的产物是一种控制启动子功能的蛋白质,对启动子的起始转录功能产生抑制作用。在适当的诱导条件下可使抑制物失活,启动子功能重新恢复。通过抑制物基因产物可使靶基因在宿主培养到最佳状态时进行转录,从而保证转录的有效进行,特别是表达产物对宿主有害时,控制转录的时机尤其重要。终止子对外源基因的表达同样起着非常重要的作用,一方面,它使转录在靶基因之后立即停止,避免多余的转录以节省宿主内 RNA 的合成底物,提高靶基因的转录量;另一方面,正常转录终止子的存在能够防止产生不必要的转录产物,有效地控制靶基因 mRNA 的长度,提高 mRNA 的稳定性,避免质粒上其他基因的异常表达。

（3）核糖体结合位点

核糖体结合位点（RBS）是原核基因转录起始位点下游的一段核苷酸序列。大肠杆菌细胞中不同的 mRNA 分子具有不同的翻译效率,它们由 mRNA 分子 5′端结构决定。影响 mRNA 翻译效率的因素包括 SD 序列（5′-AGGAGG—3′）、翻译的起始密码子、SD 序列与翻译起始密码子之间的距离及碱基组成等。核糖体与 mRNA 的结合程度越强,翻译的起始效率越高,这主要取决于 SD 序列与核糖体 16S rRNA 碱基的互补性,其中 4 个重要碱基 GGAG 中的任何一个发生突变都会引起翻译效率的大幅度下降。因此,在构建表达载体时,要尽可能使 SD 序列与 16S rRNA 序列互补配对。SD 序列与起始密码子之间的距离对保证准确和高效翻译也很重要,SD 序列与起始密码子之间的距离一般为 6～8 bp,多数情况下为 7 个碱基,此间的碱基多一个或少一个都会影响翻译的起始效率。此外,SD 序列与起始密码之间的碱基组成也影响翻译的起始效率,SD 序列后面的碱基为 AAAA 或 UUUU 时,翻译起始的效率最高,而当序列为 CCCC 或 GGGG 时,翻译的起始率分别为最高值的 50% 和 25%。

（4）起始密码子

起始密码子是翻译的起始位点,通常编码甲硫氨酸（MET）的 AUG（ATG）是首选的起始密码子。不同生物甚至同种生物的不同蛋白质的基因对简并密码子的使用具有一定的选择性。在构建大肠杆菌表达载体时,要考虑所表达基因的种类和性质,或对外源基因的碱基进行适当置换,或对克隆载体上的调控序列进行适当调整。

（5）选择标记

通过物理或化学的方法将质粒载体转移到受体菌时,只有少部分菌体细胞能接受并稳定保持质粒载体。在构建质粒载体时加上选择性标记,使得转化体产生新的表型,将转化了的细胞从大量的菌群中分离出来。微生物表型选择标记包括显性标记和营养缺陷型标记等。对于大肠杆菌等宿主菌的克隆载体来说,一般利用抗生素抗性基因作为选择标记基因,常见的有抗氨苄青霉素、四环素、氯霉素和链霉素等抗性基因。大肠杆菌表达载体上通常都带有一个以上的抗性基因。在构建大肠杆菌表达载体过程中,选择何种抗生素抗性基因,还需考虑是否会对特定宿主细胞的代谢活动产生影响。

（6）信号序列

在原核细胞中,合成的蛋白质能否分泌到细胞外与编码区上游的一段信号序列（signal sequence）有关。这段序列编码的 15～30 个氨基酸为蛋白质 N 端的信号肽,可携带蛋白质跨膜并分泌到细胞外。当信号肽携带后面的蛋白质跨膜分泌后,即被质膜上的信号肽酶切除,从而产生有功能的成熟蛋白质。

2. 宿主菌

大肠杆菌表达系统一般表达的都是异源基因,还有些是真核生物基因。在大肠杆菌细胞内积累的大量异源蛋白不稳定,极易被降解,原因包括:大肠杆菌不具备类似真核细胞的亚细胞结构和表达产物稳定因子；缺乏复杂的翻译后加工和蛋白质折叠系统；大量的异源重组蛋白在细胞中形成高浓度微环境，导致蛋白质分子之间的作用增强。构建作为基因表达受体菌的大肠杆菌工程菌株可以使外源基因高效表达，目前常用于外源基因表达的大肠杆菌工程菌株如表 4-1-6 所示。

3. 常见的表达系统

目前较为广泛应用大肠杆菌的表达系统主要包括 Lac 和 Tac 表达系统，P_L 和 P_R 表达和 T7 表达系统等。

(1)Lac 和 Tac 表达系统

Lac 和 Tac 表达系统是以 *lac* 操纵子调控机理为基础设计和构建的表达系统。大肠杆菌 *lac* 操纵子由启动子(*lac* P)、操纵子(*lac* O)和结构基因(*lac* Z、*lac* Y、*lac* A)三部分组成。*Lac* ZAY 三个基因的转录受正调控因子 CAP 和负调控因子 *lac I* 所调控。CAP 因子

表 4-1-6　常见的大肠杆菌基因表达受体菌株

菌株	基因型	启动子
BL21	*hsd*S gal	T7 噬菌体
HMS174	*rec*A1 hsdR rif	T7 噬菌体
M5219	*lac*Z trpA rpsL	噬菌体 P_L
RB791	W3110 $lacI^q$ L8	*lac*，*tac*

是一种代谢激活蛋白，当其活化并结合于启动子上游附近的区域，帮助 RNA 聚合酶定位在启动子上，提高 RNA 聚合酶与启动子形成复合物的启动速率。*lac I* 基因拥有独立的启动子和终止子，能独立转录和表达一种同源四聚体阻遏蛋白。当受体菌中不含有阻遏蛋白时，*lac* 操纵子的转录是开放的。乳糖和类似物如异丙基-β-D 硫代半乳糖苷(IPTG)等通过与阻遏蛋白结合而保持 *lac* 操纵子转录开放。当含 *lac* 启动子和 *tac* 启动子的多拷贝表达载体转移到大肠杆菌后，细胞中 *lac I* 阻遏蛋白不足以结合并阻止所有表达载体的操纵基因。因此，为了获得可调控的外源基因表达，常对宿主菌进行改造，通过对大肠杆菌 *lac I* 基因诱变，获得能过量表达 *lac I* 阻遏蛋白的基因突变体 $lac\ I^q$，使外源基因的表达调控在一定的水平。此外，目前还构建了阻遏蛋白温度敏感型突变体 $lac\ I^q$(ts)宿主菌和表达载体，使 *lac* 和 *tac* 启动子的转录受温度的控制，在低温(30℃)下基因的转录受到抑制，在较高温度(42℃)下基因的转录保持开放。

(2)P_L 和 P_R 表达系统

P_L 和 P_R 表达系统是以 λ 噬菌体早期转录启动子 P_L 和 P_R 构建的。在野生型 λ 噬菌体中，P_L 和 P_R 启动子的转录与否决定 λ 噬菌体进入裂解循环或溶源循环。λ 噬菌体 P_E 启动子控制的 *cI* 基因表达产物是 P_L 和 P_R 启动子转录的阻遏物，而它的表达和在细胞中的浓度取决于一系列宿主与噬菌体因子之间的复杂平衡关系。由于通过细胞因子调节 *cI* 在细胞中量的途径很难操作，因而在构建表达系统时，选用温度敏感突变体 *cI*857(ts)的基因产物来调控 P_L 和 P_R 启动子的转录，在较低温度(30℃)下阻遏物以活性形式存在，在较高温度(42℃)下阻遏作用失活。由于普通的大肠杆菌中不含 *cI* 基因表达产物，含有 P_L 和 P_R 启动子的表达载体会发生过度表达现象而导致不能稳定存在于宿主菌中。因此必须对大肠杆菌或表达载体进行遗传改造，将 *cI*857(ts)基因整合在宿主染色体上或组装在表达载体上。

（3）表达系统

利用大肠杆菌 T7 噬菌体转录系统元件构建的表达系统具有很高的表达能力。T7 噬菌体 RNA 聚合酶能选择性地激活 T7 噬菌体启动子的转录，它是一种活性很高的 RNA 聚合酶，其合成 mRNA 的速率相当于大肠杆菌 RNA 聚合酶的 5 倍。在大肠杆菌宿主细胞中，受 T7 噬菌体启动子控制的基因在 T7 噬菌体 RNA 聚合酶存在下进行高表达。

4. 外源基因在大肠杆菌表达的形式

外源基因在大肠杆菌中的表达产物可能存于细胞质、细胞周质或细胞外培养基中。按表达形式的不同分为不溶性蛋白和可溶性蛋白两种，包括包涵体、融合蛋白、分泌型外源蛋白、寡聚型外源蛋白和整合型外源蛋白。

（1）包涵体蛋白

包涵体是大肠杆菌细胞内生物大分子致密聚集形成的被膜包裹或无膜的水不溶颗粒状物。包涵体主要存在于细胞质中，在某些条件下也能在细胞周质中形成。包涵体的组成包括蛋白质、非蛋白质。其组成外源重组蛋白占 50% 以上，宿主蛋白主要是 RNA 聚合酶、核糖核蛋白、外膜蛋白等；还有一些质粒编码蛋白，如标记基因产物。此外还含有一些非蛋白分子，如 DNA、RNA、脂多糖等。包涵体蛋白特点是氨基酸序列组成正确，空间构象往往错误。因而包涵体蛋白一般没有生物学活性。

以包涵体形式表达的外源蛋白最突出的优点是易于分离纯化。因为包涵体的水难溶性和密度远大于其他蛋白，通过高速离心即可将包涵体蛋白与其他蛋白区分开来；此外，包涵体对蛋白酶表现出好的抗性，有利于保持表达产物结构稳定。包涵体表达的缺点是表达的外源蛋白丧失了原有生物活性，必须经过有效的变性、复性操作，才能得到具有正确空间构象的活性蛋白体。

（2）融合蛋白

将外源蛋白基因与受体菌自身蛋白基因重组在一起，但不改变两个基因的阅读框，以这种方式表达的蛋白称为融合蛋白。一般来说，受体菌蛋白位于 N 端，外源蛋白位于 C 端。融合蛋白的表达方式使外源蛋白稳定性大大增加，是因为外源蛋白在菌体自身蛋白的引导下正确折叠，形成良好的杂合构象，可在很大程度上封闭无规则折叠时暴露在分子表面的蛋白酶切割位点，从而增加了稳定性。因为受体菌自身蛋白基因的 SD 序列和碱基组成等有利于基因的表达，所以外源蛋白以融合蛋白的方式表达时能以较高的效率进行。外源蛋白以融合蛋白的方式表达时还易于分离纯化，可根据受体菌蛋白的结构和功能特点，利用受体菌蛋白的特异性抗体、配体或底物亲和层析等技术分离纯化融合蛋白，然后通过蛋白酶水解或化学法特异性裂解受体菌蛋白与外源蛋白之间的肽键，获得纯化的外源蛋白产物。

（3）分泌型外源蛋白

外源基因的表达产物，通过运输或分泌的方式穿过细胞的外膜进入培养基中，即为分泌型外源蛋白。分泌型蛋白的形式可以解决外源基因表达产物在细胞质中过度积累影响细胞的生理功能的问题。外源蛋白以分泌型蛋白表达时，须在 N 端加入 15～30 个氨基酸组成的信号肽序列。信号肽 N 端的最初几个氨基酸为极性氨基酸，中间和后部为疏水氨基酸，它们对蛋白质分泌到细胞膜外起决定性作用。当蛋白质分泌到位于大肠杆菌细胞内膜与外膜之间的外周质时，信号肽被信号肽酶所切割。

以分泌型蛋白的形式表达外源基因的优点是：①分泌型可能使蛋白质按适当的方式折

叠,有利于形成正确的空间构象,获得有较好生物学活性的蛋白质。②分泌到细胞外周质的蛋白质产物较稳定,不易被细胞内蛋白酶所降解。③简化了发酵后处理的纯化工艺。缺点是外源蛋白分泌型表达通常产量不高,有时信号肽不被切割或在不适当的位置发生切割。

(4)寡聚型外源蛋白

为提高外源蛋白表达量,在构建外源蛋白表达载体时,将多个外源目的蛋白基因串连在一起,克隆在低拷贝质粒载体上,以这种方式表达的外源蛋白称为寡聚型外源蛋白。以这种策略表达外源蛋白时,虽然宿主细胞内质粒的拷贝数减少,但外源基因在细胞内转录的 mRNA 拷贝数并不减少。这种方法对分子质量较小的外源蛋白更为有效。这种表达方式有效地克服了过多地表达非目的外源蛋白,如选择标记基因产物等。

(5)整合型外源蛋白

为防止外源基因随质粒丢失,将要表达的外源基因整合到染色体的非必需编码区上,使之成为染色体结构的一部分而稳定地遗传,但是不干扰宿主细胞的正常生理代谢,以此种方式表达的外源蛋白即为整合型外源蛋白。实现外源基因与宿主染色体整合是根据 DNA 同源交换的原理,因此在待整合的外源基因两侧必须分别组合一段与染色体 DNA 完全同源的序列。一般来说,外源基因两侧的同源序列大于 100 bp。此外,还必须将可控的表达元件和选择标记基因连接在一起。外源基因整合到染色体上后只含有单个拷贝,在合适的条件下仍能高效表达外源蛋白。

5. 在大肠杆菌中高效表达靶基因的策略

大肠杆菌表达系统是目前应用最广泛的表达系统,由于待表达的外源基因结构具有多样性,尤其是真核生物基因的结构与大肠杆菌基因结构之间存在较大差异,因而在构建表达系统时必须具体情况具体分析。一般来说,高效表达外源基因须考虑以下原则。

(1)优化表达载体的设计

为了提高外源基因的表达效率,在构建表达载体时对决定转录起始的启动子序列和决定 mRNA 翻译的 SD 序列进行优化。

(2)提高稀有密码子 tRNA 的表达作用

多数密码子具有简并性,而不同基因使用同义密码子的频率各不相同。大肠杆菌基因对某些密码子的使用表现了较大的偏爱性,在几个同义密码中往往只有一个或两个被频繁地使用。可通过点突变的基因表达与调控方法将外源基因中的稀有密码子更换为在宿主细胞高频出现的同义密码子。

(3)提高外源基因 mRNA 的稳定性

大肠杆菌的核酸酶系统能专一性地识别外源 DNA 或 RNA 并对其进行降解。为了保持 mRNA 在宿主细胞内的稳定性,尽可能减少核酸外切酶可能对外源基因 mRNA 的降解;也可以改变外源基因 mRNA 的结构,使之不易被降解。

(4)提高外源基因表达产物的稳定性

大肠杆菌中含有多种蛋白水解酶,在外源基因表达产物的诱导下,其蛋白水解酶的活性可能会增加。因此,需采取多种措施提高外源蛋白在大肠杆菌细胞内的稳定性。常用的方法包括:将外源基因的表达产物转运到细胞周质或培养基中;选用蛋白水解酶缺失的菌株作为受体菌;将外源蛋白中对水解酶敏感的序列进行修饰或改造;在表达外源蛋白的同时,表达外源蛋白的稳定因子。

（5）优化发酵过程

在进行工业化生产时,工程菌株大规模培养的工艺优化和控制对外源基因的高效表达至关重要。优化发酵过程既包括工艺方面的因素,也包括生物学方面的因素,如选择合适的发酵系统或生物反应器,目前应用较多的有罐式搅拌反应器、鼓泡反应器和气升式反应器等。在生物学方面,一是与细菌生长密切相关的条件或因素,如发酵系统中的溶氧、pH、温度和培养基的成分等。二是对外源基因表达条件的优化,在发酵罐内工程菌株生长到一定的阶段后,开始应用添加特异性诱导物和改变培养温度等方法诱导外源基因的表达,使外源基因在特异的时空进行表达,不仅有利于细胞的生长代谢,而且能提高表达产物的产率。三是提高外源基因表达产物的总量。这取决于外源基因表达水平和菌体浓度,在保持单个细胞基因表达水平不变的前提下,提高菌体密度可望提高外源蛋白合成的总量。

（二）芽孢杆菌表达系统

芽孢杆菌属于革兰氏阳性菌,细胞壁不含内毒素,能将蛋白质分泌到细胞外。目前用作基因表达系统的有枯草芽孢杆菌和短小芽孢杆菌等。利用芽孢杆菌作为表达外源基因的受体菌具有如下优点：许多芽孢杆菌是非致病性微生物,培养条件简单,生长迅速；表达产物能分泌到细胞外的培养基中,且多数表达产物具有天然构象和生物学活性；某些芽孢杆菌的遗传背景比较清楚,便于进行遗传操作；利用芽孢杆菌进行发酵的技术相当成熟。

1. 芽孢杆菌表达载体

目前广泛应用于芽孢杆菌表达载体的复制子包括两大类:其一是来源于金色葡萄球菌的复制子,如 pUB10、pC194 和 pE194 等质粒表达载体。另一类是来源于短小芽孢杆菌的复制子,如 pHY481 和 pWT481 等质粒表达载体。用于芽孢杆菌基因克隆和表达的部分质粒载体及其特性如表 4-1-7 所示。

芽孢杆菌含有 10 多种转录起始识别因子(σ)。芽孢杆菌中某些基因的启动子也具有类似大肠杆菌基因—35 区和—10 区特征序列,它们可被特异的 σ 因子所识别。芽孢杆菌启动子的表达具有明显的时序性,它与菌体的生长周期和生理代谢活动密切相关。

表 4-1-7　部分芽孢杆菌基因克隆和表达载体

载体	大小/kb	选择标记	拷贝数	类型或特征
pE194	3.7	Km^r	10	克隆
pC194	2.9	Cm^r	15～40	克隆
pUB110	4.5	Km^r	30～50	克隆
pMK4	5.6	Ap^r,Cm^r	—	穿梭
pJH101	5.4	Ap^r,Cm^r	—	整合
pCP115	4.4	Ap^r,Tc^r,Cm^r	—	整合
pRT1-11	7.8	Km^r	—	表达

注:"—"表示无具体数值。

芽孢杆菌的表达载体包括自主复制质粒、整合质粒和噬菌体三类。自主复制质粒是一类穿梭质粒,能在大肠杆菌中进行复制,同时它含有能在芽孢杆菌中复制的起始序列,因而也能在芽孢杆菌中进行自主复制。整合质粒是在大肠杆菌质粒基础上构建而成的,它不含有在芽孢杆菌进行复制的起始序列,因而在转移到芽孢杆菌宿主细胞后不能进行自主复制,但它能插入到宿主染色体并将外源基因和标记基因整合到染色体上,随细胞染色体复制而复制,以这种方式表达外源基因解决了芽孢杆菌中质粒不能稳定遗传的问题。以芽孢杆菌温和型噬菌体构建的表达载体能将外源基因定位整合到染色体上,并且在合适的条件下(温度)诱导外源基因的表达。

2. 宿主菌

野生型芽孢杆菌能分泌大量胞外蛋白酶,它会影响外源基因表达产物的稳定性,因此在构建芽孢杆菌表达系统宿主菌时要将蛋白酶基因进行突变,使其灭活或将活性降低。目前应用较多宿主菌主要有枯草芽孢杆菌、短小芽孢杆菌和地衣芽孢杆菌等。枯草芽孢杆菌能分泌多种不同的胞外蛋白酶,对胞外蛋白酶基因采用体外缺失和体内同源交换的方法进行突变,可将胞外蛋白酶的活性降低。短小芽孢杆菌能对许多蛋白质进行分泌表达,并且它所产生的胞外蛋白酶活性较低,是一种较好的分泌表达系统。短小芽孢杆菌在分泌胞外蛋白酶的同时还能产生一种蛋白酶抑制剂。

目前已有多种蛋白质如 α 淀粉酶、碱性蛋白酶、中性蛋白酶等在芽孢杆菌表达系统中得到表达。芽孢杆菌的细胞膜不同于大肠杆菌,通常只有一层细胞膜,分泌型蛋白跨膜后就进入到培养基中。因此,外源蛋白的表达可达到很高的水平,其表达量可达 30 g/L。

(三)链霉菌表达系统

链霉菌广泛分布于土壤中,是一类革兰氏阳性菌,能够产生多种生理活性物质,链霉菌作为外源基因表达的宿主细胞为非致病菌,不产生内毒素;可进行外源蛋白的分泌表达;可进行高密度培养,具有丰富的次级代谢途径和初、次级代谢调控体系,表达外源蛋白的时间较长;链霉菌在传统发酵工业中应用的历史悠久,有良好的工业化基础。目前有多种酶蛋白基因和次级代谢产物合成基因在链霉菌表达系统中得到表达。

1. 链霉菌基因表达载体

链霉菌基因启动子根据结构的不同分为三类:第一类是与原核生物基因−10 区和−35 区类似的启动子,其−10 区碱基序列通常为 5′-TAGPuPuT—3′,−35 区碱基序列为 5′-TT-GACPu-3′,这种启动子序列可被大肠杆菌 RNA 聚合酶识别,因而也可在大肠杆菌中进行表达。该启动子一般在细菌对数生长期启动相关基因的转录。第二类是仅与原核生物基因−10 区类似的启动子。第三类是与原核生物基因−10 区和−35 区序列均不相同的启动子。链霉菌基因启动子的−10 区与−35 区之间的间隔相差较大(7~24 bp)。

链霉菌基因终止子结构具有较长的不完全互补反向重复序列。该结构类似于大肠杆菌 ρ 因子依赖型终止子的结构,能形成发夹结构,在多数情况下不含寡聚 T 序列,转录终止位点位于终止子结构下游的邻近区域。

链霉菌基因上核糖体结合位点的序列类似于其他原核生物的 SD 序列:5′-(A/G)GGAGG-3′。相对于其他革兰氏阳性菌而言,链霉菌基因中核糖体结合位点序列的保守性略低,SD 序列与起始密码之间的距离为 5~12 个碱基。因此,构建表达载体时对 SD 序列与 16S rRNA 之间是否严格互补的要求相对宽松。链霉菌基因转录起始位点与编码区之间的距离变化较大,从数个碱基对到几百个碱基对不等,多数间隔区为 100 bp 左右。

链霉菌对编码蛋白质的密码子具有明显的偏爱性。对数十种链霉菌蛋白质的密码子进行统计发现,编码蛋白质的碱基序列中 GC 的平均含量高达 73%,密码子的第一、第二和第三位碱基的 GC 含量分别达 66%、53% 和 93%,而这种现象不存在于非编码区。

2. 宿主菌

链霉菌基因表达系统的宿主菌主要有变铅青链霉菌和天蓝色链霉菌。天蓝色链霉菌是链霉菌属中分子遗传学研究最清楚的菌株,但该宿主菌具有较强的修饰系统,因而在实际应用中都是以变铅青链霉菌作为外源基因表达的受体菌系统,有如下优点:遗传背景清楚,不含内源性质粒;对外源 DNA 无明显的修饰作用;能够高效表达链霉菌基因以外的其他基因,如大肠杆菌和芽孢杆菌等革兰氏阴性、阳性菌的基因;具有高效的异源蛋白分泌系统,并且其内源蛋白酶和外源蛋白酶合成量低。

外源蛋白的分泌表达是通过与链霉菌信号肽结合以异源重组蛋白的形式进行的。链霉菌分泌型蛋白形成的机制类似于其他分泌型蛋白,先形成蛋白质前体,其 N 端信号肽序列在分泌的过程中被切除。链霉菌信号肽序列长为 26～56 个氨基酸残基,位于多肽链的 N 端。目前有多种来源于放线菌属的基因已在变铅青链霉菌中得到表达,如酪氨酸酶基因,β-淀粉酶基因、羧甲基纤维素酶基因、几丁质酶基因等。金黄色葡萄球菌的 APH($3'$)-磷酸转移酶基因和沙门氏菌 β-内酰胺酶基因等也在变铅青链霉菌中得到表达。此外,真核生物基因在链霉菌中的分泌表达也获得成功,如利用链霉菌基因的启动子和信号肽分泌表达胰岛素、白细胞介素-2、α-干扰素和肿瘤坏死因子等。

链霉菌还能产生多种抗生素物质,通过对抗生素合成酶基因的克隆和表达可提高抗生素的产量或合成新的抗生素物质。抗生素合成的相关基因通常以基因簇的形式存在,并且大部分位于染色体上,少数存在于质粒上。抗生素生物合成受某些基因的负调控,阻断该基因的表达也可提高抗生素的产量。目前有十多个抗生素生物合成基因被克隆,并有数个关键酶基因得到表达,如苯恶嗪酮合成酶、炭环素等。

(四)蓝藻表达系统

蓝藻含有叶绿素 a(缺叶绿素 b)和藻胆色素,具有光合系统 I 和光合系统 II、能进行光合作用,因此也称为蓝绿藻。蓝藻染色体 DNA 裸露,是一种典型的原核生物,又称为蓝细菌。蓝藻是近年来迅速发展起来的一种很好的表达系统。蓝藻种类繁多,广泛分布在地球上的各个角落,不仅能光合放氧,有些还具有自生固氮的能力。有些蓝藻具有放氢特性,可供开发清洁的能源。有些蓝藻富含蛋白质,是天然食物和饲料的蛋白质资源。此外,有的蓝藻还能净化污水,可用来治理水体污染。

1. 蓝藻外源基因表达载体

为了使外源靶基因能有效地转入蓝藻细胞,并能在其中表达,构建了一系列穿梭质粒表达载体和基因整合平台系统供体质粒表达载体,如 pZL、pPKE2、pPKEUT、pPREUT、pRL、pKT-MRE 和 pDC-MT 等。为使外源靶基因在蓝藻细胞内能高效表达,在表达载体上组装了多种含有不同启动子的基因表达盒,应用较多的有 λ 噬菌体的 P_L 启动子和 P_R 启动子、蓝藻藻蓝蛋白 $cpcB_2A_2$ 操纵子的启动子等。其中 $cpcB_2A_2$ 操纵子的启动子不仅是强启动子,而且是一类可控的启动子,受红光的诱导才能表达。这样的转基因蓝藻即使进入自然环境中,也由于不存在合适的诱导条件,不能表达外源靶基因产物,不会导致环境污染和影响生态系统平衡,是一类安全的基因表达系统。

2. 宿主蓝藻

蓝藻作为表达外源基因的受体菌兼具微生物和植物的优点。蓝藻基因组为原核型,遗传背景简单,不含叶绿体 DNA 和线粒体 DNA,便于基因操作和外源 DNA 检测;细胞壁属

G^-，主要由肽聚糖组成，便于外源 DNA 的转化；营光合自养生长，培养条件简单，只需光、CO_2、无机盐、水和适宜的温度就能满足生长需要；多种蓝藻含有内源质粒，为构建蓝藻质粒载体提供了极好的条件；蓝藻富含蛋白质，并且多数蓝藻无毒，早已用作食物或保健品，在此基础上把一些重要药物基因转入无毒蓝藻，可达到锦上添花的效果。

蓝藻有约 150 个属 2 000 余种，但是用于外源基因转化受体的蓝藻为数不多。应用较普遍的主要有 PCC6301，PCC7942、PCC7943、PCC7002、PCC6714、PCC6308、PCC6803、PCC6906 等藻株。蓝藻在各生长时期均处于感受状态，均可用于转化，通常采用对数生长中期到后期的细胞进行转化。转化过程中遮光或添加光合作用抑制剂可提高转化效率。多细胞丝状蓝藻在转化前往往用物理方法处理，使其成为只含有少量细胞的丝状体；甚至用化学方法处理，使其成为分散的原生质体（球）。

目前已有多种外源靶基因在蓝藻细胞中得到了有效表达，如芽孢杆菌杀幼蚊毒素基因、乙烯合成酶基因、人超氧化物歧化酶基因、人肝金属硫蛋白突变体 β 基因、人尿激酶基因、人碳酸酐酶基因、人胸腺素 α1 基因等。这些基因在蓝藻细胞内的表达量占可溶性蛋白总量的 3% 左右。

(五)酵母表达系统

酵母（yeast）是一类以芽殖或裂殖进行无性繁殖的单细胞真核生物，分属于子囊菌纲、担子菌纲和半知菌纲，是外源基因最理想的真核生物基因表达系统。

1. 酵母表达载体结构

酵母克隆和表达载体是由酵母野生型质粒、原核生物质粒载体上的功能基因（如抗性基因、复制子等）和宿主染色体 DNA 上自主复制子结构（ARS）、中心粒序列（CEN）、端粒序列（TEL）等一起构建而成的。酵母基因表达系统的载体一般是一种穿梭质粒，能在酵母菌和大肠杆菌进行复制。

（1）DNA 复制起始区

酵母表达载体包含两类复制起始序列，分别是在大肠杆菌中复制的复制起始序列和在酵母菌中引导进行自主复制的序列。在酵母中自主复制的序列来自酵母菌的天然 2 μm 质粒复制起始区或酵母基因组中的自主复制序列。

（2）选择标记

包括营养缺陷型选择标记和显性选择标记。营养缺陷型选择标记与宿主的基因型有关。显性选择标记可用于各种类型的宿主细胞，并提供直观的选择标记，包括氨基糖苷类抗生素和蛋白合成抑制剂等。

（3）有丝分裂稳定区

酵母菌表达载体在细胞内拷贝数少，分子质量较大，相当于微型染色体。表达载体上的有丝分裂稳定区决定载体在宿主细胞分裂时，能平均分配到子细胞中去，它来源于酵母菌染色体着丝粒片段。

（4）表达盒

由启动子、分泌信号序列和终止子组成。酵母基因启动子的长度一般为 1～2 kb，在启动子上游含有各种调控元件，如上游激活序列、上游阻遏序列和组成型启动子序列等。启动子的下游存在转录的起始位点和 TATA 序列。TATA 序列可被转录因子蛋白识别、结合并形成转录起始复合物。分泌信号序列是前体蛋白 N 端一段长为 17～30 个氨基酸残基的分泌信号肽编码区,主要功能是引导分泌蛋白从细胞内转移到细胞外,并对蛋白质翻译后的加工起重要作用。终止子是决定 mRNA3′端稳定性的重要结构,酵母中 mRNA 的 3′端与高等真核生物类似,需经过前体 mRNA 的加工和多聚腺苷酸化反应。在酵母中这些反应都是偶联的,一般发生在基因 3′端的近距离内,因而酵母基因的终止子序列相对较短。

2. 酵母表达载体类型

酵母基因表达载体有自主复制型质粒载体、整合型质粒载体、着丝粒型质粒载体和酵母人工染色体。

(1)自主复制型质粒载体(yeast replicating plasmid,YRP)

含有酵母基因组的 DNA 复制起始区、选择标记和基因克隆位点等元件,能够在酵母细胞中进行自我复制。载体的克隆位点序列来源于大肠杆菌的质粒载体(如 pBR322 等)。其优点是在酵母细胞中的转化效率较高,每个细胞中的拷贝数可达 200 个。但是经过多代培养后,子细胞中的拷贝数会迅速减少。

(2)整合型质粒载体(yeast integration plasmid,YIP)

不含酵母 DNA 复制起始区,不能在酵母中进行自主复制,但含有整合介导区,可通过 DNA 的同源重组将外源基因整合到酵母染色体上,并随染色体一起进行复制。质粒与染色体 DNA 的同源重组主要有单交换(插入)整合和双交换(或替换)整合两种方式。单交换整合是在整合位点附近将外源基因整合到染色体上;双交换整合是在质粒载体上有两个与染色体 DNA 同源的整合位点,通过与染色体 DNA 的同源重组将两个整合位点之间的染色体 DNA 片段置换下来。

(3)着丝粒型质粒载体(yeast centromeric plasmid,YCP)

在自主复制型载体的基础上,增加了酵母染色体有丝分裂稳定序列元件。在细胞分裂时,质粒载体能平均分配到子细胞中,稳定性较高,但拷贝数很低,通常只有 1~2 个拷贝。

(4)酵母人工染色体(yeast artificial chromosome,YAC)

在酵母细胞中以线性双链 DNA 的形式存在,每个细胞内只有单拷贝。在细胞分裂和遗传过程中,能将染色体载体均匀分配到子细胞中,并保持相对独立和稳定。酵母菌选择标记基因 $SUP4$ 编码 tRNA^{tyr}的赭石抑制 tRNA,在 $ade2$ 基因赭石突变株中,$SUP4$ 基因的表达使转化子呈白色,而非转化子或 $SUP4$ 基因不表达时菌落呈红色。将外源基因插入 YAC 载体的 Sma I 克隆位点上后,则可灭活 $SUP4$ 基因,获得红色的重组克隆子。YAC 载体可插入 200~800 kb 的外源基因片段,因而特别适合高等真核生物基因组的克隆与表达研究。

3. 宿主菌

酵母基因表达系统的宿主菌参阅项目三任务一的相关知识酵母宿主细胞。

(六)哺乳动物细胞表达系统

外源基因在哺乳动物细胞中的表达包括基因的转录、mRNA 翻译及翻译后蛋白质的加工等过程,一般来说,真核生物基因在原核细胞中能够进行转录和翻译,有时甚至能表达具有一定构象和活性的蛋白质,但在原核细胞中无法进行更精确的翻译后加工,如蛋白质的糖基化、磷酸化、寡聚体的形成,以及蛋白质分子内或分子间二硫键的形成等。因此,要表达具有生物学功能的蛋白质,如膜蛋白和具有特异性催化功能的酶需要在高等真核生物细胞中进行。

1. 哺乳动物基因表达载体

哺乳动物基因表达载体包括质粒载体和病毒载体两大类。哺乳动物基因表达质粒载体是一类穿梭质粒载体，能够在细菌（大肠杆菌）和哺乳动物细胞中进行扩增。目前构建的大多数哺乳动物表达载体都带有来源于不同病毒基因组的复制起始序列，这些病毒基因表达调控元件能有效地调节外源基因在哺乳动物细胞中的表达。

（1）SV40 衍生的表达载体

SV40 病毒基因组是长 5 243 bp 的共价闭环双链 DNA 分子。SV40 衍生表达载体一般作为瞬时表达系统，可在多种哺乳动物细胞中低水平或中等水平表达，在 COS 宿主细胞中可获得高表达。目前已构建的 SV40 衍生的表达载体有 pMSG、pSVT7 和 pMT2 等。

（2）牛乳头瘤病毒（BPV）衍生载体

牛乳头瘤病毒基因组为双链 DNA，全长 7 950 bp，该病毒能在体外转化啮齿动物细胞。BPV DNA 转化宿主细胞后以染色体外 DNA 的形式存在，细胞中病毒 DNA 的拷贝数一般可达到 20～100。以 BPV DNA 构建的表达载体可以在多种哺乳动物细胞中获得低水平或中等水平表达，它既可表达基因组 DNA 也可表达 cDNA 序列，并且对允许插入的外源 DNA 大小没有严格限制。

（3）人疱疹病毒（EBV）衍生的表达载体

EB 病毒可以将休止状态的人 B 淋巴细胞转化为能在培养基条件下无限增殖的分裂母细胞。EB 病毒 DNA 在 B 淋巴细胞中以附加体的形式存在。以 EB 病毒 DNA 为基础构建的表达载体可在范围广泛的哺乳动物细胞中低水平或中等水平表达外源基因，对允许插入的外源基因片段的大小没有严格的限制。以 EB 病毒 DNA 构建了表达载体 pHEBo，利用该载体在人的淋巴母细胞中成功地表达了人 I 类主要组织相容性复合体基因。

（4）人腺病毒（adenovirus）衍生的表达载体

人腺病毒包括 6 个亚属，目前用来构建基因表达载体的腺病毒主要是 C 亚属的 2 型病毒（Ad2）和 5 型病毒（Ad5）。腺病毒基因组为线性双链 DNA，基因组 DNA 长为 36 kb，包装 DNA 的最大值为原基因组的 105%。人腺病毒表达载体具有宿主范围广、稳定性好、表达效率高等特点。

（5）反转录病毒（retrovirus）衍生表达载体

反转录病毒是一类整合型单链 RNA 病毒，其基因组含有两条相同的 RNA 分子。目前对反转录病毒基因组研究得最清楚的是劳氏肉瘤病毒（Rous sarcoma virus，RSV），在病毒颗粒内含有 4 条 RNA 分子，较大的两条为反转录病毒基因组，它编码病毒的全部遗传信息，另外两条小的 RNA 分子为寄主细胞的 tRNA。反转录病毒能够通过病毒自身基因组指导合成的反转录酶，完成病毒基因组从 RNA 到双链 DNA 再到正链 RNA 的复制过程，并且病毒基因组能以双链 DNA 的前病毒形式高效地整合到宿主细胞染色体上。

2. 哺乳动物基因表达宿主细胞

哺乳动物基因表达宿主细胞参阅项目三任务一的相关知识哺乳动物宿主细胞。

（七）病毒基因表达系统

杆状病毒属 DNA 病毒，病毒粒子呈杆状，基因组为单一闭合环状双链 DNA 分子，大小为 80～160 kb。杆状病毒已被成功开发为基因表达的载体。杆状病毒科包括核多角体病毒属（nucleopolyhedron virus，NPV）和颗粒体病毒属（granule virus，GV），是一类宿主专一的昆虫病毒,目前仅 NPV 用于外源基因表达载体。与其他真核表达系统相比,杆状病毒表达系统表达水平高,能进行翻译后的修饰加工,克隆容量大,能同时表达多个基因,宿主范围广,可支持多种病毒共感染,有利于表达寡聚蛋白复合体,适于进行大规模培养,尤其是杆状病毒在细胞内可以产生病毒样蛋白颗粒(virus-like particle, VLP)。VLP 不含病毒核酸,因此不具有感染能力,但保持了完整病毒颗粒所具有的免疫原性,可诱导机体产生较强的抗病毒免疫反应,在抗病毒性疾病的预防和治疗性疫苗及诊断试剂的研发方面具有巨大的应用前景。

杆状病毒表达系统由转移整合载体、亲本病毒和宿主细胞三部分组成。利用杆状病毒表达外源基因的过程如下:首先构建转移整合载体,将外源靶基因克隆到载体质粒中,置于杆状病毒启动子控制之下,在启动子的上游和靶基因的下游,各有一段与亲本病毒 DNA 同源的序列。然后共转染,将转移整合载体与野生型病毒共转染昆虫宿主细胞,通过 DNA 同源重组将外源片段插入病毒基因组,再以特定的筛选标记和筛选方法获得重组病毒。外源基因表达,病毒原来的非必需区段被外源基因片段取代,当重组病毒在宿主细胞内复制和表达时,外源靶基因也得到了表达。

(八)植物细胞表达系统

转基因植物能进行光合作用,培养条件非常简单,生产成本低廉,因此,转基因植物技术在农业和医药领域有非常广阔的前景。植物基因表达系统不同于原核生物表达系统和哺乳动物细胞表达系统,一个转基因宿主细胞经过诱导和分化后可发育成为一棵转基因植株,每个转基因植株就是一个具有能适应环境变化并进行自我调节的生命系统。

大多数植物基因表达载体是以 Ti 质粒为基础构建而成的,由启动子、T-DNA、终止子和报告基因等组成。根据启动子的功能和作用方式可分为组成型启动子、诱导型启动子和组织特异性启动子等几类。不同来源的终止子对外源基因的表达有很大影响,它不仅决定外源基因的转录活性,也决定 mRNA 在细胞中的稳定性,从而影响 mRNA 的翻译。在植物基因中终止密码子常用 TGA 和 TAA。T-DNA 序列是构建植物基因表达载体的一个关键元件,借助于 T-DNA 的功能实现外源基因与染色体 DNA 整合。与外源基因整合有关的功能单位是位于 T-DNA 两端的长为 25 bp 的正向重复序列的边界序列,在不同的 Ti 质粒中具有高度的保守性。选择标记基因编码一种正常植物细胞中不存在的酶,基因小并可与外源基因构成嵌合基因,能在转化体中有效表达并易于检测或定量分析。构建植物基因表达载体常用的选择标记基因有新霉素磷酸转移酶基因、二氢叶酸还原酶基因、潮霉素磷酸转移酶基因等。报告基因的表达产物对植物细胞无毒性,它可反映外源基因在植物细胞中的转译水平。常用的报告基因有冠瘿碱基因、β-葡萄糖苷酸酶基因和氯霉素乙酰转移酶基因等。

植物细胞基因表达受体系统是指用于转化的植物细胞,主要包括:愈伤组织再生系统、直接分化再生系统、原生质体再生系统、胚状体再生系统和生殖细胞受体系统。

任务二　检测靶基因表达产物

【任务原理】

蛋白质是基因表达的最终产物,生命现象中绝大多数的生物功能是蛋白质来实现的。基因在宿主细胞中诱导表达后,采用适当的方法裂解细胞,使表达的蛋白质进入溶液,随后采用电泳、亲和层析等方法纯化目的蛋白组分,最后经各种分析和鉴定,确定最终产物。

聚丙烯酰胺凝胶(polyacrylamide gel,PAG)是由丙烯酰胺和交联剂 N,N′-甲叉双丙烯酰胺在有引发剂和增速剂的情况下聚合而成的。通常是丙烯酰胺单体在过硫酸氨(AP)的引发和 N,N,N′,N′-四甲基乙二胺(TEMED)的增速下,产生聚合反应,形成长链。又在 N,N′-甲叉双丙烯酰胺的作用下,聚丙烯酰胺长链发生交叉连接而形成凝胶。聚合链的长度和交叉连接的程度决定了凝胶网孔的大小。聚丙烯酰胺凝胶电泳(polyacrylamide gel electrophoresis,PAGE)是利用聚丙烯酰胺形成的凝胶对大分子生物物质(如核酸、蛋白质)通过附加电场按照分子量大小在凝胶中得到分离。PAGE 适用于分离低分子质量蛋白质、小于 1 kb DNA 片段及 DNA 序列分析。

由于空气中的氧能够抑制丙烯酰胺单体的聚合,所以凝胶的制备是向封闭的双玻璃板夹层中灌胶完成的。聚丙烯酰胺凝胶电泳通常采用垂直的方式。和琼脂糖凝胶电泳相比,聚丙烯酰胺凝胶电泳的整个过程显得有些烦琐。但是其分辨率极高,可分开长度仅相差 0.1% 的 DNA 分子,即 1 000 bp 中相差 1 bp;其装载量远大于琼脂糖凝胶,多达 10 μg 的 DNA 可加样于聚丙烯酰胺凝胶中的一个标准加样孔,而其分辨率不会受到显著影响。从聚丙烯酰胺凝胶中回收的 DNA 纯度很高,可用于要求最高的实验,如鼠胚显微注射。

蛋白质的聚丙烯凝胶电泳按蛋白质变性与否分为变性电泳和非变性电泳;按凝胶浓度梯度分为不连续电泳与连续电泳;按电泳的方向性分为单向电泳与双向电泳。

蛋白质的三级结构和四级结构的结合力主要是半胱氨酸之间形成的二硫键。蛋白质变性就是使二硫键打开,从而使蛋白质亚基解离和三级结构打开,使蛋白质失去生物活性,故称变性(denature)。95℃加热 5 min 足以破坏蛋白质中的二硫键,但是当温度降至常温后,二硫键能够重新形成,这个过程称为复性(renature)。为了使变性后的蛋白不再复性通常使用 β-巯基乙醇或二硫苏糖醇保护自由的半胱氨酸巯基。此外,在加热后立即放入冰浴以减少蛋白质复性的机会。

在蛋白质混合样品中各蛋白质组分的迁移率主要取决于分子大小、形状以及所带电荷多少。SDS 是一种阴离子表面活性剂,在聚丙烯酰胺凝胶系统中,加入一定量的 SDS 能使蛋白质的氢键和疏水键打开,并结合到蛋白质分子上,达到饱和的状态下,每克多肽可结合 1.4 g SDS,各种蛋白质－SDS 复合物都带相同密度的负电荷,其数量远远超过了蛋白质分子原有的电荷量,从而掩盖了不同种类蛋白质间原有的电荷差别。此时,蛋白质分子的电泳迁移率主要取决于它的分子量大小,而其他因素对电泳迁移率的影响几乎可以忽略不计。在 SDS-PAGE 电泳时相对分子质量小的蛋白质迁移速度快,相对分子质量大的蛋白质迁移速度慢,这样样品中的蛋白质可以分开形成蛋白质条带。可通过 SDS-PAGE 分析快速确定蛋白表达与否,经考马氏亮蓝染色后,与未诱导的培养液对比会显出一条独特的目的蛋白带。

当蛋白质的分子量在 15 000～200 000 之间时,电泳迁移率与分子量的对数值呈直线关系。符合下列方程:$\lg M_r = K - bmR$。式中:M_r 为蛋白质的分子量;K 为常数;b 为斜率;mR 为相对迁移率。在条件一定时,b 和 K 均为常数。若将已知分子量的标准蛋白质的迁移率对分子量的对数作图,可获得一条标准曲线。未知蛋白质在相同条件下进行电泳,根据它的电泳迁移率即可在标准曲线上求得分子量。

这种蛋白质变性电泳的方法称为十二烷基硫酸钠聚丙烯酰胺凝胶电泳(sodium dodecyl sulfate polyacrylamide gel electrophoresis,SDS-PAGE)。SDS-PAGE 主用应用于蛋白质分子量的测定、蛋白质纯度分析、蛋白质浓度测定、蛋白质水解的分析、免疫沉淀蛋白的鉴定、免疫印记第一步、蛋白质修饰的鉴定、分离和浓缩用于产生抗体的抗原、分离放射性标记的蛋白。细菌体中含有大量蛋白质,具有不同的电荷和分子量。强阴离子去污剂 SDS 与某一还原剂并用,通过加热使蛋白质解离,大量的 SDS 结合蛋白质,使其带相同密度的负电荷,在聚丙烯酰胺凝胶电泳(PAGE)上,不同蛋白质的迁移率仅取决于分子量。采用考马斯亮蓝快速染色,可及时观察电泳分离效果。因而根据预计表达蛋白的分子量,可筛选阳性表达的重组体。

在 SDS-PAGE 不连续电泳中,制胶缓冲液使用的是 Tris-HCl 缓冲系统,浓缩胶是 pH 6.8,分离胶 pH 8.8;而电泳缓冲液使用 Tris-甘氨酸缓冲系统。浓缩胶通常为 5% 聚丙烯酰胺凝胶,目的是使蛋白质样品集聚。在浓缩胶中,其 pH 环境呈弱酸性,因此甘氨酸解离很少,其在电场的作用下,泳动效率低;而氯离子却很高,两者之间形成导电性较低的区带,蛋白分子就介于二者之间泳动。由于导电性与电场强度成反比,这一区带便形成了较高的电压梯度,压着蛋白质分子聚集到一起,浓缩为一狭窄的区带。分离胶浓度为 6%～20%,能够使不同的蛋白质按分子量大小分离。当样品进入分离胶后,由于胶中 pH 的增加,呈碱性,甘氨酸大量解离,泳动速率增加,直接紧随氯离子之后,同时由于分离胶孔径的缩小,在电场的作用下,蛋白分子根据其固有的带电性和分子大小进行分离。

【准备材料】

器具:电泳仪、垂直电泳槽及配套的玻璃板、胶条、梳子等。

试剂:30% 丙烯酰胺混合液、1.5 m Tris-HCl(pH 8.9)、1 m Tris-HCl(pH 6.8)、10% SDS、10×电泳缓冲液(pH 8.3)、10% 过硫酸铵(AP)、4×SDS 电泳上样缓冲液、考马斯亮蓝染色液、脱色液等。

【操作步骤】

一、蛋白质样品制备

1. 悬浮培养细胞样品

首先按下列方法对细胞进行清洗,对培养基中的悬浮细胞吹打混匀后移至 15 mL V 形底离心管,台式低温离心机 1 000 r/min,4℃离心 5 min 使细胞沉积在离心管底部,弃去培养液。加 10 mL 冰浴预冷的 PBS 重新吹打混匀细胞后 1 000 r/min,离心 5 min,弃去 PBS。重复此步骤 3 次。在最后一次清洗前对充分吹打混匀的细胞进行计数。

2. 贴壁培养细胞样品

细胞消化：吸取细胞培养瓶中的培养液，并用适量预冷 PBS 漂洗一次，加适量（足以覆盖细胞）胰酶细胞消化液（含 0.25％ Trypsin 和 0.02％ EDTA），室温消化 1～5 min。加 5 mL 含 5％血清的培养基停止消化，吹打使细胞成为单细胞悬液。移至 15 mL V 形底离心管，台式低温离心机 1 000 r/min，4℃离心 5 min 使细胞沉积在离心管底部，弃去培养液。并用适量预冷 PBS 漂洗一次。

3. 细胞裂解

按照每 10^6 细胞加 75～100 μL 细胞裂解液（RIPA，含蛋白酶抑制剂），强烈振荡 30 s 后置冰浴 30 min，期间每 5 min 振荡 10 s。台式低温高速离心机 12 000 r/min，4℃离心 5 min。将上清移入另一干净 Eppendorf 管，样品可立即保存于－20℃。如有必要，取 5 μL 上清，ddH$_2$O 稀释 4×后用 Bradford 法检测蛋白质含量。

4. 蛋白质变性

根据需要取一定量裂解细胞样品，加 4×蛋白质电泳上样液（含 5％巯基乙醇）使终浓度为 1×，混匀。95℃加热 5 min，立即置冰上，等待电泳。

二、制胶

安装玻璃板：将玻璃板清洗干净，晾干。将玻璃板插入胶条的凹槽中，放入到电泳槽中（注意正负极）。将电泳槽的 4 个螺丝拧紧。插入梳子，在梳子下方 1.5 cm 处做个记号，下层的分离胶就灌制到此处。安装灌胶模具时注意压紧，避免漏胶。

10 mL 分离胶（10％）的配制

ddH$_2$O	4.0 mL
30％丙烯酰胺	3.3 mL
1.5 M Tris-HCl(pH 8.8)	2.5 mL
10％ SDS	0.10 mL
10％ AP	0.10 mL
TEMED	4 μL

配胶时分离胶的各组分按表依次加入洁净的配制分离胶的小烧杯内，以搅拌混匀 10～20 s，均匀加入胶槽，凝胶液加至玻璃板间的缝隙内，约 8 cm 高。

灌胶后再在胶面上小心地铺上一层几毫米厚的电泳缓冲液（pH 8.8）（这可使凝固后的胶面平滑整齐），然后于 37℃凝固 15～30 min。

凝胶与水封层间出现折射率不同的界线，则表示凝胶完全聚合。倾去水封层的缓冲液，再用滤纸条吸去多余缓冲液。

1.3 mL 分离胶（15％）的配制

ddH$_2$O	2.1 mL
30％丙烯酰胺	0.5 mL
1.0 M Tris-HCl(pH 6.8)	0.38 mL
10％SDS	0.03 mL
10％AP	0.03 mL
TEMED	3 μL

配胶时浓缩胶的各组分按表依次加入洁净的配制分离胶的小烧杯内,以搅拌混匀 10～20 s,均匀加入胶槽,直至距离短玻璃板上缘约 0.5 cm 处,轻轻将加样梳插入浓缩胶内,避免带入气泡。

浓缩胶是用于浓缩蛋白质样品,位于整块 SDS-PAGE 胶的上层。并用加样梳形成加样孔。孔下留 0.8～1.0 cm 的浓缩胶,以便蛋白质样品在这段胶的电泳中被浓缩并聚焦成窄线,有利于下面的分离胶分离不同分子量蛋白时形成清晰的条带。

待凝胶凝固,小心拔去样品梳,用窄条滤纸吸去样品凹槽中多余的水分,将 pH 8.3 Tris-甘氨酸缓冲液倒入上、下贮槽中,应没过短板约 0.5 cm 以上,即可准备加样。

三、蛋白质样品上样

预电泳:配制完成的 SDS-PAGE 胶通常要预电泳 5～10 min,以去除未交联丙烯酰胺的影响。

蛋白质的加样量:通常一个上样孔加样 15 μL,含总蛋白量为 40～100 μg。

加样模式:通常左右两侧的上样孔加 5～10 μL 蛋白标准品,若样品数较少,则左右两侧上样孔加 2～3 μL 蛋白质上样缓冲液,中间的孔加蛋白标准品。

上样:取 10 μL 诱导与未诱导的处理后的样品加入样品孔中,并加入 20 μL 低分子量蛋白标准品做对照。

四、电泳

连接电源,负极在上,正极在下。电泳通常采用稳压模式,起始电压通常为 80 V 电泳 30～60 min。待溴酚蓝条带离开浓缩胶时调整额定电压为 120 V 至电泳结束。开始时将电流调至 10 mA。待样品进入分离较时,将电流调至 20～30 mA。

电泳结束的标志通常以欲分离的蛋白质泳动到胶的 1/2～2/3 处,或者以溴酚蓝开始从胶底部泳出为标准。

拔掉固定板,取出玻璃板,用刀片轻轻将一块玻璃撬开移去,在胶板一端切除一角作为标记,将胶板移至大培养皿中染色。

五、染色与脱色

SDS-PAGE 电泳结束后,小心将凝胶从玻璃板中取出,用去离子水清洗 3～4 遍,加入染色液染色 2～3 h(30 r/min)。倒掉染色液,用去离子水漂洗 3～4 遍,加入脱色液脱色 6～8 h;凝胶可保存于双蒸水中或 7% 乙酸溶液中。

六、凝胶结果分析

脱色结束后,用凝胶成像系统观察,拍照并保存图片。

凝胶图像可通过电脑软件进行分析。确定目的蛋白的位置,根据蛋白标准条带确定蛋白质的相对大小。并可以通过软件计算不同泳道之间蛋白质的相对含量。以标准蛋白质分子量的对数对相对迁移率作图,得到标准曲线,根据待测样品相对迁移率,从标准曲线上查出其分子量。其中相对迁移率 mR = 样品迁移距离(cm)/染料迁移距离(cm)。

【注意事项】

1. 正确装配电泳槽,使电流形成通路,不要把内外槽装反,外槽液不要过少,去掉电泳槽底部的绝缘体。

2. 聚丙烯酰胺的充分聚合,可提高凝胶的分辨率。可以待凝胶在室温凝固后,可在室温下放置一段时间使用。忌即配即用或 4℃冰箱放置,前者易导致凝固不充分,后者可导致SDS 结晶。一般凝胶可在室温下保存 4 d,SDS 可水解聚丙烯酰胺。一般常用的有氨基黑、考马斯亮蓝、银染色 3 种染料,不同染料又各自不同的染色方法。

3. 有些蛋白质用这种方法测出的分子量是不可靠的。包括电荷异常或构象异常的蛋白质,带有较大辅基的蛋白质(如某些糖蛋白)以及一些结构蛋白如胶原蛋白等。例如组蛋白 F1,它本身带有大量正电荷,因此,尽管结合了正常比例的 SDS,仍不能完全掩盖其原有正电荷的影响,它的分子量是 21 000,但 SDS-凝胶电泳测定的结果却是 35 000。因此,最好至少用两种方法来测定未知样品的分子量,互相验证。

4. 有许多蛋白质,是由亚基(如血红蛋白)或两条以上肽链(如 α-胰凝乳蛋白酶)组成的,它们在 SDS 和巯基乙醇的作用下,解离成亚基或单条肽链。因此,对于这一类蛋白质,SDS-凝胶电泳测定的只是它们的亚基或单条肽链的分子量,而不是完整分子的分子量。为了得到更全面的资料,还必须用其他方法测定其分子量及分子中肽链的数目等,与 SDS-凝胶电泳的结果互相参照。

5. 拔梳子用力不均匀或过猛所致浓缩胶与分离胶断裂;解除制胶的夹子后板未压紧而致空气进入引起板间有气泡均对电泳有影响,一般对电泳不会有太大的影响。

6. 避免出现鬼带。鬼带就是在跑大分子构象复杂的蛋白质分子时,常会出现在泳道顶端(有时在浓缩胶中)的一些大分子未知条带,主要由于还原剂在加热的过程中被氧化而失去活性,致使原来被解离的蛋白质分子重新折叠结合和亚基重新缔合,聚合成大分子,其分子量要比目标条带大,有时不能进入分离胶。但它却于目标条带有相同的免疫学活性,在 WB 反应中可见其能与目标条带对应的抗体作用。处理办法:在加热煮沸后,再添加适量的 DTT 或 β-巯基乙醇,以补充不足的还原剂;或可加适量 EDTA 来阻止还原剂的氧化。

7. 如果遇到溴酚蓝已跑出板底,但蛋白质却还未跑下来的现象。主要与缓冲液和分离胶的浓度有关。应该更换正确 pH 的 Buffer;降低分离胶的浓度。

8. 两边翘起中间凹下的微笑形带主要是由于凝胶的中间部分凝固不均匀所致,多出现于较厚的凝胶中。两边向下中间鼓起皱眉形带主要出现在蛋白质垂直电泳槽中,一般是两板之间的底部间隙气泡未排除干净。可在两板间加入适量缓冲液,以排除气泡。

9. 如果条带出现拖尾现象,主要是样品融解效果不佳或分离胶浓度过大引起的。处理办法是加样前离心;选择适当的样品缓冲液,加适量样品促溶剂;电泳缓冲液时间过长,重新配制;降低凝胶浓度。

组装 SDS-PAGE 电泳的制胶模具

蛋白质样品制备 SDS-PAGE 电泳

SDS-PAGE 电泳试剂与制胶方法

蛋白质的 SDS-PAGE

【相关知识】

外源靶基因主要表达产物的化学本质是蛋白质,我们先来简单回顾一下蛋白质的主要结构和性质。蛋白质的一级结构是指肽链中氨基酸的排列顺序,肽链是一个氨基酸的羟基与另一个氨基酸的羧基脱水缩合形成的肽键连接而成的。氨基酸是含有一个碱性氨基和一个酸性羧基的有机化合物,是蛋白质的基本组成单位。氨基酸在水溶液或结晶内基本上均以兼性离子形式存在。氨基酸兼性离子,又称为两性离子,是指在同一个氨基酸分子上带有能释放出质子的 NH_3^+ 正离子和能接受质子的 COO^- 负离子,因此氨基酸是两性电解质。氨基酸的带电状况取决于所处环境的 pH,改变 pH 可以使氨基酸带正电荷或负电荷,也可使它处于正负电荷数相等,即净电荷为零的两性离子状态。使氨基酸所带正负电荷数相等即净电荷为零时的溶液 pH 称为该氨基酸的等电点。蛋白质分子中多肽链沿一定方向盘绕和折叠形成蛋白质的二级结构。蛋白质的二级结构基础上借助各种次级键卷曲折叠成特定的球状分子结构的空间构象,即是蛋白质的三级结构。四级结构是由多亚基蛋白质分子中各个具有三级结构的多肽链,以适当的方式聚合所形成的蛋白质的三维结构。

一、外源靶基因表达产物的检测

外源靶基因的表达包括转录和翻译两个阶段。转录是以 DNA 为模板合成 mRNA 的过程,翻译是以 mRNA 为模板合成蛋白质的过程。因此,外源基因表达产物的检测过程就是对特异性 mRNA 或蛋白质的检测。检测特异性 mRNA 的方法主要有 Northern 杂交法,检测特异性蛋白质的方法包括生化反应检测法、免疫学检测法和生物学活性检测法等。当转化的外源靶基因表达产物没有可供直接检测的性质时,可把外源基因与标记基因或报告基因一起构成嵌合基因,通过检测嵌合基因中的标记基因或报告基因而间接确定外源靶基因的存在和表达。

(一)外源基因转录产物的检测

外源基因导入宿主细胞后可能有多种情况发生。一是外源基因与表达载体一起游离于染色体外进行转录;二是外源基因整合到染色体上并进行转录;三是外源基因整合到染色体上后并不转录,而表现为基因沉默。由此看来,外源基因在宿主细胞中的存在并不意味外源基因能有效表达。通过 Southern 杂交可以检测到外源基因是否存在于宿主细胞中,但并不能确定外源基因能否转录。利用 Northern 杂交可以检测外源基因是否转录出 mRNA。Northern 杂交的方法包括点杂交和印迹杂交,两者能鉴定外源基因是否得到转录,但后者还能确定 mRNA 分子质量大小及丰度。

外源基因转录
产物的检测

检测外源基因转录产物还可采用 RT-PCR 的方法。从转化的宿主细胞中提取总 RNA 或 mRNA,然后以其为模板进行反转录,再进行 PCR 扩增,若获得了特异的 cDNA 片段则表示外源基因在宿主细胞中已进行转录。

(二)报告基因的酶法检测

报告基因具有两大特点:一是表达产物及其功能在未转化的受体细胞中不存在,二是报告基因的表达产物便于检测。目前在哺乳动物细胞基因工程中使用的报告基因有氯霉素乙酰转移酶基因(cat)、β-葡萄糖苷酸酶基因(gus)、胸苷激酶基因(tk)、二氢叶酸还原酶基因($dhfr$)等。在植物基因工程中使用的报告基因有 cat 基因、gus 基因和荧光素酶基因等。

1. 氯霉素乙酰转移酶

cat 基因编码的产物主要催化乙酰基由乙酰 CoA 转向氯霉素,而乙酰化的氯霉素不再具有氯霉素的活性,失去了干扰蛋白质合成的作用。在真核细胞中不含氯霉素乙酰转移酶基因,当以 cat 基因作为真核细胞转化的报告基因时,携带 cat 基因的转化细胞能够产生对氯霉素的抗性,通过对转化细胞中氯霉素乙酰转移酶活性的检测可以确定外源基因表达的效果,CAT 活性的测定可以通过反应底物乙酰 CoA 的减少或反应产物乙酰化氯霉素及还原型 CoA SH 的生成量来进行,常用的方法有薄层层析法和二硫双硝基苯甲酸分光光度法。

2. β-葡萄糖苷酸酶

gus 基因编码的 β-葡萄糖苷酸酶是一种水解酶,能催化 β-葡萄糖苷酯类物质的水解。大多数植物细胞、细菌和真菌中都不存在内源 GUS 活性,因而被广泛用作转基因植物、细菌和真菌的报告基因。gus 基因与外源靶基因形成融合基因时所表达的融合蛋白同样具有 GUS 活性,因而对研究外源基因的定位表达提供了条件。GUS 在转化的植物细胞内比较稳定并对热和去污剂具有一定的耐受性,该酶表现活性时不需要辅酶的存在,催化的 pH 为 $5.2 \sim 8.0$,能适应较宽的离子强度范围。用于检测 gus 基因产物的底物有 5-溴-4-氯-3 吲哚-β-D-葡萄糖苷酸酯(X-Gluc)、4-甲基伞形酮酰-β-D-葡萄糖醛酸苷酯(4-MUC)和对硝基苯-β-D-葡萄糖醛酸苷(PNPG)。相对应的检测方法包括组织化学染色定位法、荧光测定法和分光光度测定法等。

3. 荧光素酶

荧光素酶基因检测是一种简便、灵敏的检测方法。荧光素酶可催化底物 D2 荧光素,生成激发态的氧化荧光素,发射光子后又变化为常态的氧化荧光素,在反应过程中化学能转变为光能。通常采用细菌和萤火虫的荧光素酶基因作为报告基因,检测的方法主要有两种。一种是活体内荧光素酶活性检测。将被检的组织材料放置于一小容器内,加适量的组织培养液体培养基、荧光素、ATP 等,置于暗室中,直接用肉眼观察;或覆盖光胶片,室温下放置数天,观察胶片的曝光情况。另一种方法是体外荧光素酶活性检测。待检组织材料经破碎和高速离心后,提取上清液,加入含有适量 Mg^{2+}、ATP 和荧光素的缓冲液中,以荧光计测定荧光强度。

4. 二氢叶酸还原酶

dhfr 基因编码二氢叶酸还原酶,该酶在 DNA 生物合成中有重要作用,能催化二氢叶酸还原为四氢叶酸。四氢叶酸是一碳基团的载体,在胸腺嘧啶核苷酸的合成中起重要作用。氨甲蝶呤与二氢叶酸的结构类似,能竞争性抑制二氢叶酸还原酶活性。植物细胞的二氢叶酸还原酶对氨甲蝶呤极为敏感,而其他来自细菌或小鼠的二氢叶酸还原酶对氨甲蝶呤的敏感性很低。将细菌二氢叶酸还原酶基因作为报告基因,可使转基因植物细胞在一定浓度的氨甲蝶呤培养基中正常生长,而非转化的植物细胞则不能生长。

外源基因表达
产物的报告基因
酶法检测

(三)蛋白质产物的免疫学检测

免疫学检测是基因表达产物检测中最常用的方法之一,以表达产物作为抗原,通过与特异性抗体发生反应来确定基因表达的情况。对特定基因表达产物的免疫学检测包括免疫沉淀法、酶联免疫吸附法、Western 印迹法和固相放射免疫法等。

1. 免疫沉淀法

免疫沉淀法可用于表达产物的定性与定量检测,具有选择性好,灵敏度高的优点,可检测出 100 pg 水平的放射性标记蛋白,并可从蛋白质混合物中提纯出抗原抗体复合物。免疫沉淀法包括对靶细胞进行放射性标记、细胞裂解、形成特异性免疫复合物、靶蛋白的免疫沉淀和蛋白质的聚丙烯酰胺凝胶电泳分析几个步骤。

2. 酶联免疫吸附法

酶联免疫吸附法(enzyme-linked immunosorbent assay,ELISA)是利用免疫学原理对表达的特异性蛋白进行检测的一种方法,它与经典的以同位素标记为基础的液-液抗原-抗体反应体系不同之处是建立了固液抗原抗体反应体系,并采用酶标记,抗体与抗原的结合通过酶反应来检测。由于酶催化的反应具有放大作用,使得测定的灵敏度大大提高,可检出 1 pg 的目的蛋白,同时由于酶反应还具有很强的特异性,因此,ELISA 是基因表达研究中最常用的方法。

利用 ELISA 检测外源基因表达蛋白包括 4 个步骤:①抗体制备,包括普通抗体和酶标记的抗体,其中酶标记的抗体又分为针对特异抗原的酶标一抗和针对一抗的酶标二抗。常用的标记酶有辣根过氧化物酶(HRP)和碱性磷酸酶(AKP)。②抗体或抗原的包被。该过程是通过物理吸附法和共价交联法等将抗原或抗体固定在固相载体的表面。常用的固相载体是多孔的聚苯乙烯微量反应板,此外还包括纤维素、聚丙烯酰胺、聚乙烯、丙烯、交联葡聚糖、玻璃、硅橡胶和琼脂糖凝胶等。③免疫反应。在免疫反应过程中首先必须确定好抗原、抗体和酶标抗体三者的浓度关系,检测可溶性抗原主要有两种方法。一种方法是将抗体包被在固相载体上,样品中特异性的抗原与包被在固相载体上的抗体结合后形成抗体抗原复合物,再加入酶标记的抗体(酶抗一抗),形成抗体-抗原-酶标抗体复合物,也可在形成抗体-抗原复合物后先加非酶标记的抗体,再加酶标记的抗体。检测可溶性抗原的另一种方法是将样品中的抗原包被在固相载体上,然后加入特异性一抗,再加入酶标二抗。④特异性表达产物的检测。在进行免疫反应后,洗去未发生反应的抗体,加入显色剂或光底物,通过酶促反应发生颜色或荧光强度变化来确定抗原的量。ELISA 检测中的酶系统如表 4-2-1 所示。

表 4-2-1　ELISA 检测中的酶底物系统

标记酶	酶促底物	产物颜色	测定波长(nm)
辣根过氧化物酶(HRP)	3,3-二氨基联苯胺	深褐色	沉淀
	5-氨基水杨酸	棕色	449
	邻苯二胺	橘红色	492,460
	邻联甲苯胺	蓝色	425
碱性磷酸酶	4-硝基酚磷酸	黄色	400
	萘酚 AS-MX 磷酸盐＋重氮盐	红色	500

3. Western 印迹法

Western 印迹法是将蛋白质电泳、印迹和免疫测定结合在一起的检测方法。该方法具有高的灵敏度,可从总蛋白中检测出 50 ng 的特异性表达蛋白。Western 印迹法包括 5 个步骤:①总蛋白的提取。针对不同类型的表达细胞,蛋白质的提取方法不同,但要注意保持蛋白质分子的结构完整,因此在提取过程中要注意缓冲液的盐浓度、pH 和温度等,防止目的蛋白的变性或降解。②SDS-PAGE 分离蛋白质带。③蛋白质印迹。聚丙烯酰胺凝胶电泳后将蛋白质转移到固相膜上,印迹使用的固相膜包括硝酸纤维素膜、重氮化纤维素膜、阳离子化尼龙膜和 DEAE 阴离子交换膜等。④探针的制备。探针是针对目的蛋白的抗体(一抗),它一般不进行标记,而与一抗迹的方法有电印迹法和被动扩散印迹法等结合的二抗带有特定的标记。这些标记分为放射性和非放射性两类,放射性标记主要采用碘 125、磷 32 等,非放射性标记主要采用酶,如过氧化物酶和碱性磷酸酶等。⑤杂交和检出。将印迹后的固相膜浸入非特异性蛋白溶液中,使固相膜上未与蛋白质结合的位点被非特异性蛋白结合,从而阻止抗体蛋白与固相膜结合,然后分别加入第一抗体第二抗体进行反应,最后进行显色反应。

4. 固相放射性免疫测定

固相放射性免疫测定(RIA)是一种定量测定外源表达蛋白的方法,它具有很高的灵敏度,可以检测出 1 pg 的蛋白,根据实验方法的不同可分为 4 种类型:①竞争性RIA,将待测样品中的未标记靶蛋白与定量的放射性标记靶蛋白竞争抗体的结合位点,通过对结合或未结合的靶蛋白的放射性活度进行测定确定靶蛋白的含量。②固定抗原 RIA。将非标记的抗原结合到固相支持物上,与放射性标记的抗体进行反应,通过比较待测样品特异性结合的和与已知量固相化抗原结合的放射性活度来确定待测样品中的抗原量。③固定抗体RIA,将抗体结合于固相支持物上,通过测定结合于抗体上的放射性活度来确定待测抗原的量。④双抗体 RIA,将两种抗体中的一种结合于固相支持物上,与未标记的靶蛋白进行反应,经洗涤后再以过量的放射性标记的第二抗体对结合于固相化抗体的靶蛋白进行定量。

外源基因表达
产物的免疫学
与生物学
活性检测

(四)基因表达产物生物学活性检测

当外源基因的表达产物是一种酶蛋白时,可根据酶的催化反应来确定外源基因表达与否和表达的程度。这种方法简便并易于操作,在反应系统中加入特定的底物和基因表达产物的抽提物就可根据反应现象进行定性或定量分析。目前,利用基因工程表达的酶蛋白非常普遍,常见的如淀粉酶、碱性磷酸酶、脂肪酶等,都可以通过测定其酶活性来进行检测。

二、外源靶基因表达产物的分离纯化

在某些情况下只需要检测是否有相应的性状获得表达即可,如将抗虫基因转入植物细胞中,这种情况就不需要对外源基因的表达产物进行分离纯化。但在多数情况下,靶基因的表达产物是一种有重要商业价值的产品,需要获得较高纯度的靶基因产物,因而需对表达产物进行不同程度的纯化。基因表达产物的分离纯化一般包括收集细胞、破碎细胞、分离表达产物、纯化目标产物等步骤。

(一)收集细胞

基因表达产物的量都比较少,而且表达产物可能存在于细胞内,也可分泌到细胞外,所以细胞是外源基因表达的基本单元。对于微生物来说,细胞群体比较单一,都能表达目标基因产物;对动物和植物来说,基因表达可能只发生在某些器官或组织。因此,基因表达产物分离纯化的第一步就是对细胞进行分离和收集。对于胞外产物,需要分离除去细胞。对于胞内产物,需要富集细胞及破碎细胞,然后将细胞碎片从破碎液中除去。细胞收集的方式包括离心、过滤、絮凝、吸附、电泳等多种方式。

1. 离心法

离心法收集细胞是目前最常用的细胞收集的方法之一。多数基因表达产物存在于发酵液中,采用离心技术可有效将细菌细胞和动植物细胞收集。常规的离心收集在普通的离心机内完成,离心力在 1 000 g 就可以将细胞沉淀下来。在实际应用中,由于转基因细胞的多样性和复杂性还可采用差速离心和密度梯度离心的分离技术。差速离心是指在密度均一的介质中由低速到高速的逐级离心技术,通过差速离心可将不同大小的细胞或细胞器初步分离,常需进一步通过密度梯度离心再行分离纯化。密度梯度离心是指用一定的介质在离心管内形成连续或不连续的密度梯度,将细胞混悬液或匀浆置于介质的顶部,通过离心力的作用使细胞分层、分离的离心技术。

2. 过滤法

细胞的大小一般为微米,采用微滤可以将细胞从发酵液中分离开来。微孔滤膜孔径均一,能截留液体中的细菌、酵母、藻类、动植物细胞等直径为 0.1~1 μm 的颗粒,允许大分子有机物和溶解性固体(无机盐)等通过。微孔膜的规格目前有十多种,孔径范围为 0.1~75 μm,膜厚 120~150 μm,微滤膜依据其材质分为有机和无机两大类,有机聚合物有醋酸纤维素、聚丙烯、聚碳酸酯、聚酰胺等。无机膜材料有陶瓷和金属等。

3. 絮凝法

当细胞很小而发酵液黏度又大时,离心的方法难于分离细胞。细胞絮凝技术是一种简单、经济的生物产品分离技术,在连续发酵及产品分离中已得到广泛的应用。细胞絮凝方法按有无添加絮凝剂划分为自絮凝和絮凝剂絮凝两类。细胞自身絮凝是由细胞分泌在表面的絮凝物质造成的。细胞絮凝剂可分为微生物絮凝剂和非微生物絮凝剂,微生物絮凝剂是一类由微生物产生的具有絮凝细胞功能的物质,一般为糖蛋白、黏多糖、纤维素和核酸等高分子物质,具有絮凝活性高、安全无害和不污染环境的优点。非微生物絮凝剂包括高聚物、有机物和无机盐等。高聚物絮凝剂絮凝效率高、速率快,所需絮凝剂浓度低,因而絮凝工艺成本低廉,絮凝技术可代替或改善离心和过滤方法。

4. 吸附法

吸附法分离细胞由于操作简单、费用低,也是一种分离细胞的有效方法。吸附是将细胞选择性地吸附到固体表面,包括亲和吸附和黏着吸附两种。亲和吸附是一种特异吸附反应,与细胞表面的性质相关,通过细胞亲和吸附可分离出功能不同的细胞。在吸附过程中,吸附剂被共价交联到直径较大、珠粒范围较窄($250\sim350\ \mu m$)的琼脂糖凝胶上,装柱后细胞可顺利地通过,当细胞混悬液通过柱内珠粒时,与吸附剂(配体)结合的细胞被留在柱的凝胶床上,然后用适当地去吸附剂将被吸附的细胞洗脱下来,这样可获得特异性表达的细胞。

(二)破碎细胞

对于进行分泌型表达的细胞来说,不需要细胞破碎。对于进行非分泌型表达的细胞则需要破碎细胞。

1. 变性剂裂解法

常见的细胞破碎方式有变性剂裂解法、超声波破碎法、机械破碎法、酶裂解法等。哺乳动物细胞不同于细菌、酵母和植物细胞,它没有坚硬的细胞壁,因此破碎细胞的条件相对温和,在破碎缓冲液中加入变性剂就可使细胞破裂。常见的变性剂有 SDS 等。

2. 超声波破碎法

细菌和酵母等细胞的破碎常采用超声波破碎法,该法需要利用磷酸缓冲液和 Tris-HCl 缓冲液等将细胞制成一定浓度的悬浮液,但细胞的密度不能太大。

3. 机械破碎法

机械破碎法是利用物理外力的作用将细胞破碎的一种方法,适合于细菌、酵母和植物细胞等的破碎。方法是将石英砂、细玻璃珠等与待破碎的细胞混合,然后进行研磨。如果先用液氮将细胞冻干而后再进行研磨则效果更好。

4. 酶裂解法

酶裂解法是利用不同的酶降解细胞壁而使细胞破裂的方法,该方法适合于细菌、酵母和植物细胞等的破碎。对于不同类型的细胞使用不同的降解细胞壁的酶,催化细胞壁糖苷键的水解。在酶裂解后一般还要加入 SDS 等变性剂,使原生质体破裂、细胞内蛋白质从细胞中完全释放出来。

(三)基因表达产物的粗分离

1. 离心分离

离心是分离纯化基因表达产物的重要方式,它包括高速离心和超速离心。高速离心的离心力一般在数万克范围以内,主要用来去除未破碎的细胞和细胞壁碎片等,经过高速离心后细胞膜和细胞内可溶性蛋白等主要存在于上清液中。如果基因表达产物是小分子可溶性蛋白,还可以进行超速离心($100\ 000\ g$ 或以上)以除去细胞膜碎片等高分子复合物。还可以根据表达产物分子质量等特征,采用密度梯度离心进行初步分离。常用的密度梯度有蔗糖梯度和聚蔗糖梯度等。

2. 蛋白质的盐溶和盐析

中性盐显著影响球状蛋白质溶解度,增加蛋白质溶解度的现象称盐溶,反之为盐析。一般来说,$MgCl_2$、$(NH_4)_2SO_4$ 等二价离子中性盐对蛋白质溶解度影响的效果要比一价离子中性盐大得多。盐析是提取蛋白质的常用方法,如硫酸铵盐析法已广泛应用于生产。由于硫酸铵在水中呈酸性,为防止其对蛋白质的破坏,应用氨水调 pH 至中性。为防止不同分子之间产生共沉淀现象,蛋白质样品的含量一般控制在 0.2%～2.0%。利用盐溶和盐析对蛋白质进行提纯后,通常要使用透析或凝胶过滤的方法除去中性盐。

3. 透析和超滤

这两种方法都可以将蛋白质大分子与以无机盐为主的小分子分开。透析是将待分离的混合物放入半透膜制成的透析袋中,再浸入透析液进行分离。超滤是利用离心力或压力强行使水和其他小分子通过半透膜,而蛋白质被截留在半透膜上的过程。通过选择合适孔径的滤膜不但可以有目的地收集一定大小的蛋白质分子,而且还可以稀释原来蛋白质溶液中的盐浓度,从而有利于后续的纯化步骤。在进行盐析或盐溶后可以利用这两种方法除去引入的无机盐。

4. 凝胶过滤

也称凝胶渗透层析,是根据蛋白质分子大小不同分离蛋白质最有效的方法之一。凝胶过滤的原理是当不同蛋白质流经凝胶层析柱时,比凝胶珠孔径大的分子不能进入珠内网状结构,而被排阻在凝胶珠之外,随着溶剂在凝胶珠之间的空隙向下运动并最先流出柱外;反之,比凝胶珠孔径小的分子后流出柱外。目前常用的凝胶有交联葡聚糖凝胶、聚丙烯酰胺凝胶和琼脂糖凝胶等。

5. 等电点沉淀

每种蛋白质都有自己的等电点,而且在等电点时溶解度最低;相反,有些蛋白质在一定 pH 时很容易溶解。因而可以通过调节溶液的 pH 对蛋白质进行初步的分离。

6. 有机溶剂提取

甲醇、乙醇等与水互溶的有机溶剂能使一些蛋白质在水中的溶解度显著降低,而且在一定温度、pH 和离子强度下,引起蛋白质沉淀的有机溶剂的浓度不同,因此,控制有机溶剂的浓度可以分离纯化蛋白质。对于一些和脂质结合比较牢固或分子中极性侧链较多,不溶于水的蛋白质,可以用乙醇、丙酮和丁醇等有机溶剂提取,它们有一定的亲水性和较强的亲脂性,是理想的提取液。

7. 萃取

双水相萃取和反胶团萃取可以用来分离蛋白质。亲水性聚合物水溶液在一定条件下形成双水相,被分离物在两相中分配不同,可实现分离,双水相萃取技术广泛用于基因工程等领域的产品分离和提取。反胶团是当表面活性剂在非极性有机溶剂中溶解时自发聚集而形成的一种纳米尺寸的聚集体。反胶团萃取是利用反胶团将蛋白质包裹其中而达到提取蛋白质的目的,蛋白质位于反胶团的内部可受到反胶团的保护。

(四)基因表达产物的纯化

当需要对基因表达的特异性蛋白质做进一步的分离纯化时,常采用柱层析技术。它与其他蛋白质分离技术相比,具有适用性广、分离效率高、易于放大和自动化等特点。层析技术包括凝胶柱层析、离子交换层析、吸附层析、金属螯合层析、共价层析,疏水层析及亲和层析等。层析方法的基本原理是一致的。所有的层析系统都由互不相溶的两相组成,一个是固定相即层析介质,一个是流动相。层析是利用混合溶液中蛋白质分子的理化特性差异,如吸附力、分子形状大小、分子极性、分子亲和力、分配系数等,使各组分以不同程度分布在两相中,并以不同的速度移动,最终彼此分开。利用柱层析纯化蛋白质包括装柱、柱平衡、上样、洗脱、样品收集与检测等步骤。

通过柱层析可以获得较高纯度的基因表达产物,但有时为了分析或其他特殊需要,要对表达产物进行高分辨纯化,常用的技术包括电泳分离、亲和层析、高效液相色谱等。聚丙烯酰胺凝胶电泳不仅是检测蛋白质的重要手段,也可用来少量制备或纯化蛋白质。亲和层析是根据蛋白质分子对其配体分子特有的识别能力建立起来的一种有效的纯化方法,特别是在具有特异性结合能力的融合蛋白的分离纯化上,亲和层析更是起到了举足轻重的作用。高效液相色谱法具有灵敏度高、分离速度快、应用范围广等特点,需要注意的是待分离蛋白质分子流经色谱柱时,受到的阻力较大,为了能快速通过色谱柱,需要较高的压力。

附录一　常用试剂及溶液配制

附录 1-1　试剂

　　溴化乙锭(ethidium bromide,EB),分子式为 $C_{21}H_{20}BrN_3$,分子量为 394.31,是一种非常灵敏的荧光染色剂,用于观察琼脂糖和聚丙烯酰胺凝胶中的 DNA,302 nm 紫外光透射仪激发并放射出橙红色信号。溴化乙锭有强致癌性,而且易挥发,挥发至空气中对皮肤、眼睛有一定刺激。实验结束后应对含 EB 的溶液进行净化处理,避免污染环境。对于 EB 含量大于 0.5 mg/mL 的溶液,可加入一倍体积的 0.5 mol/L $KMnO_4$,混匀,再加入等量的 25 moL/L HCl,混匀,置室温数小时后,再加入一倍体积的 2.5 mol/L NaOH,混匀并废弃。或将 EB 溶液用水稀释至浓度低于 0.5 mg/mL,按 1 mg/mL 的量加入活性炭,不时轻摇混匀,室温放置 1 h,用滤纸过滤并将活性炭与滤纸密封后丢弃。废 EB 接触物,如电泳胶、抹布、枪头,一般回收至黑色的玻璃瓶中,定期进行焚烧处理。

　　苯酚(Phenol),又称石炭酸,是一种具有特殊气味的无色针状晶体,温度升高时呈液体状态。苯酚有腐蚀性,接触后会使局部蛋白质变性,可致严重烧伤。有剧毒性,吸入、摄入、皮肤吸收可造成伤害。戴好合适的手套和护目镜,穿好防护服,在通风橱内操作。若有皮肤接触药物,可用大量清水冲洗,并用肥皂和水清洗,不要用乙醇洗。

　　Tris 饱和酚是经 Tris-HCl 缓冲液(pH 8.0)充分饱和的酚,其 pH 在 7.8 左右,呈黄色,并含有抗氧化剂。保存在冰箱中的酚,容易被空气氧化而变成粉红色的,这样的酚容易降解 DNA,一般不可以使用。如发现变为红色或棕色,表明已发生氧化,不能继续使用。Tris 饱和酚多用于酚-氯仿法提取 DNA 时从核酸样品中去除蛋白质等,一般配制成酚∶氯仿∶异戊醇＝25∶24∶1。Tris 饱和酚有较强的腐蚀性,应尽量避免皮肤接触或吸入体内。如果每次的使用量很小,可以适当分装后再使用。操作时,穿实验服并戴一次性手套操作。4℃,避光保存,有效期 12 个月。使用时,打开盖子吸取后迅速加盖,这样可使酚不变质,可用数月。

　　三羟甲基氨基甲烷(tris hydroxymethyl aminomethane,Tris)是一种白色结晶或粉末,为弱碱。分子式为 $C_4H_{11}NO_3$,相对分子量为 121.14,在 25℃下 pKa 为 8.1,Tris 缓冲液的有效缓冲范围在 pH 7.0～9.2,用来作为各种缓冲液的基础成分,调节酸碱度。溶于乙醇和水。吸入、摄入、皮肤吸收可造成伤害。戴好手套和护目镜。Tris 碱的水溶液 pH 在 10.5 左右,一般加入盐酸以调节 pH 至所需值,即可获得该 pH 的缓冲液。

三氯甲烷(Tri-chloromethane),又称氯仿,无色透明液体,极易挥发,有特殊气味。在光照下遇空气逐渐被氧化生成剧毒的光气,故需保存在密封的棕色瓶中。该品不燃,有毒,为可疑致癌物,具刺激性。可作用于中枢神经系统,具有麻醉作用,对心、肝、肾有损害。吸入或经皮肤吸收引起急性中毒,初期有头痛、头晕、恶心、呕吐、兴奋、皮肤黏膜有刺激症状,以后呈现精神紊乱、昏迷等,重者发生呼吸麻痹、心室纤维性颤动、并可有肝、肾损害。慢性中毒主要引起肝脏损害,此外还有消化不良、乏力、头痛、失眠等症状。皮肤接触时应立即脱去被污染的衣着,用大量流动清水冲洗,至少冲 5 min。眼睛接触时立即提起眼睑,用大量流动清水或生理盐水彻底冲洗至少 15 min。

十二烷基硫酸钠(sodium dodecyl sulfate,SDS)白色或淡黄色粉状,易溶于水,稳定性较差,不耐强酸、强碱和高温,生物降解快。本品可燃,具刺激性,具致敏性。遇明火、高温可燃。受热分解放出有毒气体。对黏膜和上呼吸道有刺激作用,对眼和皮肤有刺激作用。可引起呼吸系统过敏性反应。SDS 的微细晶粒易漂浮和扩散,称量时戴面罩,称量完毕清除残留在工作区和天平上的 SDS。SDS 是一种阴离子表面活性剂,具有良好的乳化、发泡、渗透、去污和分散性能。SDS 用于蛋白质变性电泳,具有去蛋白质电荷、解离蛋白质之间的氢键、取消蛋白分子内的疏水作用、去多肽折叠作用。

异丙基-β-D-硫代半乳糖苷(isopropyl-beta-D-thiogalactopyranoside,IPTG)白色晶体粉末,作为极性物质,IPTG 易溶于水、甲醇、乙醇,可溶于丙酮、氯仿,不溶于乙醚。IPTG 稳定性不佳,因此其晶体需 2~8℃冷藏保存,配制好后保存于−20℃,室温可放置一个月。IPTG 是 β-半乳糖苷酶和 β-半乳糖透酶的诱导剂,不被 β-半乳糖苷酶水解,是硫代半乳糖转酰酶的底物。常用于蓝白斑筛选及 IPTG 诱导的细菌内的蛋白表达等。乳糖类似物 IPTG 的主要功能是解除阻遏物对 lac 或 tac 启动子的阻遏,诱导重组蛋白的产生。

5-溴-4-氯-3-吲哚-β-D-半乳糖苷(5-bromo-4-chloro-3-indolyl β-D-galactopyranoside,X-gal)白色或淡黄色粉末。配制时穿实验服并戴一次性手套操作。X-gal 是 β-半乳糖苷酶的显色底物,在 β-半乳糖苷酶的催化下会产生蓝色产物,常用于 β-半乳糖苷酶的原位染色检测以及蓝白斑筛选。X-gal 首选溶剂为二甲基甲酰胺(DMF)。2~8℃干燥避光保存。

丙烯酰胺(acrylamide,Acr)一种白色晶体化学物质,可形成聚合物链,是生产聚丙烯酰胺的原料。聚丙烯酰胺为蛋白质电泳提供载体,其凝固的好坏直接关系到电泳成功与否,与促凝剂及环境密切相关。Acr 易溶于水、乙醇、乙醚、丙酮。丙烯酰胺为一种潜在的神经毒素,可通过皮肤吸收(有累积效应)。称量丙烯酰胺和亚甲基双酰胺粉末时,戴好手套和面罩,在化学通风橱内操作。聚合的丙烯酰胺是无毒的,但是使用时也应小心,因为其中可能含有少量未聚合的丙烯酰胺。

甲叉双丙烯酰胺(bis-acrylamide,Bis)是一种白色晶体粉末,无味,吸湿性极小。遇高温或强光则自交联,微溶于水、乙醇。本品因有取代基丙烯酰胺,因此具有一定的毒性。能轻微刺激眼睛、皮肤和黏膜。应避免与人体长时间直接接触。误触应用清水洗净。它经常与丙烯酰胺组合使用,以配制聚丙烯酰胺凝胶的时候居多。称量时穿戴适当的防护服和手套。切勿吸入粉尘。

四甲基乙二胺(N,N,N′,N′-tetra methyl ethylene diamine,TEMED),是一种无色透明的液体,有微腥臭味,易燃,有腐蚀性,具强神经毒性,请勿大量吸入。易挥发,使用后请盖紧瓶盖。请穿实验服并戴一次性手套,戴口罩操作。在分子生物学中,可以用于配制 SDS-

PAGE 胶。TEMED 可以催化 APS 产生自由基,从而加速聚丙烯酰胺凝胶的聚合,可作为一种促凝剂使用。4℃遮光保存。一般用棕色瓶子储存。

过硫酸铵(ammonium persulphate,AP 或 APS)白色结晶或粉末。无气味。对皮肤黏膜有刺激性和腐蚀性。吸入后引起鼻炎、喉炎、气短和咳嗽等。眼、皮肤接触可引起强烈刺激、疼痛甚至灼伤。长期皮肤接触可引起变应性皮炎。戴好手套和护目镜,穿好防护服。必须在化学通风橱内操作。操作后要彻底清洗。过硫酸铵溶液(AP,10%)在室温下不稳定,4℃可以保存 1 周,−20℃可以保存 2 个月。用于配制 PAGE 胶等。

β-巯基乙醇(β-mercapto ethanol)是一种具有特殊臭味的无色透明液体,易燃、易溶于水和醇、醚等多种有机溶剂。通常用于二硫键的还原,可以作为生物学实验中的抗氧化剂。应密闭,置于阴凉处储存。打开了的容器必须仔细重新封口并保持竖放位置以防止泄漏。吸入或皮肤吸收可致命,摄入有害。高浓度溶液对黏膜、上呼吸道、皮肤和眼睛有极大损害。β-巯基乙醇有难闻气味。戴好手套和护目镜。在通风橱内操作。

考马斯亮蓝(comassie brilliant blue)吸入、摄入、皮肤吸收可造成损伤。戴好手套和护目镜。一定范围内与蛋白质浓度成正比,因此可用于蛋白质的定量测定。考马斯亮蓝有 G-250 和 R-250 两种。其中考马斯亮蓝 G-250 由于与蛋白质的结合反应十分迅速,常用来作为蛋白质含量的测定。考马斯亮蓝 R-250 与蛋白质反应虽然比较缓慢,但是可以被洗脱下去,所以可以用来对电泳条带染色。考马斯亮蓝和皮肤中蛋白质通过范德华力结合,反应快速,并且稳定,无法用普通试剂洗掉。待一两周左右,皮屑细胞自然衰老脱落即可无碍。

附录 1-2　溶液的配制

盐酸溶液(1 mol/L)：量取市售成品 36%～37% 的浓盐酸(11.6 mol/L)8.64 mL，加入蒸馏水至 100 mL，均匀混合，室温密闭储存。

氢氧化钠溶液(1 mol/L)：准确称量 4 g 氢氧化钠固体，放入烧杯中，加入蒸馏水至 100 mL，搅拌溶解。溶液储存于塑料试剂瓶中，室温保存。

Tris-HCl 缓冲液(1 mol/L，pH 7.4、pH 7.6、pH 8.0)：在 800 mL 蒸馏水中溶解 121.1 g Tris 碱，加入浓 HCl 调 pH 至所需值。一般 pH 7.4 约加浓 HCl 70 mL；pH 7.6 约加浓 HCl 60 mL；pH8.0 约加浓 HCl 40 mL，加水定容至 1 L，121℃高压蒸汽灭菌 20 min，室温保存。

EDTA 溶液(0.5 mol/L，pH 8.0)：在 800 mL 蒸馏水中加入 186.1 g 二水乙二胺四乙酸二钠(EDTA-Na$_2$·2H$_2$O)，充分搅拌，用 NaOH 颗粒(20 g 左右)调节 pH 至 8.0，此时 EDTA-Na$_2$·2H$_2$O 才能完全溶解，定容至 1 L，121℃高压蒸汽灭菌 20 min，室温保存。

10×TE 缓冲液(pH 7.4、pH 7.6、pH 8.0)：量取 1 mol/L Tris-HCl(pH 7.4、pH 7.6、pH 8.0)100 mL，0.5 mol/L EDTA(pH 8.0)20 mL，置于 1 L 的容量瓶中，加入 800 mL 蒸馏水，混合均匀，定容至 1 L，121℃高压蒸汽灭菌 20 min，室温保存。

RNase A(1 mg/mL)：精密称取 RNase A 固体粉末适量，溶于 10 mmol/L Tris-HCl(pH 7.5)和 15 mmol/L NaCl 溶液，在 100℃下保温 15 min，然后室温条件下缓慢冷却，分装于小管中，−20℃保存。

磷酸盐缓冲液(phosphate buffered saline，PBS)：在 800 mL 蒸馏水中溶解 NaCl 8 g，KCl 0.2 g，Na$_2$HPO$_4$ 1.44 g，KH$_2$PO$_4$ 0.24 g，充分搅拌溶解，调 pH 至 7.4，加蒸馏水定容至 1 L，121℃高压蒸汽灭菌 20 min，室温保存。

GTE 溶液(用于细菌基因组的提取)：50 mmoL/L 葡萄糖、25 mmol/L Tris-HCl(pH 8.0)、10 mmol/L EDTA。

STE 缓冲液(pH 8.0)由 NaCl、10 m MTris-HCl(pH 8.0)、EDTA(pH 8.0)组成，简称为 STE，属于 pH 缓冲液，经高压灭菌处理。

DNA 萃取液(用于动物基因组提取)：10 mmol/L Tris-HCl(pH 8.0)、10 mmol/L NaCl、15 mmol/L EDTA、4 g/L SDS，混合均匀。

细菌裂解液：50 mmol/L Tris-HCl(pH 6.8)，1% SDS，2 mmol/L EDTA，400 mmol/L 蔗糖，0.01% 溴酚蓝。

DNA 抽提液：Tris 0.605 7 g，EDTA 18.612 g，SDS 2.5 g，加超纯水定容至 500 mL，调 pH 至 8.0，高压灭菌，4℃保存。使用前放至 37℃水浴中，使之完全溶解。

质粒提取溶液Ⅰ：50 mmoL 葡萄糖、25 mmol/L Tris-HCl(pH 80)、10 mmol/L EDTA。溶液Ⅱ(需要新鲜配制)：0.2 mol/L NaOH、10 g/L SDS。溶液Ⅲ：3 mol/L 乙酸钠(或乙酸钾)，用乙酸调至 pH 至 4.8。

氨苄青霉素：贮存液浓度为 100 mg/mL。称取 1 g 氨苄青霉素，溶解于 10 mL 灭菌的超纯水中，1 mL/管分装，储存于 −20℃。工作浓度 100 μg/mL。

硫酸卡那霉素:贮存液浓度为 10 mg/mL。称取 0.1 g 硫酸卡那霉素溶解于 10 mL 灭菌的超纯水中,1 mL/管分装,储存于−20℃。常以终浓度为 50 μg/mL 添加于培养基中。

50×TAE 缓冲液:准确称取 Tris 242 g、EDTA-2Na · 2H$_2$O 37.2 g,向烧杯中加入约 600 mL 的去离子水,充分搅拌溶解,再加入 57.1 mL 的醋酸,充分搅拌均匀后,加去离子水将溶液定容至 1 L 后,室温保存。

CaCl$_2$ 贮存液(1 mol/L):称取 1.11 g CaCl$_2$(或者 CaCl$_2$ · 2H$_2$O 1.469 8 g)溶于 8 mL 超纯水中,定容到 10 mL,用 0.22 μm 的一次性滤过器过滤除菌,1 mL 分装到离心管中,并于−20℃保存

X-gal 贮存液(20 mg/mL):称取 20 mg X-gal 溶于 1 mL 二甲基甲酰胺中,振荡使其充分溶解。用铝箔纸包裹离心管使其避光,以防受光照破坏,置于−20℃避光保存,正常情况下 6~12 个月稳定。使用时,每 20 mL 培养基中加入 40 μLX-gal 母液涂平板。

IPTG 溶液(100 mmol/L):将 0.238 g IPTG 溶于 10 mL 去离子水中,充分溶解混匀后,用一次性 0.22 μm 滤膜过滤除菌,1 mL/管分装到离心管,−20℃保存。使用时,每 20 mL 培养基中加入 20 μL IPTG 母液涂平板。

30%丙烯酰胺溶液:29.2 g 丙烯酰胺和 0.8 g 甲叉双丙烯酰胺溶于 60 mL 蒸馏水中,37℃水浴溶解,定容至 100 mL,0.45 μm 滤膜过滤除菌,置于棕色瓶中,4℃避光贮存。

10% SDS:电泳级 SDS 10.0 g 加 ddH$_2$O,68℃助溶,HCl 调至 pH 7.2,定容至 100 mL。

10×蛋白电泳缓冲液(pH 8.3):Tris 碱(Mr=121.14)30.2 g,甘氨酸(Mr=75.07) 188 g,SDS(Mr=288.38) 10 g,加水至 1 L。常温贮存,用时稀释 10 倍即可。

10%过硫酸铵:0.1 g 过硫酸铵加入 1 mL 蒸馏水充分溶解,需现配现用。

考马斯亮蓝 R-250 染液:0.25 g 考马斯亮蓝 R-250,溶解于 90 mL 甲醇:水(1∶1)和 10 mL 冰乙酸混合液中,过滤后室温保存。

脱色液:乙酸 100 mL,甲醇 300 mL,加水定容到 1 L。

LB 培养基(luria-bertani):用于培养基因工程受体菌(大肠杆菌)的常用培养基之一。 10 g 胰化蛋白胨、5 g 酵母抽提物、10 g NaCl,纯化水 1 000 mL。用 5 mol/L NaOH 调 pH 至 7.4,121℃高压蒸汽灭菌 20 min。在每 1 000 mL LB 液体培养中加琼脂 15 g,加热融化,即 LB 固体培养。

YPD 培养基(yeast extract peptone dextrose medium):又称 YEPD 培养基,可用于多种细菌培养,主要用于酵母常规生长的复合培养基。10 g 酵母提取物、20 g 蛋白胨加于 900 mL 水中,搅拌溶解后,121℃高压蒸汽灭菌 20 min。20 g 葡萄糖溶于 100 mL 纯化水中,葡萄糖可以过滤除菌,也可以 115℃灭菌 15 min。将两种溶液在无菌条件下混合均匀即可。若制固体培养基,加入 2%琼脂粉。

SOB 培养基(Super Optimal Broth):比 LB 的营养更加丰富,可增加转染效率。胰蛋白胨 20 g,酵母提取物 5 g,10 g 氯化钠,2.5 g 氯化钾,10 g 氯化镁,加纯化水至 1 L,用 5 mol/L KOH 调 pH 至 7.0,灭菌,备用。

SOC 培养基:50 mL SOB 中加入 1 mL 1 mol/L 葡萄糖,然后用 0.22 μm 滤膜过滤除菌,备用。

附录二 常用仪器的使用方法

附录 2-1 微量移液器的使用

在基因操作过程中,需要采用微量移液器(pipette)量取少量或微量的液体,又称为移液枪。微量移液器由刻度调节旋钮、直接读数容量计、吸液按钮和吸嘴、卸枪头按钮组成。可分为单通道微量移液器和多通道微量移液器。一个完整的移液过程包括选择量程、设定容量、安装吸头、移取液体和正确放置几个步骤。

1. 选择量程

常用的微量移液器量程有 $100\sim1\,000\ \mu L$,$20\sim200\ \mu L$,$10\sim100\ \mu L$,$2\sim20\ \mu L$,$0.5\sim10\ \mu L$ 等,可根据所需移取的液体量选择不同量程的移液器和配套吸头。一般移液器的型号即是其最大容量值。

2. 设定容量

在调节量程时,用拇指和食指旋转取液器上部的旋钮,如果要从大体积调为小体积,则按照正常的调节方法,逆时针旋转旋钮即可;但如果要从小体积调为大体积时,则可先顺时针旋转刻度旋钮至超过量程的刻度,再回调至设定体积,这样可以保证量取的最高精确度。在该过程中,千万不要将旋钮旋出量程,否则会卡住内部机械装置而损坏移液枪。在移液器容量范围内可以连续调节。

3. 安装吸头

在将吸头(pipette tips)套上移液枪时,很多人会使劲地在枪头盒子上敲几下,这是错误的做法,因为这样会导致移液枪的内部配件(如弹簧)因敲击产生的瞬时撞击力而变得松散,甚至会导致刻度调节旋钮卡住。正确的安装方法是旋转安装法,将移液枪垂直插入枪头中,稍微用力左右微微转动即可使其紧密结合。如果是多道(如 8 道或 12 道)移液枪,则可以将移液枪的第一道对准第一个枪头,然后倾斜地插入,往前后方向摇动即可卡紧。枪头卡紧的标志是略为超过 O 形环,可以看到连接部分形成清晰的密封圈。

4. 移取液体

先将移液器排放按钮按至第一停点,再将吸头垂直浸入液面,平稳松开按钮,切记不能过快。前进移液法时用大拇指将按钮按下至第一停点,插入液面以下,然后慢慢松开按钮回原点,吸取固定体积的液体;接着将按钮按至第一停点排出液体,稍停片刻继续按按钮至第二停点吹出残余的液体,最后松开按钮。

转移高粘液体、生物活性液体、易起泡液体或极微量的液体用反向移液法,先吸入多于设置量程的液体,转移液体的时候不用吹出残余的液体。先按下按钮至第二停点,插入液面以下,慢慢松开按钮至原点,吸上液体之后,斜靠一下容器壁将多余液体沿器壁流回容器;接着将按钮按至第一停点排出设置好量程的液体,继续保持按住按钮位于第一停点,千万别再往下按,取下有残留液体的枪头,弃之。

5. 正确放置

液体移取完结,按下除吸头推杆,将吸头推入废物缸,垂直挂在枪架上。如不使用时,要把移液枪的量程调至最大值的刻度,使弹簧处于松弛状态以保护弹簧。最好定期清洗移液枪,用酒精棉擦拭手柄、弹射器及套筒外部,既可以保持美观,又降低了对样品产生污染的可能性。

6. 注意事项

在使用微量移液器时,有以下常见的错误做法,应注意避免。(1)调节量程时,将旋钮旋出量程,卡住内部机械装置而损坏移液枪。(2)安装吸头时,直接用手拿吸头、或使劲用力上下的碰撞。(3)吸取溶液时,先插入液面以下,才按下吸液按钮,容易导致气泡的产生。(4)吸液时,松开过快,也容易导致产生气泡。按钮向下压和放的动作及速度应该缓慢平稳。(5)使用完毕,没有调成最大量程,随意横放的桌面上。

微量移液器的使用

附录 2-2　PCR 仪的使用

　　1988 年 Cetus 公司发明了为 PCR 反应过程提供快速的温度转换的自动热循环仪,用于在体外大量扩增基因,即 PCR 仪。PCR 仪的主要结构包括热盖旋钮、开盖按钮、热盖、PCR扩增区、控制面板和散热系统。顺时针旋转热盖旋钮,热盖向下压紧;逆时针旋转热盖旋钮,热盖向上提升。控制面板的按键和功能如下。

PCR 仪控制面板按键及功能

按键名称	功能
控制键	"run 运行、stop 停止"
Esc 键	返回上一级,取消当前操作
Tab	切换字母大小写
多功能键 F1～F5	字母数字键,用于输入步骤、时间、温度和循环数
clear	C 清除键
Enter	确认键
上下左右方向键	位于 enter 键四周,用于移动光标,进行选择

　　1. 文件、热盖、记录和设置菜单

　　接通电源,打开开关,液晶屏点亮,仪器进入自检状态,显示产品名称,软件版本号等,之后初始界面将会出现。初始界面包括:文件、热盖、记录、帮助、梯度和设置菜单。

　　先选择文件菜单,Enter 键确认,显示屏显示文件列表,F1～F5 多功能键对应的是新建、编辑、删除、预览、重命名的功能。如果选择热盖菜单,可以设置热盖温度,一般为 105℃;选择热盖工作模式,可以选择关闭热盖、开机时启动热盖、热盖和程序同步启动或者热盖达到设置值后启动程序。选择记录菜单,可以查看 PCR 仪曾经运行的记录。选择设置菜单,可以设置变温速率、温控模式、低温保存、日期和时间、声音和语言。在梯度菜单项下输入中心温度和梯度宽度,就会得到每列孔的温度值。一般帮助菜单只显示版本号,无其他内容。

　　2. 新建 PCR 反应程序

　　按初始界面上的文件菜单,即可新建 PCR 扩增程序。选择"文件"项,并按 Enter 键以建立新的运行程序。如果菜单已有的程序与需要的程序相近,也可以在选择菜单对已有的模板程序进行编辑。文件由温度段和温度循环步骤组成,每个文件最多可包含 9 个温度段,每个温度最多可包含 9 个温度循环步骤,最大循环数为 99 次。

　　在文件菜单下,新建 PCR 程序。选择初始界面上的"文件"菜单,点击 F1"新建",即可编辑PCR 扩增程序。将文件命名为"1",输入温度段为"3"。第 1 个温度段里包含 1 个温度循环步骤,第 2 个温度段里包含 3 个温度循环步骤,循环数为 30;第 3 个温度段里包含 1 个温度循环步骤;点击 F5"下一步"依次在第 1 个温度段里输入 94℃,按 940,enter 确认。5 min,按 0500,enter 确认。循环数为 1,enter 确认;第 2 个温度段里包含 3 个温度循环步骤,依次输入94℃,按 940,1 min,按 0100;再输入 58℃,45 s;72℃,50 s;循环数为 30,第 3 个温度段输入72℃,10 min,循环数为 1;点击 F3"完成"。

3. 编辑、运行或停止 PCR 反应程序

对于已经建立好的程序文件可以按 F2 编辑,增加或删除部分步骤。增加与删除 PCR 程序步骤的方法:仪器默认的运行程序有 3 个简单的步骤组成。可根据需要按如下步骤更改。按 F2(编辑)键增加或删除部分步骤,注意竖线把不同的循环周期搁开,正在运行的循环次数在第一次循环的左下角标出。采用方向键在不同的步骤之间转换,调定点温度将显示在温度曲线上方。相应运行时间将显示在温度曲线下方。循环次数将在每一个循环最后一步的右下角,后跟随"x"符号。在用方向键选择要更改的温度调定点以及运行时间后,可以输入所需的时间或温度。程序编辑完成后按 F3(完成),保存或另存为。

PCR 仪的使用

运行程序:在文件列表界面下按上下的箭头选择需要运行的文件,再按"run"键,界面会出现询问对话框,按"enter"键确认即可运行该文件。

运行界面显示当前文件名,当前模块温度,当前热盖温度,运行时间,剩余时间,当前温度步骤,循环数,循环时间以及文件的部分曲线。

在运行时,可以按 F3 查看文件,按 F5 暂停,按 F4 恢复运行;若要停止文件,可以按"stop"键,按"enter"确认停止该文件,并退回到文件列表界面。

附录 2-3　漩涡混合仪的使用

漩涡混合仪具有结构简单可靠,仪器体积小,耗电省,噪声低等特点,广泛用于环境监测、医疗卫生等各类实验室,用作生物生化、细胞、菌种等各种样品的混合。它能将所需混合的任何液体、粉末以高速漩涡形式混合,混合速度快、均匀、彻底。适用于少量高、低黏度样品在试管,离心管,比色管及小三角瓶中的混合。

1. 使用方法

漩涡混合仪放在较平滑的台面上。轻轻按下该仪器,使仪器底部的橡胶脚与台面相吸。开启电源开关,则电机就转动。用手拿住离心管或三角烧瓶放在海绵振动面上并略施加压力,在试管内的溶液就会产生旋涡,而三角烧瓶中则起高低不等的水泡,达到混合的目的。容器中被混合物的体积,一般不超过容器容积的 1/3。

2. 注意事项

本仪器应放在干燥、通风、无腐蚀性气体的地方。使用中切勿使液体流入机芯,以免损坏器件。如果开启电源开关后,电机不转动,应检查插头接触是否良好,或应断开电源后,检查保险丝是否烧断。更换保险丝时,应将电源线从插座中抽出,切断电源,更换同型号保险丝。

漩涡混合仪在运行过程中严禁搬动,严禁将手指伸入运动的间隙中。漩涡混合仪工作时,为使平稳性好,应注意两端的平衡性。每次停机前,必须将调速旋钮置于最小位置,关闭电源开关,切断电源。仪器在连续工作期间,每 6 个月做一次检查,包括保险丝控制组件及紧固件等。

附录 2-4 电泳仪的使用

要使带电荷的生物大分子在电场中泳动,必须加电场,且电泳的分辨率和电泳速度与电泳时的电参数密切相关。电泳仪就是为电泳槽输送恒定的电压、电流和功率的装置。

电泳槽是电泳系统的核心部分,根据电泳的原理,电泳支持物都是放在两个缓冲液之间,电场通过电泳支持物连接两个缓冲液。不同电泳采用不同的电泳槽。常用的电泳槽有(1)水平电泳槽,形状各异,但结构大致相同。一般包括电泳槽基座,冷却板和电极。(2)垂直板电泳槽的基本原理和结构与圆盘电泳槽基本相同。差别只在于制胶和电泳不在电泳管中,而是在一块垂直放置的平行玻璃板中间。(3)圆盘电泳槽有上、下两个电泳槽和带有铂金电极的盖。上槽中具有若干孔,孔不用时,用硅橡皮塞塞住;待用的孔配以可插电泳管(玻璃管)的硅橡皮塞。电泳管的内径早期为 5~7 mm,为保证冷却和微量化,现在则越来越细。

琼脂糖凝胶电泳多使用水平电泳槽。相对于垂直电泳槽,水平电泳槽在凝胶的制备过程中比较灵活,并可使用低浓度的凝胶。水平电泳槽的两极是相通的,这样正负极的缓冲液不会因为电泳时间过长而产生差异。

1. 使用方法

将琼脂糖置于微波炉中加热至完全溶化、然后冷却至 55℃左右,加入染料。将凝胶托盘放入配套的制胶盒中,胶盒应水平放置,保证凝胶厚度均匀,插入加样梳,然后倒入冷却后的琼脂糖溶液,在室温下待琼脂糖自然凝固。

琼脂糖凝固后将托盘从制胶盒中取出,移入电泳槽,凝胶梳孔端应在负极,拔出样品梳。在电泳槽中注入缓冲液,使缓冲液面没过凝胶即可。用微量加样器在样品孔中加样。

用双手把住电泳槽上盖导线底部,依据极性盖紧上盖,用导线将电泳槽的两个电极与电泳仪的直流输出端连接。选择合适的条件开始电泳。然后根据工作需要选择稳压稳流方式及电压电流范围、并设定电泳终止时间等参数。确认参数无误后,按"启动"键,电泳即开始进行。

定时时间到,电泳仪将自动停止输出。此时电泳结束,应将各旋钮、开关旋至零位或关闭状态,并切断电源。电泳完毕,双手拇指按住开盖按钮,四指提上盖底部边缘突出部分,打开上盖后,取出凝胶托盘。

2. 注意事项

(1)注意正负极,勿将凝胶放反。(2)连接电极与电泳仪时,注意极性不能接反。一般电泳槽电极的红、黑线分别对应插入电泳仪的输出端的红、黑插孔,插入时要将电极插入到底。(3)仪器通电后,不要临时增加或拔除输出导线插头,以防短路现象发生,而损坏仪器。仪器进入工作状态后,将输出高电压,禁止人体接触电极、电泳物及其他可能带电部分,也不能从电泳槽内取放东西。如必须改变对电泳仪与电泳槽的操作时,应先断电,以免触电。(4)由于不同介质支持物的电阻值不同,电泳时所通过的电流量也不同,其泳动速度及泳至终点所需时间也不同,故不同介质支持物的电泳不要同时在同一电泳仪上进行。(5)可以多槽并联使用,但总电流不能超过仪器额定电流,否则容易影响仪器使用期限。(6)较高电压,电泳时间会缩短,但凝胶温度高,过热时甚至溶化! 导致分辨率低。电泳电压低,分辨率提高,但将延长电泳时间。

附录 2-5　凝胶成像仪的使用

　　凝胶成像系统提供白光和紫外光两种光源进行拍摄凝胶,由系统自带的图像捕捉软件捕捉拍摄图像,然后由系统自带的图像分析软件对拍摄的图像进行分析。

　　样品在电泳凝胶上的迁移率不一样,未知样品在图谱中的位置与标准品相比较,就可以对未知样品作定性分析,确定它的成分和性质。样品对投射或者反射光有部分的吸收,所得到的图像上面的样品条带的光密度有差异。光密度与样品的浓度或者质量呈线性关系。根据未知样品的光密度,通过与已知浓度的样品条带的光密度值相比较,便可以得到未知样品的浓度或者质量。

　　凝胶成像分析系统主要由紫外透射灯箱、白光灯箱、暗箱、摄像头、计算机系统、凝胶分析软件等组成。凝胶成像分析系统是需要软、硬件紧密一致配合的分子生物分析仪器。光源一般为白光光源和 302 nm、254 nm、365 nm 三种波长的紫外光源,可对银染、荧光、胶片、考马斯亮蓝、EB 染色图像进行数字化处理。在电脑内安装凝胶分析软件,是分析凝胶图像及其他生物学条带的途径。软件或机箱面板可进行镜头的变焦、聚焦、光圈、透射紫外灯及反射灯的全自动控制,可以对凝胶图像进行剪辑处理,标记,与公用的标准条带或自选的标准条带比较,计算相应的分子量等数值。

　　1. 使用方法

　　(1)用透射或入射紫外光对 EB 染色的凝胶成像　　大多数的紫外光源发射光的波长为302 nm,在这一波长下,EB-DNA 复合物的荧光产率远远高于在波长 366 nm 处,而略小于在波长 254 nm 处,并且 DNA 产生缺口的程度比在 254 nm 处要低得多。可以检测出痕量的 EB 染色 DNA(达 0.01~0.5 ng)。

　　(2)SYBR Gold 和 SYBR Green I 染料染色的凝胶成像　　SYBR Gold 和 SYBR Green I 在300 nm 紫外照射下会产生明亮的荧光信号,电泳后经 SYBR 染料染色的凝胶便可以拍摄凝胶图像。这两种染料的背景荧光水平很低,因此不需要脱色。染色的核酸能直接转移至膜上进行 Northern 或 Southern 杂交,然后通过乙醇沉淀法去除从凝胶中回收的核酸 DNA 中SYBR Gold 和 SYBR Green I 染料。

　　2. 注意事项

　　凝胶成像系统可以实现在凝胶成像仪上直接切胶,只需要按系统中间的观察窗,打开装有防紫外玻璃的观察窗口,然后打开左右两侧专为割胶所设计的小门,即可进行切胶操作。

参考文献

[1]龙敏南．基因工程．北京：科学出版社，2017．

[2]李德山．基因工程制药．北京：化学工业出版社，2013．

[3]金红星．基因工程．北京：化学工业出版社，2016．

[4]刘志国．基因工程原理与技术．3版．北京：化学工业出版社，2016．

[5]王旻．生物工程．2版．北京：中国医药科技出版社，2016．

[6]彭加平，田锦．基因操作技术．北京：化学工业出版社，2013．

[7]徐国庆．职业教育项目课程原理与开发．上海：华东师范大学出版社，2015．

[8]中华人民共和国职业分类大典．2015．

[9]谭云．干扰素的功能和制备方法．生物学教学，2010(35)：65-66．

[10]李强．干扰素的基础与应用进展．现代生物医学进展，2013(132)：375-377．

[11]朱旭芬．基因工程实验指导(第二版)．北京：高等教育出版社，2016．

[12]郭尧君．蛋白质电泳实验技术．北京：科学出版社，2001．

[13]汪家政，范明．蛋白质实验手册．北京：科学出版社，2000．

[14]郭江峰，于威．基因工程．北京：科学出版社，2012．

[15]周春艳，药立波．生物化学与分子生物学．北京：人民卫生出版社，2018．

[16]夏启中．基因工程．北京：中国农业出版社，2007．

[17]张惠展．基因工程概论．上海：华东理工大学出版社，1999．

[18]朱旭芬，吴敏．基因工程．北京：高等教育出版社，2014．

[19]郭葆玉．生物技术药物．北京：人民卫生出版社，2009．

[20]朱玉贤，李毅．现代分子生物学．北京：高等教育出版社，2013．

[21]王立铭．上帝的手术刀：基因编辑简史．杭州：浙江人民出版社，2017．

[22]仇子龙．基因启示录．杭州：浙江人民出版社，2020．